역사에 숨은 **수학의 비밀**

수학, 세계사를 만나다

역사에 숨은 **수학의 비밀**

수학, 세계사를 만나다

● 이광연 지음

ToBe
BOOKS
투비북스

수학과 세계사의 만남

인류는 처음 어떻게 역사를 기록했을까? 원시 인류는 호랑이나 사자처럼 날카로운 발톱과 튼튼한 이빨도 없었으며, 코끼리나 하마만큼 몸집이 크지도 않았던 나약한 존재였음에 틀림없다. 하지만 그들은 살면서 부딪히는 여러 가지 어려움을 슬기롭게 헤쳐 나갔으며, 자손 번식에도 성공하여 그 자손들은 오늘날 이 행성에 살고 있는 생명체 중에서 가장 우월하다고 인정되는 종족이 되었다. 그들은 고대 원시시대부터 지금까지 자신들의 이야기를 여러 가지 기록으로 남겼다.

원시 인류는 동굴 벽에 자신들의 이야기를 그림으로 그리는 방법을 생각해냈다. 그들은 사냥이나 전쟁에서 자신들의 용맹스럽고 자랑스러운 무용담, 그리고 삶의 지혜를 후손에게 전해주고자 열심히 그림을 그렸으며, 그런 그림들 중 일부가 지금까지 전해져서 당시 삶의 방식과 문명의 정도를 가늠하게 해 주고 있다. 사슴을 몇 마리 사냥했는지, 얼마나 큰 들소를 잡았는지 등이 동굴 벽에 그려진 그림을 통하여 수 만년이 지난 지금도 알 수 있는 것이다. 더불어 사슴의 수나 들소의 크고 작음을 표현한 것에서 수학은 고대 인류의 역사와 함께 시작되었음을 알 수 있다. 말하자면 인류 최초의 역사에 대한 기록이 수학적이었던 것이다.

수학은 선사시대부터 지금까지 계속 우리와 함께해 왔다. 우리에게 시간의 표시법, 지도 제작법, 항해술, 예술 화법, 건축, 텔레비전 등을 지나 손 안에 가지고 다닐 수 있는 컴퓨터인 스마트폰까지 가져다 주었다. 수학이 없었다면 비행기도 없었을 것이고, 우주로 나가기 위한 생각은 하지도 못했을 것이다. 이처럼 수학은 모든 분야에서 핵심적인 역할을 하며 우리와 함께하고 있고, 앞으로도 인류 문명을 이끌어 갈 것이 확실하다.

수학은 뛰어난 천재들의 영감으로 발전해 왔다. 수학이 발전하는 과정에서 어느 순간에 수학적 사고가 관찰력과 탐구 정신이 강한 학자와 만나서 성취된 결과는 만유인력의 법칙의 발견에서부터 상대성 이론에 이르기까지 인류 전체 역사의 흐름에 막대한 영향을 끼쳤다. 즉, 인류 역사를 만들어 가는 것은 인간 자신이지만 역사 창조를 주도해 나가는 사람을 지배하는 사고는 예나 지금이나 수학에 바탕을 두었다는 점에서 수학은 세계사와 떨래야 뗄 수 없는 사이다.

이와 같이 인류의 역사와 함께해 온 수학에 대한 이야기는 이미 발간되었던 〈비하인드 수학파일〉을 통하여 소개했었다. 그러나 필자는 세계사와 수학과의 관계를 좀 더 풍부하고 사실적으로 독자들에게 전하고픈 마음이 들었다. 그래서 기존의 원고를 다시 한번 더 검토했고 보충했다. 독자들이 마치 해당 시대의 역사적 현장을 더 생생하게 느낄 수 있도록 연관된 이미지나 예술 작품을 더 찾아 넣었고 설명을 덧붙였다. 또한 당시 상황을 이해하는 데 도움이 되도록 지도를 추가하고 고쳤다. 아울러 세계사와 수학의 관계를 다룬 책임을 좀 더 명확하게 밝히기 위해 도서명도 〈수학, 세계사를 만나다〉로 바꾸었다.

한 분야에 대하여 잘 모르면 어떤 내용이 중요하고 좋은지 알 수 없기 때문에 책을 쓸 수 없고, 그 분야에 대해 너무 잘 알아도 많은 내용을 더 상세하게 알려주고 싶기에 책을 쓸 수 없다고 한다. 그래서 적당히 아는 사람이 겁 없이 책을 쓸 수 있다는 말이 있다. 이것은 세계사에 정통하지 않은 필자에게 딱 맞는 말이다. 필자가 세계사에 정통하지 않음에도 불구하고 이 책에서 다룬 많은 역사적 사건은 실체적 진실을 기초로 하고 있다. 또 비록 수학자의 눈으로 되짚어보는 세계사이지만, 벌어진 사건을 가능하면 인문학적 관점에서 설명하려고 노력하였다. 하지만 아무리 노력해도 미흡한 점을 모두 보강할 수 없는 것은 명백한 사실이다. 다만 앞으로 더 좋은 책으로 만들기 위해 내용을 끊임없이 보강하고 다듬어 갈 것을 약속하며 독자들의 너그러운 양해를 바랄 뿐이다.

마지막으로 얼마 전 돌아가신 아버님 영전에 이 책을 바칩니다.

군주민수(君舟民水)의 해를 보내고서 맞이한 2017년 초 맹동(孟冬)에

이광연

세계사 속에 생동하는 수학

인류의 역사는 어디서 시작됐고 어떻게 발전했으며 어디로 향해 가는 것일까? 또 과거의 어떤 일이 일어날 수밖에 없었던 필연적인 이유는 무엇이었을까?

이런 의문은 누구나 한 번쯤 가졌을 법한데, 그런 의문을 풀기 위해 우리는 역사를 배운다. 특히 한반도라는 땅에서 5천 년을 이어온 우리는 나름대로 역사에 강한 자부심과 뚜렷한 발자취를 가지고 있다. 하지만 가끔은 우리가 지구상의 많은 나라들로 이루어진 세계 속에서 살고 있다는 것을 잊고 다른 나라나 민족의 역사를 소홀히 하는 경우가 있다. 글로벌 시대를 살아가는 요즘의 현실을 감안한다면 안타까운 일이다. 그런 의미에서 세계의 역사를 짚어보는 것은 매우 중요한 일이다.

세계의 역사를 바라보는 관점은 매우 다양하다. 정치가는 정권을 잡기 위한 권력 투쟁의 눈으로, 경제학자는 세계 경제의 흥망성쇠라는 측면에서, 과학자는 문명과 문화의 창달을 위해 인류가 어떤 과학기술을 발전시켰는지에 역점을 두고 역사를 바라볼 것이다. 그렇다면 수학자는 세계의 역사를 어떤 눈으로 바라볼까? 또 역사의 한 장면에서 수학은 어떤 역할을 했을까?

인류의 역사 속에는 생동하는 수학적 산물들이 즐비하다. 때로는 갑자기 시간을 되돌려놓은 것 같기도 하고, 때로는 오늘날의 우리들과 역사 속의 사건들이 수학적으로 얽혀 있다는 느낌마저 들기도 한다. 그것은 분명히 인류의 역사 속에 수학적 내용과 사고방식이 투사되어 시공을 초월하여 극적으로 일어나고 있기 때문일 것이다.

예를 들어보자. 중세에서 근세로 바뀌는 과정에서 토지개혁도 있었고 정치적인 변화도 있었지만, 대포의 등장은 전쟁의 양상을 바꾸며 역사를 새로운 방향으로 이끌었다. 총과는 달리 대포는 수학이 없으면 거의 무용지물인 무기로, 초기에 대포 탄환의 궤적을 추적하는 수학적 방법은 수세기가 지난 오늘날까지도 사용되고 있다. 물론 지금은 그 방법이 더욱 세련되고 정밀해졌지만 기본적으로는 같은 원리를 이용한다. 그래서 그때의 포병 장교가 타임머신을 타고 현대로 와도 계속해서 포병 장교의 임무를 충실히 수행할 수 있다.

또 다른 예를 들어보자. 11세기부터 13세기까지 지속됐던 십자군 전쟁으로 유럽과 소아시아 사이에는 도시의 네트워크가 형성됐다. 하지만 당시에는 이런 네트워크의 중요성을 잘 이해하지 못했고 학문적으로 연구하려는 노력도 부족했다. 결과적으로 과학적인 분석과 연구를 통해 보다 나은 구조를 갖추려는 시도를 하지 않았던 셈이다. 만일 어떤 지도자가 과학적으로, 수학적으로 깨어 있어서 좀더 발전적인 생각으로 이런 노력을 실현했더라면 오늘날 인류는 완전히 새롭고 훨씬 발전된 문명을 갖추게 됐을 것이다.

사실 수학의 역사는 인류의 역사, 즉 세계사와 그 맥을 같이하기 때문에 수학의 역사와 함께 인류의 역사를 비교하면 세계사를 좀더 간단하게 공부할 수 있다. 그러나 수학사는 그 자체가 세계사만큼이나 복잡하고 어려워서 세계사와 수학사를 관련지어 역사의 흐름을 짚어간다는 것은 전문 학자가 아니면 불가능하다. 그리고 그런 방법으로 역사를 알아간다면 대부분의 사람들은 별로 흥미를 느끼지 못할 것이다.

그래서 필자는 세계사를 좀더 흥미롭고 즐겁게 들여다보기 위한 방법으로 수학이라는 창을 동원했다. 비록 수학이라는 분야가 많은 사람들로부터 어렵다고 외면당하고 있지만, 누구나 쉽게 이해할 수 있는 수학으로 세계사를 바라본다는 것은 또 다른 재미일 것이다. 더욱이 역사적인 장면들이 필연적으로 그렇게 펼쳐질 수밖에 없었던 이유를 간단하고 단순한 수학으로 설명한다면 세계사뿐만 아니라 수학까지 더욱 흥미로워질 것이다. 즉 수학으로 세계사를 읽는다면 세계사를 알아가며 수학을 배울 수 있고, 또 수학을 공부하며 세계사를 이해할 수 있는 일석이조一石二鳥의 일인 셈이다.

이런 효과를 거두기 위해 이 책은 인류의 역사가 시작되는 순간부터 시작하여 고대를 거치고 중세를 지나 근세에 이르러 현대로 이어지는 세계사에 수학을 곁들였다. 특히 각 장의 어느 부분을 먼저 읽더라도 역사와 수학적 지식을 함께 얻을 수 있다는 장점이 있다. 어떤 경우는 역사적으로 잘 알려져 있지는 않지만 수학적으로 흥미로운 내용을 다루기도 했다. 물론 그 반대의 경우도 있다. 어쨌든 이 책을 읽는 독자들은 역사를 바라보는 새로운 눈을 가지게 될 것이다.

마지막으로 세계사에 관한 필자의 빈약한 지식에도 불구하고 좋은 책이 될 수 있도록 조언과 충고를 아끼지 않았던 분들과, 편치 않으면서도 자식의 힘듦을 걱정해 주시는 부모님에게 감사를 드린다. 또한 좋은 책으로 세상에 나올 수 있도록 애써주신 출판사 여러분에게도 깊은 고마움을 전한다.

역사에 꿋꿋했던 가야산 아래서 2011년

이광연

차례

1

메소포타미아 문명의 주역 수메르인

60진법

기원전 3500년 메소포타미아 문명

두 강 사이의 평야에서 시작된
메소포타미아 문명

메소포타미아 문명의 최초 담당자인 수메르인은 고도의 문명을 만들어냈고, 이
문명은 그 뒤 셈족 계열의 아카드인에게 계승되어 아모리인이 세운 바빌로니아
왕국까지 전해졌다.

인류는 지구상에 뒤늦게 등장했지만 호랑이처럼 힘이 세지도 않고, 사슴처럼 잘 달릴 줄도 모르며, 새처럼 날지도 못하는 나약한 존재였다. 그래서 고대 인류는 안전한 삶을 위해 여럿이 모여 살기 시작했다. 도구를 이용하고 불을 사용하면서 그 무리는 점점 커졌고, 다른 무리와 결합하여 부족을 이루었으며, 부족과 부족이 합쳐져 국가가 됐다. 그리고 메소포타미아, 이집트, 인더스, 황허 지역에서 인류의 역사를 바꾸는 문명이 일어나 세계 곳곳으로 전해지고 발전을 거듭하며 오늘날 문명의 기초를 다졌다.

메소포타미아 문명은 전쟁과 분쟁이 끊이지 않는, 지금의 이라크 땅에 있는 유프라테스 강과

메소포타미아 문명은 건조한 서아시아 지역의 물이 있는 평야 지대에서 시작됐다. 티그리스 강과 유프라테스 강 사이의 습한 지역을 '비옥한 초승달 지대'라고 한다. 수메르인은 두 강의 하류 지역인 우르와 라가시를 중심으로 문명을 만들어냈다.

티그리스 강 사이의 지역에서 번성했는데, 메소포타미아Mesopotamia라는 말은 고대 그리스어 'Μεσοποταμία'로 '강 사이의 땅'이라는 뜻이다.

메소포타미아 지역에는 구석기 시대부터 사람들이 거주하여 기원전 6000년경부터 인류 최초의 농경을 시작했다. 메소포타미아 문명의 최초 주인공은 수메르인이었다. 그들은 기원전 3500년경에 왕국을 세우고 도시를 건설했으며 문자를 만들어 썼고 지구라트Ziggurat라는 거대한 신전을 세웠다.

메소포타미아는 큰 산이 없이 탁 트인 평원이라 외부로부터 여러 민족들이 드나들기 쉬웠던 만큼 침입과 교섭이 빈번하여 도시와 왕조가 복잡하게 얽혔고 흥망도 잦았다. 1천 년 넘게 문명을 번성시켰던 수메르인은 기원전 2400년경에 셈족 계열의 아카드인에게 정복당했다. 수메르 문명을 흡수한 아카드인은 얼마 지나지 않아 바빌로니아왕국을 세운 아모리인에게 정복되어 이 지역의 패권을 넘겨줬다.

문자를 만들어 점토판에 갈대로 새겨 쓰다

문자의 사용은 문명의 주요한 조건이다. 메소포타미아 문명이 사용했던 문자를 쐐기문자(한자어로는 설형문자楔形文字)라고 한다. 두 강 사이의 지대였기 때문에 주위에서 쉽게 구할 수 있는 재료인, 진흙과 습지에 자라는 갈대를 이용하여 글을 썼다. 이 지역의 고대인들은 진흙을 편평하게 만든 뒤 그 위에 갈대 줄기의 뾰족한 끝으로 글씨를 새긴 후 말리거나 구워서 그 점토판을 보존했는데, 쐐기문자가 새겨진 점토판들이 오늘날까지도 전해진다.

쐐기문자는 그 모양이 쐐기와 비슷해서 붙여진 이름인데, 초기 문자는 그림문자(상형문자) 형태이고 시간이 흐를수록 쐐기 모양으로 변해간다. 최초의 쐐기문자는 수메르인이 쓰던 문자로 그림문자에 가까웠으며 문자의 개수도 1천 개에 이를 정도로 많았다. 하지만 점차 표음문자의 비율이 늘어났고, 이후 아카드인이 수메르어를 적극적으로 받아들여 간략하게 개량한 덕분에 쐐기문자는 최종적으로 30여 개의 자수를 가진 표음문자가 됐다.

19세기 중엽까지 고고학자들이 메소포타미아 지역에서 발굴한 점토판은 약 50만 개이다. 이 점토판들은 크기와 모양이 다양해서 겨우 몇 cm²

수메르어 1단계	수메르어 2단계	아카드어	아시리아어	의미
				머리
				손
				여자
				새
				물고기

밖에 안 되는 것도 있고 보통 책만 한 것도 있다. 글자도 점토판의 한 면에만 새긴 경우, 양면에 모두 새긴 경우, 둘레에만 새긴 경우 등 다양하다. 50여만 개의 점토판들 가운데 300개 정도가 수학에 관한 점토판으로 판명됐는데, 수학에 관한 표와 문제가 적혀 있다.

쐐기문자의 해독은 1800년경 오늘날 이란의 북서부 지방에 있는 베히스툰에서 발굴된 고대 양각의 비문으로부터 시작됐다. 이 비문에는 고대 페르시아어, 엘람어

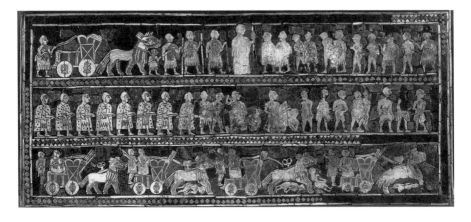

(지금은 사라진 기원전 페르시아의 언어), 바빌로니아어(아카드어 후기 형태)의 세 언어로 같은 내용이 새겨져 있다.

1846년에 영국의 외교관이자 아시리아학 연구가인 헨리 크레직 롤린슨이 이 비문의 내용을 풀면서 처음으로 아카드어를 해독했다. 그 뒤에 많은 학자들이 연구를 거듭하면서 아카드어로는 설명할 수 없는 특이한 단어와 기호들을 발견했다. 그들은 이 글자들이 수메르어라는 것을 알아냈고 갖가지 방법을 동원하여 해독에 성공했다. 수메르어를 해독하게 되면서 고대 메소포타미아 문명의 주역인 수메르인의 놀라운 문명이 제대로 밝혀지기 시작했다. 수메르인의 뛰어난 문명은 수학이 뒷받침됐는데 태음력, 60진법, 원의 $360°$, 피트나 인치 같은 단위들도 수메르 수학의 산물이다.

1과 60의 기호가 같은 60진법

점토판 해독에 따르면 수메르 문명을 비롯한 메소포타미아의 여러 문명은 숫자 60개를 이용하여 자릿수를 늘려가는 60진법을 사용했으며, 60

현대인의 일상생활에서도 사용되는 60진법

60진법은 현재 우리의 일상생활 속에서도 사용된다. 시계를 보면 60진법을 쉽게 이해할 수 있는데, 60초는 1분을 나타낸다. 59초 후에는 1분(60초)으로 바뀌고, 59분 후에는 1시(60분)로 다시 바뀌는 것이다. 위치와 각도를 나타낼 때도 시간을 나타낼 때처럼 60진법을 쓴다. 예를 들면 독도의 위치는 동경 131도 52분 20초, 북위 37도 14분 21초로 나타낼 수 있다. 1도를 60분으로, 1분을 60초로 나누는 것이다.

진법을 기초로 태음력이라는 달력을 만들었다.

태음력은 달의 삭망이 1년에 12번 일어난다는 것을 토대로 하여 1년을 12달, 하루를 24시간, 1시간을 60분, 1분을 60초로 정했다.

우리가 지금 쓰는 십진법은 1부터 9까지의 숫자가 각각 다른 모양을 한 기호이지만, 메소포타미아의 60진법은 딱 2개의 기호만을 사용했다. 그들은 다음 그림과 같이 1은 𒁹로, 10은 𒁹를 옆으로 뉘어 𒌋로 표기했고, 다른 숫자들은 𒁹과 𒌋의 묶음과 배열 위치를 바꾸어 각각의 숫자가 다르다는 것을 나타냈다.

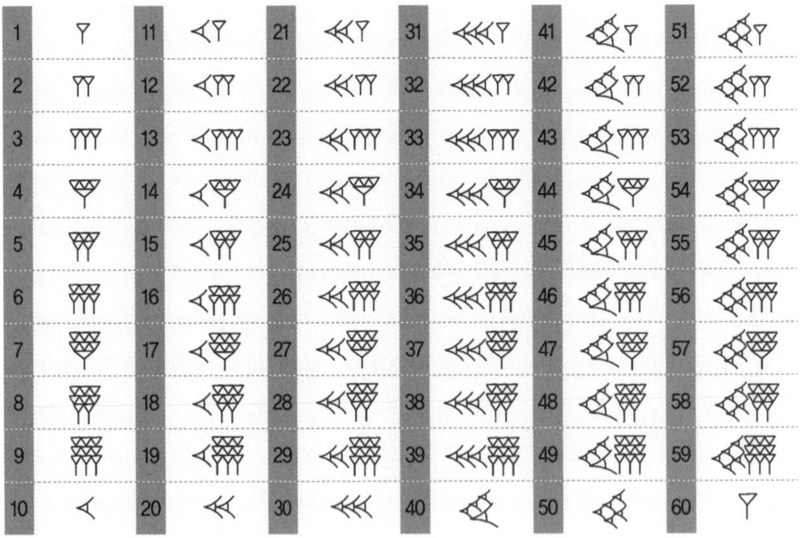

1		11		21		31		41		51	
2		12		22		32		42		52	
3		13		23		33		43		53	
4		14		24		34		44		54	
5		15		25		35		45		55	
6		16		26		36		46		56	
7		17		27		37		47		57	
8		18		28		38		48		58	
9		19		29		39		49		59	
10		20		30		40		50		60	

위 그림을 잘 살펴보면 1을 나타내는 기호와 60을 나타내는 기호가 같다는 사실을 알 수 있는데, 이것은 그들이 60진법과 자릿값을 사용했기 때문이다.

1492라는 숫자를 현재 우리가 사용하고 있는 십진법으로는 다음과 같이 나타낼 수 있다.

$$1492=1\times10^3+4\times10^2+9\times10^1+2$$

메소포타미아인의 쐐기문자로 표기하면 한 자리가 올라갈 때마다 자릿값이 60의 거듭제곱으로 이루어지므로 다음과 같다.

처음 6개의 기호 ⟪𐎷는 24를 나타내고, 그다음 기호 ⟪ 𐎷는 52를 나타낸다. 그리고 그들이 60진법을 사용했으므로 24의 자릿값은 60이다. 따라서 다음과 같이 계산하여 1492가 된다.

$$24\times60+52=1492$$

그런데 위 그림에서 보듯이 이 문자가 왼쪽부터 차례로 (24, 52)를 나타낸 것인지, (10, 14, 52)나 (10, 10, 4, 50, 2)를 나타낸 것인지, (10, 14, 50, 2)를 나타낸 것인지 분명하지 않다. 예를 들어 (24, 52)를 나타낸 것이라면 1492이지만 (10, 10, 4, 50, 2)를 나타낸 것이라면 뒤에서부터 2는 단위 자리, 50은 60의 자리, 4는 60^2의 자리, 10은 각각 60^3, 60^4의 자리이다. 따라서 그 값은 다음과 같다.

$$10\times60^4+10\times60^3+4\times60^2+50\times60+2=131777402$$

또한 (10, 14, 50, 2)를 나타낸 것이라면 마찬가지로 그 값은 다음과 같다.

$$10\times60^3+14\times60^2+50\times60+2=2213402$$

따라서 쐐기문자만 보고 그것이 얼마인지 아는 것은 매우 어려웠다. 현재 우리의 기수법으로는 '10개 묶음 1개'를 10이라고 쓰지만 그들은 60을 다시 1이라고 썼으므로 1이 1을 가리키는지, 아니면 '60개 묶음 1개'를 가리키는 것인지 알 수 없다.

세월이 흘러서 바빌로니아인이 메소포타미아 지역을 지배할 때는 이런 숫자의 불편함을 없애기 위해 새로운 기호를 도입했다. 바로 0을 나타내기 위한 기호 이다. 그런데 이 기호는 오늘날 우리가 사용하고 있는 0과 같이 '없음'을 나타내는 의미가 아니라 단순히 자릿수를 나타내기 위한 것이었다. 예를 들어 은 1492를 나타내는 것이었지만 처음 6개의 기호 와 그다음 기호 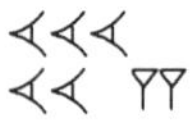 사이에 을 삽입하여 로 나타내면 다음과 같이 계산하여 86452를 나타내는 것이다.

$$24\times60^2+0\times60+52=86452$$

그런데 그들은 왜 십진법을 놔두고 복잡하게 60이라는 수를 사용했을까?

바빌로니아 마일과 **원의 중심각 360°**

우리의 일상생활에 쓰이는 바빌로니아인의 흔적은 원에서도 찾아볼 수 있다. 바로 원의 중심 각을 360°로 표현하는 것이다. 메소포타미아 문명이 360을 선택한 이유에 대해 다양한 설명이 제시되긴 했지만, 그중에서도 오토 노이게바우어의 주장이 가장 그럴듯하다.

메소포타미아 문명의 초기인 수메르인 시대에는 오늘날의 약 11.2km쯤에 해당하는 '바빌로니아 마일'이라는 거리를 재는 단위가 있었다. 바빌로니아 마일은 거리를 측정할 때 사용되기도 했지만 시간의 단위, 즉 1바빌로니아 마일을 가는 데 걸리는 시간을 측정하는 단위로도 사용됐다. 그들은 1바빌로니아 마일을 가는 데 2시간 정도 걸린다고 여기고 하루를 12바빌로니아 마일로 정했다. 그런데 우리가 잘 알고 있듯이 하루는 지구가 한 바퀴 자전하는 시간이다. 수메르인도 완전한 하루가 되려면 하늘이 한 바퀴 돌아야 한다고 믿어서 원의 완전한 1회전을 12등분으로 나누었다. 그러나 편의를 위해 다시 1바빌로니아 마일을 30등분으로 나누었고 원의 1회전은 12×30=360으로 등분됐다.

이렇게 해서 오늘날 우리는 원을 360등분하여 사용하게 된 것이다. 당시 바빌로니아인이 사용하던 바빌로니아 마일이 조금 달라져 하루를 10바빌로니아 마일이라고 했다면, 우리는 지금 원을 300등분하고 있을지도 모른다.

10은 60에 비해 융통성이 덜한 수이다. 약수를 보면 10에는 2와 5뿐이지만, 60에는 2, 3, 4, 5, 6, 10, 12, 20, 30 등 (1을 포함해) 모두 10개가 있다. 우리가 일상생활을 하면서 어떤 수를 2, 3, 4, 5 등의 수로 나눌 필요가 많이 발생한다. 그중에서 4로 나누는 것을 '쿼터quarter'라 하여 지금도 많이 사용하고 있는데, 4로 10을 나눌 수 없지만 60은 나눌 수 있으므로 십진법보다는 60진법이 소수의 복잡한 계산을 피할 수 있다는 장점이 있다. 그래서 60을 밑으로 하는 진법을 사용한 것이다.

인류 최초의 것들이 무수히 탄생한 수수께끼 문명, 수메르

수메르 문명이 알려진 것은 불과 150년 정도밖에 되지 않아 그 실체에 대한 연구는 아직도 진행 중이지만 지금까지 밝혀진 사실만으로도 엄청난 고도의 문명을 이루었음을 알 수 있다.

우르에 복원한 지구라트

최초의 의학서와 의약품, 최초의 법전, 최초의 농업서, 최초의 우주론, 최초의 도서관 목록, 최초의 농경 등 수메르에서 탄생한 인류 최초의 것들이 수십 가지나 되어 세계의 역사가 수메르에서 비롯됐다고 해도 과언이 아닐 정도이다. 병에 대한 진단과 처방을 다루는 의학서에는 외과 수술에 대한 내용도 포함되어 있으며 일종의 방사선 치료를 받는 듯한 그림도 보인다. 인류 최초의 대홍수 이야기도 『길가메시 서사시』를 비롯한 여러 수메르 기록들에 남아 있다. 대홍수 이야기는 구약성서에 담긴 바벨탑 이야기의 원형이라고 추정되는데, 지구라트와 함께 수메르 문명이 기독교 문화에도 큰 영향을 주었음을 알 수 있다.

최초의 학교도 수메르에 세워졌다. 학교는 '움미아Ummia'라는 전문 교수가 이끌었다. 그림을 가르치는 선생, 수메르어를 가르치는 선생뿐만 아니라 '채찍을 담당하는 선생'도 있을 정도로 규율이 아주 엄격했다. 한 학생이 점토판에 기록한 내용에 따르면 결석하거나, 단정하지 않거나, 게으름을 피우거나, 비행을 저지르거나, 심지어 글씨가 깨끗하지 않아도 매를 맞았다고 하니 학생 체벌도 세계 최초라고 하겠다.

학자들은 '놀랍다', '비범하다', '갑자기 나타난 불꽃' 등의 표현으로 수메르 문명에 찬사를 보낸다. 조지프 캠벨은 "좁은 진흙땅에서 갑자기 세계의 고등 문명을 구성하는 단초들이 한꺼번에 시작됐다"고 말했다. 6천 년 전에 수많은 인류가 석기 문명에 머물러 있을 때 누구인지, 어디서 왔는지 아직도 알지 못하는 수메르인이 마치 느닷없이 솟아난 듯 고도의 문명을 건설했기에 외계인설이 나돌 정도이다.

영혼의 집 피라미드를 건설하다

작도

기원전 3000년 고대 이집트

태양의 아들 파라오의 나라,
고대 이집트

나일 강 하류는 땅이 비옥하여 일찍 문명이 싹텄다. 기원전 3000년경에
파라오라고 불리는 강력한 왕이 다스리는 고대 이집트 왕국이 들어서서
수천 년 동안 지속됐다.

나일 강 하류는 정기적으로 강물이 범람하면서 상류에서 쓸려 내려온 퇴적물을 쌓아놓아 농사를 짓기에 적합한 기름진 땅이 마련되어 일찍부터 농경이 시작되는 등 문명이 발생할 조건을 갖추고 있었다. 이곳에 농업을 바탕으로 하는 작은 도시(노모스)들이 생겨나 기원전 4000년경의 고대 이집트에는 상이집트에 22개, 하이집트에 20개 가량의 도시가 있었다.

기원전 3000년경에 메네스 왕이 그 도시들을 통합하여 통일 왕국을 수립했다. 이집트는 첫 왕조가 들어선 뒤 고왕국, 중왕국, 신왕국을 거치면서 30여 왕조가 흥망성쇠를 거듭했다. 하지만 메소포타미아와 달리 사막과 바다로 가로막혀 외부의 침입이 어려웠기 때문에 3천여 년이라는 오랜 세월 동안 강력한 전제 통일 왕국으로 남을 수 있었다.

고대 이집트에서는 왕을 '큰 집에 사는 사람'이라는 뜻의 '파라오'라고 부르면서 태양의 아들이자 살아 있는 신으로 받들었다. 이런 믿음을 기반으로 왕은 곧 신이라는 신권정치를 계속해 나갔다. 강력한 힘을 가진 왕들은 자신들의 무덤인 피라미드와 그 무덤을 지키는 스핑크스 같은 거대한 건축물을 남겼고, 메소포타미아와 달리 태양력과 십진법을 만들었다. 그리고 나일 강둑에서 자라는 갈대를 짓이겨 펄프로 만든 파피루스papyrus에 글을 남겼다.

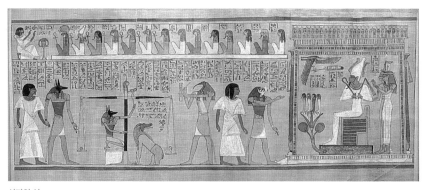

사자의 서
고대 이집트에서 죽은 사람의 관 속에 미라와 함께 넣어두는 문서였다. 사후세계의
안내서와 같은 것이다.

피라미드, 파라오의 영혼이 사는 거대한 집

고대 이집트에서 최고의 지배자였던 파라오는 신과 똑같은 존재였기 때문에 성직자들은 파라오를 위해 파라오가 죽은 뒤에 그의 영혼이 살 집을 세워야 한다고 생각했다. 그 집이 바로 피라미드이다. 이런 그들의 생각은 당시 이집트 백성들도 자연스럽게 받아들였다.

고대 이집트는 땅이 비옥하여 물자가 풍부했다. 식물의 섬유로 만든 옷을 입었을 뿐만 아니라 화장품, 머리 염색약, 가발, 장신구까지 만들어 썼다. 피라미드에서 출토된 그림이나 조각 같

파라오 투탕카멘의 황금 마스크
투탕카멘은 18살의 어린 나이로 숨졌다. 이 유물은 룩소르에 있는 왕들의 계곡 무덤군에서 발견되었다.

은 유물들을 통해 충분히 짐작할 수 있듯이 예술성도 뛰어났다.

이집트 사람들은 동시대의 다른 지역보다 상대적으로 풍요로운 삶을 누렸다. 그래서일까, 그들은 죽은 뒤에 현세보다 더 좋은 세상으로 옮겨 간다기보다 현세의 삶이 연장된다고 생각했다. 이런 종교관이 이집트 최고의 권력자인 파라오가 죽어서도 현세와 같은 영광을 누리며 살아갈 수 있도록 피라미드를 건설하는 데 일조했다.

그런데 광활한 사막에 거대한 사각뿔의 돌무덤을 세우는 일은 대단

나일 강의 **착한 홍수**

나일 강은 세계에서 가장 긴 강이다. 고대 이집트어로 'iteru'라고 하는데, '큰 강'이라는 뜻이다. 고대 셈어에서 유래한 'nile'도 역시 '강'을 뜻한다. 이집트 문명은 생활에 필요한 물과 농토를 나일 강에 의존했기 때문에 그리스 역사가 헤로도토스는 기원전 5세기에 이집트를 '나일 강의 선물'이라고 말했다. 헤로도토스가 이렇게 이야기한 이유는 매년 6월 중순부터

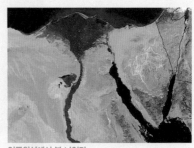
인공위성에서 본 나일강

10월 하순까지 나일 강의 상류인 에티오피아 고원에 정기적으로 내린 비가 하류로 흘러 내려가면서 약한 홍수를 일으켰기 때문이다.

상류에 내린 비가 하류에 도착하는 6월 중순부터 강물이 불어나기 시작하여 10월경에 나일 강의 수위가 가장 높아진다. 고대 이집트 사람들은 수위가 높을 때는 고기잡이를 하다가, 12월경부터 강물이 빠지기 시작하면 상류에서 내려온 기름진 흙에 씨를 뿌렸으며, 3월부터 5월에 이르는 건조기에 수확을 했다. 이집트 사람들은 비옥한 퇴적물의 색깔인 검은색을 축복받은 색이라고 여겼지만, 불모지인 사막의 빨간색은 꺼렸다.

나일 강은 급작스레 범람하는 것이 아니라 홍수와 갈수를 규칙적으로 반복했기 때문에 이집트 사람들은 둑을 쌓을 필요가 없었다. 단지 수학적으로 그 시기를 계산하기만 하면 됐다. 홍수가 난 뒤에 토지의 경계가 불분명해지면 기하를 이용하여 계측했다. 그런데 당시 사람들은 수학을 성직자 같은 특권계급만이 배울 수 있는 신성한 학문이라고 생각했다.

히 정교한 작업이었기 때문에 높은 수준의 수학 지식을 필요로 했다. 피라미드들 가운데 당시 최고 수준의 수학이 총동원되어 건설된 쿠푸 왕의 피라미드는 고대 세계 7대 불가사의로 알려져 있다.

이집트 고왕국 제4왕조의 파라오인 쿠푸 왕은 자신이 죽기 전에 피라미드 건설에 착수했다. 기원전 2500년경, 이집트 카이로의 나일 강 서안에 위치한 도시인 기자(아랍어로는 알 지자^Al-Jizah) 지역에 건축한 쿠푸 왕의 피라미드는 밑변의 평균 길이가 230.4m, 높이가 147m에 달하는 거대한 건축물이어서 대피라미드라고도 불린다. 이 피라미드는 2.5~10t가량의 화강암 230여만 개로 쌓아 올렸는데, 코끼리 한 마리의 무게가 거의 3t인 것을 감안하면 돌 하나의 무게는 어마어마하다.

오늘날 피라미드에 관해 남아 있는 가장 오래된 기록은 그리스 역사가 헤로도토스의 『역사』에서 찾을 수 있다. 이 책에 따르면 쿠푸 왕의 대피라미드를 완성하기 위해 10만 명이 3개월씩 교대로 20년 동안 일했다고 한다. 외부를 장식하는 돌과 돌 사이의 빈틈은 기껏해야 0.5mm 정도일 만큼 고도의 기술로 만들어졌으며, 피라미드라는 이름은 그리스어 '피라미스^(pyramis, 세모꼴의 빵)'에서 유래했다.

황금과 보석이 함께 매장된 이집트의 많은 피라미드들처럼 쿠푸 왕

고대 세계 7대 불가사의

고대 그리스 사람들은 주변의 발달된 문명국가들이 건설한 웅대한 건축물 및 예술품을 7대 불가사의로 꼽았다. 이집트 쿠푸 왕의 피라미드, 알렉산드리아의 파로스 등대, 바빌론의 공중정원, 에페수스의 아르테미스 신전, 올림피아의 제우스 신상, 할리카르나소스의 마우솔레움(마우솔루스의 영묘), 로도스 섬의 콜로서스가 그것이다. 중국의 만리장성이나 인도의 타지마할이 빠져 있는 것은 고대 그리스 사람들이 당시에 보고 들었던 기준이기 때문이다.

기자에 건설된 쿠푸 왕의 대피라미드

대피라미드 주위에는 아들과 손자의 무덤으로 추정되는 피라미드가 2개 더 있다. 또한 왕비의 무덤 6개가 3개씩 두 줄로 줄지어 있으며 스핑크스가 주변을 호위한다. 스핑크스는 사람의 머리와 사자의 몸을 가진 괴물로 왕의 권력을 상징한다. 이집트나 아시리아의 신전, 왕궁, 무덤에는 스핑크스 조각상을 많이 세웠다. 스핑크스는 쉽게 갈라지고 부서지는 석회암으로 만들어졌지만 사막의 모래에 뒤덮여 지금까지 보존될 수 있었다.

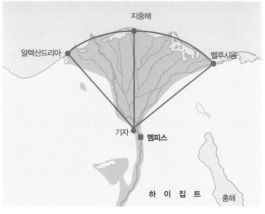

의 피라미드도 도굴범의 소행으로 쿠푸 왕의 보물은 물론 미라까지 도난당했고 지금은 피라미드만 남아 있다. 대피라미드가 건설된 곳은 이집트 사람들에게 의미 있는 장소였다. 대피라미드를 원의 중심에 놓고 나일 강의 삼각주 끝 부분을 반지름으로 하는 원호를 그리면 나일 강 삼각주의 두 끝인 펠루시움과 알렉산드리아가 정확하게 연결된다. 즉 나일 강에서 바라본 대피라미드는 부채꼴 모양의 삼각주 중심에 위치해 있다. 이것은 고대 이집트 건축가들이 대피라미드를 자신들이 생각하는 세계의 중심에 건설하겠다는 의지의 표현이다.

완벽한 정사각형인 피라미드 밑면 작도하기

고대 이집트 사람들은 어떤 방법으로 이처럼 정교한 피라미드를 건설할 수 있었을까? 피라미드를 세운 구체적인 방법은 지금까지도 정확하게 확인되지 않았지만 건물을 짓는 방법을 통해 추측할 수 있다.

이집트 건축가들은 엄청난 크기의 피라미드를 똑바로 세우기 위해 피라미드의 설계도를 그렸을 뿐만 아니라 채석장에서 운반된 돌 블록의 가장자리를 어떻게 해야 땅과 정확히 수직이 되도록 할 수 있는지도 알았다. 피라미드의 설계도는 오늘날처럼 정밀하다기보다는 완성된 건물의 모습이 간단하게 그려졌을 것으로 추측한다. 피라미드를 건설하는 사람

실용적인 측정 기술 '기하학'이 기록된 **파피루스**

기하학은 도형의 성질을 논리적으로 밝히는 것이다. 즉 평면 위에 그려진 점, 선, 면 등의 평면도형과 직육면체, 원뿔, 원기둥 등의 입체도형을 탐구하는 학문이다. 이집트인은 그들의 필요에 의해 수학을 발전시켜 나갔다. 이는 영어의 어원에도 잘 나타난다. 기하학은 영어로 'geometry'라고 하는데, geo는 '토지', metry는 '측량하다'를 뜻한다.

기원전 16세기의 수학이 적힌 파피루스
이집트 수학자 아메스가 기록했고, 영국 학자 린드가 구입해 대영박물관에 소장되어 있다.

이 같은 기록은 '파피루스'에서 발견된다. 파피루스는 갈대와 비슷한 풀인데, 이집트인은 이것을 오늘날의 종이처럼 만들어 기록을 남기는 데 이용했다. 파피루스에는 이집트인의 농토 면적 계산법, 분수 계산법, 피라미드의 부피, 곡식 창고의 용량 등에 관한 내용이 기록되어 있다. 이집트 사람들에게 수학이란 일상생활에 필요한 측량에서 출발한 하나의 도구였던 것이다.

들은 실제 크기의 건축물을 세우기 위해 설계도에 있는 내용을 피라미드가 실제로 들어설 땅 위에 정확하게 표시하는 방법과 설계도대로 피라미드를 건설하는 방법을 모두 알고 있어야 했다. 그래서 피라미드 건축가들은 오늘날 우리가 기하학이라고 부르는 실용적인 측정 기술을 활용했다.

피라미드 건축에서 가장 어려운 문제는 피라미드 밑면을 정확하게 정사각형으로 만드는 일이다. 바닥에 그려진 사각형의 어느 한쪽 변이 다른 변보다 길거나 네 귀퉁이의 각 가운데 어느 한 각이 직각을 이루지 않는다면, 밑면은 정사각형이 되지 않아 결국 피라미드를 모두 쌓아 올렸을 때 꼭대기가 정확하게 들어맞지 않는다. 이 같은 오차가 피라미드의 밑층에서 발생하면 돌을 위로 쌓을수록 그 오차는 점점 커질 것이다. 따라서 이집트 건축가들은 매우 정밀하게 측량하여 정확하게 직각을 그려야 했는데, 그들이 직각을 그리기 위해 사용한 방법은 바로 '작도'이다.

작도는 눈금 없는 자와 컴퍼스만 이용하여 정해진 도형을 그리는 것이다. 눈금 없는 자를 사용하는 이유는 아무리 눈금이 정확하다고 해도 오차가 있게 마련이기 때문이다. 눈금 없는 자는 두 점을 연결하는 선분을 그리거나 선분을 연장하는 데 사용하고, 컴퍼스는 원을 그리거나 주어진 선분의 길이를 옮기는 데 사용한다. 컴퍼스가 없었던 고대 이집트의 측량기술자들이 이용한 도구는 말뚝과 긴 줄이었다. 그들이 이용했던 말뚝과 긴 줄로 선분 AB의 2배가 되는 선분 BC를 작도해 보자.

① 먼저 긴 줄을 팽팽하게 잡아 선분 AB를 점 B의 방향으로 연장한 후 줄을 따라 직선을 긋는다.

② 말뚝을 점 A에 박고 긴 줄을 묶어 점 B까지 늘인 후 점 A에서 점 B까지의 길이를 줄에 표시한다.

③ 점 A에 박았던 말뚝을 빼내어 점 B에 박은 후 선분 AB의 길이만큼 줄을 펴서 선분 AB의 연장선과 만나는 점을 표시한다. 이 점을 D라고 하자.

④ 다시 점 D에서 선분 AB의 길이만큼 줄을 펴서 선분 AB의 연장선과 만나는 점을 표시한다. 이 점을 C라고 하자. 이때 선분 BC가 선분 AB 길이의 2배가 되는 선분이다.

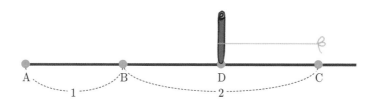

고대 이집트인은 이런 방법으로 피라미드 밑면을 이루는 거대한 정사각형의 각 변의 길이를 땅 위에 정확하게 표시할 수 있었다. 이제 그들은 그 정사각형의 각 꼭짓점에서 두 변을 서로 수직이 되도록 그리는 작업을 해야 했다.

먼저 앞에서와 같은 방법으로 피라미드를 건설하려는 땅 위에 정사각형의 한 변 AB를 작도한다. 이때 정사각형의 한 변의 길이를 편의상 다음과 같이 4라고 하자. 그리고 정사각형의 한 꼭짓점이 될 점 B에서 선분 AB와 수직인 정사각형의 다른 한 변을 작도하자.

① 선분 AB를 점 B 쪽으로 1만큼 연장한 점을 C라고 하고, 점 B로부터 1만큼 왼쪽에 있는 점을 D라고 하자.

② 점 D에 말뚝을 고정하고 길이가 1보다 긴 줄로 아래 그림과 같이 원호를 그린다.

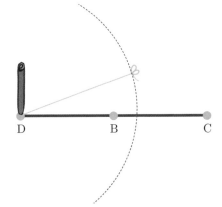

③ 점 C에 말뚝을 고정하고 줄
을 늘여 ②에서 그린 원호와
반지름의 길이가 같은 원호
를 그린다. 이때 두 원호가
만나는 점을 각각 E, F라고
하자.

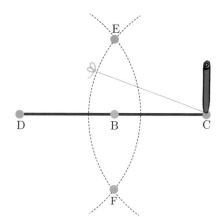

④ 점 E, F를 이은 직선 EF
가 선분 AB의 수직선이다.

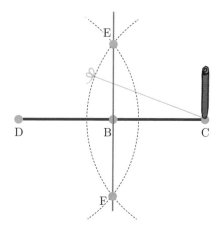

⑤ 이제 점 B에서 직선 EF에 길이가 1인 점에 말뚝을 박은 다음 앞에
서 사용한 방법으로 길이가 4가 되는 선분을 그리면 AB와 수직인
정사각형의 다른 한 변을 작도할 수 있다.

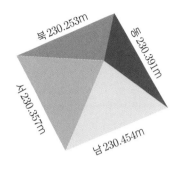

이렇게 해서 피라미드를 세울 땅에 정확하게 정사각형을 그렸고, 그 위에 차곡차곡 돌 블록을 쌓아 올렸다. 작도를 활용하여 건설한 대피라미드는 피라미드 동쪽 밑변의 길이가 230.391m, 서쪽 밑변 길이가 230.357m, 남쪽 밑변의 길이가 230.454m, 북쪽 밑변의 길이가 230.253m이다. 당시에는 오늘날과 같은 정밀한 측량기가 없었는데도 피라미드의 네 밑변의 길이를 거의 일치시켰다는 것은 매우 놀라운 일이다. 또한 피라미드 밑면을 이루는 사각형은 거의 무시해도 좋을 정도의 오차로 네 각이 모두 $90°$ 이다.

피라미드의 각 층을 쌓는 데 필요한 정육면체 모양의 돌이 정확하게 같은 높이를 유지하며 각각의 모서리들이 수직으로 다듬어졌는지는 무게 추를 이용하여 확인했다. 그리고 직각을 확인하기 위해 무게 추와 함께 직각삼각자도 사용했다. 즉 다음 그림과 같이 무게 추를 늘어뜨린 후 무게 추를 연결한 줄이 바닥과 수직을 이루는지를 확인할 때 직각삼각형을 사용한 것이다.

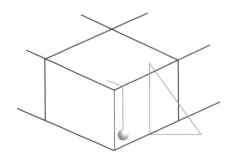

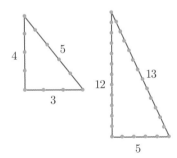

직각삼각형을 처음 발견한 사람은 긴 줄을 이용하여 같은 길이의 매듭을 지어 거리를 측정했던 전문 측량기술자였을 것이다. 그들은 매듭을 지은 줄의 칸의 개수를 3, 4, 5나 5, 12, 13으로 했을 때 직각삼각형이 된다는 것을 발견했다. 이때 한 각이 직각인 것은 앞에서처럼 작도로 확인했고, 이 삼각형을 그대로 나무에 새겨서 직각삼각자를 만들었다.

고대 이집트인은 작도로 직각삼각형만 만들어낸 것이 아니다. 그들은 작도로 동서남북의 네 방향을 정확하게 알아냈다. 그들은 해가 뜨는 쪽과 지는 쪽을 각각 동쪽과 서쪽으로 정했고, 두 지점을 직선으로 이은 후 그 직선의 수직선을 앞에서와 같은 방법으로 작도하여 북쪽과 남쪽을 정했다. 이로써 동서남북의 네 방향이 서로 정확히 수직을 이루도록 정할 수 있었다.

고대 이집트인이 기하학을 몰랐다면 그토록 정밀한 피라미드를 건설하지 못했을 것이다. 이집트인들의 놀라운 수학 실력 덕분에 우리는 오늘날 거대한 피라미드를 볼 수 있다.

3

중국 문명을 연 전설의 삼황오제

천문학과
거듭제곱

기원전 3000년 중국

기록으로 전해지는 전설의 제왕들이 문명을 일으키다

중국 문명은 아직까지는 후대 기록으로만 알 수 있는 전설 속의 왕들이 전해줬
다고 한다. 구체적인 유물과 유적으로 확인되는 문명은 하 왕조부터이다.

중국에서 최초로 등장하는 왕들은 '삼황오제_{三皇五帝}'인데, 이들은 실제로 존재했던 역사라기보다 신화와 전
설에 가깝다. 옛 책은 삼황과 오제의 이름을 약간씩 다르게 기록하고 있지만 대체로 삼황은 수인씨_{燧人氏},
복희씨_{伏羲氏}, 신농씨_{神農氏}, 오제는 황제_{黃帝}, 전욱_{顓頊}, 제곡_{帝嚳}, 요_堯, 순_舜을 일컫는다.

삼황은 대대로 연달아 다스렸던 왕들이 아니라 문명 생활을 하는 데 가장 중요한 것들을 찾아내거나 만들
어서 인간에게 전해준 대표적인 제왕 세 사람이라고 할 수 있다. 삼황 중 수인씨는 불을 발견하고 이를 이
용하여 음식을 찌거나 굽는 법을 알려줬고, 복희씨는 가축 기르는 법을 가르쳐줬으며, 신농씨는 그 이름만
으로도 알 수 있듯이 농사 짓는 법을 전해줬다고 한다. 불이나 목축, 농경을 처음 전했으니 이들이 활약했
던 시기는 석기 시대였을 것이다.

삼황의 뒤를 이은 사람이 황제인데, 황제와 그 자손을 오제라고 부른다. 그들 중 요와 순 임금은 덕망이
아주 높았다. 요 임금은 자기 아들이 있는데도 어진 사람이라 알려진 순에게 두 딸을 시집보낸 후 그에게
왕위를 넘겼다. 순 임금도 자기 아들 대신 홍수를 잘 다스린 우_禹에게 왕위를 물려줬고, 우는 하 왕조를 세
웠다. 요와 순이 다스리는 동안 중국은 태평성대를 맞았는데, 유교 문화권에서는 어진 왕이 다스리는 평화
로운 시대를 '요순시대'라고 한다.

중국의 황허 강은 아주 큰 강인데 홍수가 나면 강물이 넘쳐 엄청난 피해를 입혔다. 그래서 우 임금은 둑과
도랑, 물길을 만들고 강바닥의 흙을 파 올리는 치수 사업을 벌였다. 우가 홍수를 막으려고 공사를 하던 중
황허 강의 지류인 낙수에서 등에 점 9개가 찍힌 거북이 떠올랐다. 이것은 마방진_{魔方陣}의 기원으로, 거북의
등에 문자가 아닌 점이 찍혀 있었다는 이야기는 그때까지 아직 문자가 없었음을 의미한다. 하나라의 뒤를
이어 은殷(상_商이라고도 한다)이 들어섰는데, 이때 문자가 처음 만들어졌다. 거북의 등껍질(귀갑_{龜甲})이나 동
물의 뼈(수골_{獸骨})에 글자를 새겼기 때문에 이 문자를 갑골문자라고 부른다. 오래된 동물 뼈는 중국 의원들
에서 약재로 쓰이고 있었는데 은 왕조의 갑골문자임이 밝혀졌다.

은 왕조 이전에 있었던 하 왕조는 기원전 2000년경에서 기원전 1600년경까지 400~500년 이어졌다고
전해진다. 『사기』 같은 후세의 기록 외에는 뒷받침할 수 있는 유물과 유적이 부족하여 전설상의 왕조로 여
겨지기도 했지만, 최근의 여러 연구 성과로 하 왕조가 실제로 존재했을 가능성이 높아졌다.

자와 캠퍼스를 들고 있는 복희와 여와

삼황 가운데 복희는 '태호太昊'라고도 불리는데, 기원전 2900년경 사람의 머리에 뱀의 몸을 가진 신기한 모습으로 태어났다고 한다. 복희는 백성에게 짐승을 길들이는 법, 음식을 익혀 먹는 법, 철로 만든 무기로 사냥하는 법 등을 가르쳤다. 또한 거미가 거미줄을 치는 모습을 보고 그물을 만들어 물고기를 잡게 했으며, 동성동본 사이의 결혼을 금지하는 제도를 만들었고, 하늘에 처음으로 제사를 올렸다.

중국 문명의 중심을 흐르는 황허

황허는 쿤룬 산맥에서 시작해 황해로 흘러드는 5,400km에 이르는 긴 강이다. 중류의 황토 고원을 지나면서 물의 색이 황색을 띠어 황허라는 이름이 붙었다.

복희는 수학적으로도 중요한 인물이다. 동양의 역사상 최초로 컴퍼스와 자를 등장시켰기 때문이다. 컴퍼스의 발명과 이용이야말로 수학의 역사에서 매우 중요한 사건으로, 컴퍼스가 없었다면 인류는 기하학을 만들어내지 못했을 것이다.

「복희여와도」는 중국 창조 신화의 두 주인공인 복희와 여와女媧를 그린 것이다. 왼쪽 그림은 중국 신강위구르자치구의 투루판 아스타나 묘실 천장에 부착되어 있던 것으로 7세기경에 만들어졌다. 여와는 어떤 책에서는 삼황의 한 사람으로 꼽기도 하는데, 인간을 만든 여신이라고도 전해지며 복희와는 남매이자 부부이다.

복희여와도
수염이 있는 오른쪽 남자가 복희이고, 볼과 입술에 붉은 연지를 바른 왼쪽 여자가 여와이다.

어깨동무를 한 복희와 여와는 뱀 같은 하반신마저 한 몸처럼 꼬여 있어서 마치 샴쌍둥이처럼 보인다. 창조의 신인 복희와 여와의 그림을 죽은 자의 무덤 속 천장에 붙여놓은 것은, 무덤을 죽은 자가 새로 맞이하는 내세의 공간으로 여겼기 때문이다. 이 그림은 천지창조의 설화를 표현한 것으로 위에는 태양이, 아래에는 달이, 그리고 왼쪽에는 하나의 별을 둘

독립적인 여신에서 오빠와 결혼하는 **여동생 신으로 바뀌는 여와**

까마득한 옛날에 대홍수가 일어나 모든 사람들이 죽고 오빠인 복희와 누이인 여와 남매만 살아남았다. 두 남매는 아무도 없는 세상에서 서로를 의지하며 살아갔다. 세월이 흐르자 복희가 여와에게 결혼하자고 졸라댔다. 여와는 남매 사이에 있을 수 없는 일이라고 거절했지만 오빠가 계속 애원하자 하늘의 뜻을 물어보기로 했다.

먼저 두 남매가 각자 다른 산에서 연기를 피웠더니 다른 쪽에 있던 두 연기가 합쳐져 하나로 뭉쳤다. 여전히 미심쩍었던 여와는 이번에는 산꼭대기에서 맷돌을 한 짝씩 따로 굴려봤다. 그랬더니 처음에는 따로 굴러 내려오던 맷돌 짝들이 합쳐져 하나로 굴러갔다. 이에 하늘의 뜻이라 받아들인 여와가 복희의 청을 받아들여 오빠와 누이는 결혼했고 이로써 인류가 퍼져 나갔다.

복희와 여와에 관한 신화는 여럿인데, 초기 신화에서 여와는 혼자 힘으로 진흙을 가지고 인간을 빚어낸 독립적인 여신이었다. 위대한 신 여와가 복희의 여동생으로 그려진 이 신화는 좀더 후대의 신화로 추정된다.

러싼 6개의 별이, 오른쪽에는 북두칠성이 그려져 있다.

이 그림에서 우리가 특히 관심을 가져야 할 것은 남신과 여신이 각각 손에 들고 있는 물건이다. 남신인 복희는 왼손에는 'ㄱ'자 모양의 자인 곱자를, 오른손에는 먹통을 들고 있다. 여신인 여와는 오른손에 컴퍼스를 들고 있다. 이 그림을 통해 고대 중국인은 우주가 수학적으로 설계되어 있다고 생각했음을 알 수 있다. 그들은 실제로 우주를 수학적으로 계산하기도 했다.

우리가 고대 사람들의 우주관에 관심을 가지는 이유는 고대 문명에서 수학의 발전이 천문학과 역법과 깊이 관련되어 있기 때문이다. 그들은 농사를 짓거나 천제를 지내려고 천문학적인 사건들을 주의 깊게 관찰했다. 하늘을 관찰한 결과를 토대로 시간을 재는 역법을 만들었는데, 이런 모든 과정에 수학적 지식과 기술이 필요했다. 특히 중국은 농경 사회였으므로 가뭄이나 홍수를 미리 점치고 씨앗을 뿌리거나 곡물을 수확할 시기를 알기 위해 정확한 역법이 필요했다. 고대 중국인은 신화 속 주인공들의 손에 자와 컴퍼스를 쥐어줄 정도로 우주의 수학적인 질서에 관심이 지대했고, 수학의 중요성을 일찌감치 알았던 만큼 당연히 천문학 서적과 수학 서적도 만들어냈다.

고대 천문학의 비밀을 푸는 열쇠 '구고현의 정리'

현재 남아 있는 중국의 가장 오래된 천문학 서적은 『주비산경周髀算經』이다. 이 책은 기원전 100년경의 전한前漢 시대에 편찬됐다고 추정하지만, 책의 내용은 그보다 훨씬 이전부터 전해져 내려온 것으로 추측되며 고대 중국의 천문관과 수학 지식을 가늠할 수 있다.

『주비산경』에서는 해의 그림자를 측정하여 하늘까지의 거리와 우주의 크기를 계산하기도 했는데, 이는 고대 중국인의 우주관인 '개천설蓋天說'을 뒷받침한다. 『주비산경』 상권에는 다음과 같은 내용이 기록되어 있다.

태양은 북극을 중심으로 평원한 땅에 대하여 횡으로 움직인다. 주비의 법에 의하면 태양 빛은 16,700리를 비춘다. 땅은 한 변이 810,000리인 평면이다. 태양의 높이는 80,000리이고, 따라서 하늘의 높이도 80,000리이다.

이를 통해 고대 중국인이 하늘과 땅을 평행한 평면으로 가정했다는 점과, 막대를 수직으로 세우고 막대가 만드는 해그림자의 길이를 측정하여 하늘의 높이를 계산했다는 점을 알 수 있다. 이 과정에서 우리가 '피타고라스의 정리'라고 부르는 원리가 적용된다.

피타고라스의 정리는 초등기하학에서 가장 아름다운 정리이자 가장 유용한 정리이기도 하다. 오른쪽 그림과 같은 직각삼각형 세 변의 길이 사이에 $a^2 + b^2 = c^2$인 관계가 성립한다는 것인데, 이것에 대해 확실한 논리적 증명을

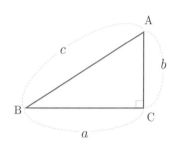

처음으로 제시한 사람이 바로 피타고라스라고 알려져 있기 때문에 이를 '피타고라스의 정리'라고 부른다. 피타고라스의 정리가 서양에서는 천문학과 관계없었지만, 동양에서는 천문학과 수학 모두에서 중요하게 여겨졌으며 동양 과학의 대표적인 원리로 인정됐다.

그런데 피타고라스의 정리로 알려진 이 정리가 동양에서 먼저 발견되고 사용됐다는 사실을 아는가? 이 정리의 동양판 이름은 '구고현勾股弦의 정리'이다. 피타고라스보다 약 500년이나 앞선 것이다.

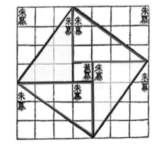

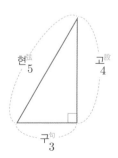

『주비산경』제1편에는 그림과 함께 "구를 3, 고를 4라고 할 때 현은 5가 된다"는 문장이 있다. 수직으로 세워서 해그림자의 길이를 측정하는 막대를 '고股'라고 하고, 그 막대가 만드는 그림자를 '구句'라고 불렀는데, 고와 구가 만든 삼각형이 직각삼각형이다. 『주비산경』에서는 이 원리를 이용하여 태양과 지구 사이의 거리를 측정했다.

둥근 하늘과 네모난 땅에서 출발한 '구고현의 정리'

『주비산경』의 구고현의 정리에서는 "구를 3, 고를 4라고 할 때 현은 5가 된다"고 했다. 그 많은 숫자들 중에 왜 하필 3, 4, 5를 선택했을까?

고대 중국의 기하학에서는 하늘은 둥글고 땅은 네모나다는 '천원지방天圓地方'의 관념에 따라 원과 사각형을 기본 도형으로 삼았다. 구고현의 3, 4, 5는 그 원과 사각형과 깊은 관련이 있다. 고대 수학에서는 '원삼경일圓三徑一'이라는 말로 원주율을 표현했다. 원의 지름이 1일 때 원의 둘레는 3이 된다는 뜻이다. 바로 이 원의 둘레 값을 '구'로 보았다. 그리고 한 변이 1인 정사각형의 둘레는 변이 4개이므로 4가 된다. 바로 이 사각형의 둘레 값을 '고'로 보았다. 즉 원의 둘레 3과 정사각형의 둘레 4를 '구'와 '고'에 대응시킨 것이다. 나머지 한 변은 자연스럽게 '현'이 된다. 따라서 '구'를 3, '고'를 4, '현'을 5라고 하게 됐다.

한편 동양 기하학의 출발점이 되어준 '천원지방(하늘은 둥글고 땅은 네모나다)'의 관념은 떡보 설화에서도 엿볼 수 있다. 이 설화는 세계적으로 널리 분포되어 있으며, 중국의 『대당서역기大唐西域記』, 조선 시대 17세기 초 유몽인의 『어우야담於于野談』과 19세기 말 이후의 문헌으로 보이는 『이언총림俚諺叢林』에 수록되어 있다.

"중국에서 조선의 인재를 시험하려고 사신을 보냈다. 조선의 조정에서는 전국적으로 인재를 모집했지만 아무도 나서지 않아서 근심하던 차에 떡보가 떡이나 실컷 먹어보려고 자원했다. 사신과 떡보가 만나서 수화를 이용하여 문답했다. 사신이 하늘은 둥글다는 뜻으로 손가락을 둥글게 해 보이자, 떡보는 사신이 둥그런 떡을 먹었느냐고 묻는 줄 알고 자기는 네모난 떡을 먹었다는 뜻으로 손가락을 네모나게 해 보였다. 그러자 사신은 떡보가 땅이 네모나다고 말한 것으로 받아들이고는 깜짝 놀랐다. 하늘이 둥글다는 메시지를 보냈는데 땅이 네모나다는 것까지 안다는 메시지로 받아치니 틀림없이 똑똑한 사람이라고 생각했던 것이다. 중국 사신은 아주 코가 납작해져서 떡보를 공손하게 대우했다."

전국 각지에 8척(尺, 1척=10촌†=30.303cm)인 막대를 세워놓고 한낮에 막대의 그림자 길이를 쟀다. 당시 도읍지였던 장안에서는 그 그림자의 길이가 1척 6촌, 장안의 정북쪽에서 1천 리 떨어진 곳의 그림자는 1척 7촌, 장안의 정남쪽에서 1천 리 떨어진 곳의 그림자는 1척 5촌이었다. 그 결과 1천 리가 멀어질 때마다 그림자의 길이는 1촌씩 늘어난다고 믿었다. 이 원리대로라면 태양이 수직으로 비치는 지점(그림자가 생기지 않는 지점)으로부터 6만 리 떨어진 곳에서 해그림자를 측정하면 그림자 길이는 6척이 된다.

막대의 길이가 8척, 그림자의 길이가 6척이니까 $3^2+4^2=5^2$의 형태를 바탕으로 $6^2+8^2=10^2$도 얻을 수 있으므로 빗변의 길이는 10척이 된다. 그림자 길이가 6척일 때 태양이 수직으로 비치는 지점까지의 거리가 6만 리라는 것을 알 수 있으므로 닮음비를 이용하면 지면에서 태양까지의 높이는 8만 리, 막대에서 태양까지의 거리는 10만 리이다.

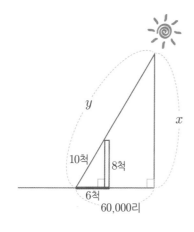

$6 : 60,000 = 8 : x$

$\therefore x = 80,000$

$6 : 60,000 = 10 : y$

$\therefore y = 100,000$

물론 1천 리가 멀어질 때마다 그림자 길이가 1촌씩 늘어난다는 것은 과학적으로 틀린 사실이고, 오늘날 정밀하게 측정한 지구와 태양 사이의 거리와는 엄청난 차이가 있다. 하지만 이 값을 얻는 데 사용한 방법은 매우 정확했다.

직각삼각형이 만드는 구고현의 정리는 하늘의 거리를 측정하는 데만 이용된 것이 아니다. 직접 나무를 오르거나 낭떠러지에 떨어져 보지 않고서도 삼각형의 비례를 이용하여 나무의 높이나 낭떠러지의 깊이를 구할 수 있었으므로 고대 중국인에게 구고현의 정리는 수학 전체를 대표하는 중요한 개념이었다. 「복희여와도」에서 복희의 손에 구고현의 정리를 상징하는 곱자가 들려 있는 것은 이런 연유 때문이다.

'구'와 '고'를 바꿔 불러도 될까?

현대적인 관점에서는 '구고현의 정리'와 '피타고라스의 정리'를 같은 것으로 바라볼 수 있지만, 전통적인 문제 상황에서 바라보면 두 원리는 동일하다고 할 수 없다. 피타고라스의 정리에서는 직각을 사이에 둔 두 변은 서로 바뀌어도 아무런 차이가 없이 동일한 문제로 여겨진다. 그러나 『주비산경』에서 확립된 원칙대로 '구고현의 정리'의 '구'는 '누워 있는 짧은 선분'을, '고'는 '서 있는 긴 선분'을 의미한다. 그래서 문제에서 '구'가 '고'보다 긴 경우에 서로 바꿔 불렀다.

서양 기하학이 동양에 들어온 이후에도 동양 학자들은 '구'와 '고'를 바꿔 부르지 않고 전통 수학의 원칙을 지키고자 노력했다. 19세기 중반에 이르러 서양 기하학에 대한 신뢰가 깊어지면서 '구고현의 정리'에서 '구'와 '고'를 바꿔 불러도 된다고 생각했다. 19세기 중반에 이르러서야 전통을 고수하던 학자들의 생각이 바뀌어 '구고현의 정리'를 '피타고라스의 정리'와 동일한 원리로 여기게 된 것이다.

4

'눈에는 눈, 이에는 이' 함무라비 법전

곱셈과 나눗셈

기원전 1800년 바빌로니아왕국

메소포타미아의 절대 강자, 바빌로니아왕국의 함무라비 왕

아카드인을 정복한 아모리인은 기원전 1800년경 바빌로니아왕국을 세웠고,
제6대 함무라비 왕이 수도 바빌론을 중심으로 메소포타미아 전체를 통일했다.

메소포타미아 지역에서 최초로 통일 왕국을 세운 것은 셈족인 아카드인이었다. 이들은 기원전 2400년경 수메르인이 세운 도시국가를 정복하고 메소포타미아와 시리아의 일부 지역을 장악했다. 하지만 수메르인의 저항과 반란이 끈질기게 일어나 이를 막으려고 국력을 불필요하게 낭비하면서 아카드 왕국은 오래가지 못하고 200년 만에 멸망하고 말았다.

그 후 메소포타미아에서 다시 세력을 떨친 것은 같은 셈족인 아모리인이었다. 이들은 기원전 1830년경 유프라테스 강의 중하류 지역에 있었던 바빌론을 수도로 정하고 바빌로니아왕국(기원전 600년경 칼데아인이 세운 바빌로니아왕국과 구분하여 '고바빌로니아왕국'이라고도 한다)을 건국했다. 바빌로니아왕

브뢰헬이 그린 바벨탑
네덜란드 화가 브뢰헬이 1563년에 상상으로 그려낸 바벨탑이다. 학자들은 구약성서에도 등장하는 바벨탑이 바빌로니아왕국의 바빌론에 있었던 에테메난키라는 이름의 지구라트에서 비롯된 것으로 본다.

국은 제6대 왕인 함무라비 치세에 최고의 전성기를 맞이했는데, 그는 메소포타미아 지역의 많은 나라들을 정복하여 거대한 제국을 건설했다.

강력한 권력을 행사한 함무라비 왕은 도로와 운하를 정비하고 중앙집권 체제를 확립했으며, 경찰 제도와 우편 제도를 만들고 바빌로니아어를 공통어로 정했다. 또한 그는 수메르인들과 아카드인들이 사용했던 법을 모아서 『함무라비 법전』을 편찬했다. 함무라비 왕은 그가 통치하는 많은 도시들의 광장에 법조문을 새긴 돌기둥을 세우고 법에 따른 공통의 질서를 메소포타미아 세계에 확립했다.

메소포타미아 지역은 이전부터 외부의 유목 민족들이 빈번하게 침입했다. 그중에서 세계 최초로 철기를 이용하고 말이 끄는 전차를 몰았던 히타이트인이 기원전 1530년경에 바빌로니아왕국을 멸망시켰다.

법에 따른 통치, 함무라비 법전

1901년에 드 모르간이 이끄는 프랑스 탐험대가 페르시아 만 북쪽에 있는 고대 유적지인 수사에서 검은 현무암으로 만들어진 높이 2.25m, 둘레 1.8m의 둥근 기둥을 발굴했다. 이것이 바로 유명한 『함무라비 법전』이다.

이 돌기둥에는 머리말과 282개의 법 조항이 있는 본문, 그리고 맺음말이 새겨져 있었다. 발굴 당시에는 세 토막으로 끊어져 있었지만 그 토막들을 이어보니 완전한 기둥의 모양을 이루었다. 이 돌기둥의 윗부분에는 함무라비 왕이 태양신에게서 법전을 받는 모습이 조각되어 있는데, 이것은 왕이 신에게서 지상의 백성을 통치하는 권한을 위임받는다는 뜻이다.

전체 3,500줄의 방대한 내용으로 이루어진 『함무라비 법전』은 바빌로니아왕국의 일상생활에서 지켜야 할 법률적 판례들로 가족, 노예, 혼인, 상속, 토지, 재산, 채무, 상업, 농업, 범죄에 대한 형벌 등 여러 규정들을 담고 있다. 이 법전의 특징은 "눈에는 눈, 이에는 이"라는 같은 형태의 복수를 원칙으로 하며, 형벌을 부과할 때 귀족, 평민, 노예 사이에 엄격한 신분 차이를 인정한다는 것이다. 몇 가지 내용을 살펴보자.

제1조 다른 사람을 살인죄로 고발한 사람이 그것을 입증하지 못하면 고발한 사람을 죽인다.

제6조 신전이나 궁전의 물건을 훔치면 사형에 처한다. 또한 훔친 물건을 받은 자도 사형에 처한다.

제8조 소, 양, 나귀, 돼지, 또는 배를 훔쳤는데 그것이 신전이나 궁전의 것이면 30배를, 평민의 것이면 10배를 물어야 하며 도둑에게 그럴 능력이 없으면 죽인다.

제21조 다른 사람의 집에 무단 침입했다면 그 자리에서 죽이고 땅에 묻는다.

제25조 다른 사람의 집에 불이 났을 때 불난 집의 물건을 훔치면 그 불 속에 던져 넣는다.

제64조 과수원을 빌려서 경영할 때 빌린 사람은 그 과수원을 경영하는 동안 과수원 수확량의 $\frac{2}{3}$를 주인에게 주고 나머지 $\frac{1}{3}$을 가진다.

제142조 여인이 남편을 미워하여 자신을 더 이상 껴안지 말라고 말하면 동네 전체가 모여서 조사한다. 여인의 말이 옳고 남편이 다른 여자를 따라다녀 아내의 믿음을 잃었다면 여인은 죄가 없으므로 지참금을 가지고 자기 아버지의 집으로 돌아갈 수 있다. 만일 여인이 순종적이지 않고 가산을 탕진하거나 남편을 무시하고 다른 남자를 따라다녀 가정을 깨트렸다면 그 여인을 물속에 처넣는다.

제192조 입양된 아이가 자신을 길러준 양부모에게 "당신들은 나의 부모가 아니다"라고 외쳤다면 그 아이의 혀를 자른다.

제195조 아들이 자기 아버지를 때렸으면 그 아들의 손을 자른다.

제196조 평민이 귀족의 눈을 쳐서 빠지게 했다면 그 평민의 눈도 뺀다.

제198조 귀족이 평민의 눈을 쳐서 빠지게 했거나 평민의 뼈를 부러뜨렸다

면 그 평민에게 은 1미나(약 80g)를 치러야 한다.

제199조 귀족이 평민의 노예의 눈을 쳐서 빠지게
했거나 노예의 뼈를 부러뜨렸다면 노예 값의 절
반을 그 주인인 평민에게 물어야 한다.

제205조 노예가 귀족의 뺨을 때렸다면 그 노예의
귀를 자른다.

『함무라비 법전』은 바빌로니아왕국이 인간
사회에서 일어날 수 있는 여러 분쟁들을 치밀하
게 법조문으로 만들어 관습 대신 기준에 따라
통치했음을 보여준다. 하지만 위에 예시한 조
항을 살펴보면 잘 알 수 있듯이 철저한 계급사
회인 바빌로니아왕국은 계급에 따라 법의 내
용을 달리 적용했다. 예를 들면 귀족들끼리는
동등한 보복이 가능했지만, 평민의 범죄는 귀
족의 범죄보다 더한 중형을 받았다.『함무라비
법전』은 분명 계급적인 한계가 있지만 서아시
아의 여러 민족들과 후세의 법에 큰 영향을
주었다.

함무라비 법이 새겨진 돌기둥
상단에는 함무라비 대왕이 정의의 신
이자 태양의 신인 샤마슈로부터 왕의
상징인 고리와 지팡이를 받는 모습이
새겨져 있다. 법전에는 그 목적을 "나
라 전체로 정의가 뻗어 나가게 하기
위해, 악행을 박멸하기 위해, 강자가
약자를 학대하지 못하게 하기 위해"라
고 적혀 있다. 이 돌기둥은 현재 프랑
스 루브르 박물관에 보존되어 있다.

세계 최강의 도시, 바빌론

바빌로니아왕국의 이름은 수도 바빌론에서 비롯됐다. 바빌론은 오늘날 이라크의 수도인 바그다드 남쪽 약 80km 지점의 알 히라 유적지에 자리 잡고 있었다. 기원전 2000년경에 아무르인이 이곳에 정착했고, 함무라비 왕은 그 당시 번성했던 이집트와 인도를 통틀어 바빌론을 가장 큰 도시로 만들었다. 바빌론은 예술, 과학, 상업의 중심지로 1천 년 동안 번영했고, 이때부터 유프라테스 강과 티그리스 강 사이를 바빌로니아라고 불렀다.

고바빌로니아왕국이 멸망한 뒤에도 바빌론은 메소포타미아 지역의 특별한 도시였으며, 신바빌로니아왕국은 바빌론을 다시 수도로 삼았다. 이후 페르시아제국, 알렉산드로스 대왕 때도 바빌론은 주요 도시로 영화를 누렸다.

바빌론에 있었던 이슈타르 문
바빌론은 신바빌로니아왕국 때도 수도였다. 이슈타르 문은 바빌론으로 들어오는 문으로 도시의 정북방에 있었다. 신바빌로니아의 네부카드네자르 2세 때 만들어졌으며, 이슈타르는 바빌론에서 풍요의 여신이었다.

기원전 250년경 셀레우코스 제국 때 새로운 수도로 바빌론의 주민을 강제로 이주시키면서 바빌론은 점차 옛 영화를 잃어갔으며 지금은 유적지로만 남아 있다. 하지만 고대의 여러 기록들은 풍요롭게 번성했던 바빌론에 대해 자주 언급한다. 고대 그리스에서는 바빌론의 공중 정원을 세계 7대 불가사의 건축물 중 하나로 꼽았다.

단순한 곱셈과 나눗셈에도 복잡한 수학적 의미가 숨어 있다

『함무라비 법전』의 제8조와 제64조를 살펴보면 당시 바빌로니아 사람들이 자유자재로 곱셈과 나눗셈을 할 수 있었음을 알 수 있다. 보통 곱셈과 나눗셈은 초등학교 2~3학년이 배우는 아주 쉬운 계산법이라고 생각하지만, 사실 여기에는 매우 복잡한 수학적 의미가 숨어 있다.

먼저 곱셈에 대해 알아보자. 곱셈에는 '묶어서 세기'와 '비율'이라는 두 가지 의미가 들어 있다. 우리가 곱셈을 배울 때 가장 먼저 하는 방법이 바로 '묶어서 세기'이다. 예를 들어 3을 5번 더하려면 3+3+3+3+3=15와 같이 여러 번 덧셈을 해야 하는데, 이것을 곱셈으로 바꾸면 3×5=15로 간단히 표현할 수 있다. 이것을 그림으로 나타내면 다음과 같다.

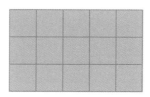

이것은 각 열에 정사각형이 3개씩 있고 그런 열이 모두 5개이므로 정사각형은 모두 15개라는 의미의 그림으로 3×5=15임을 설명하고 있다.

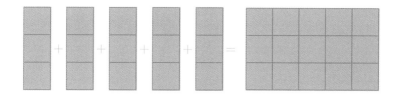

마찬가지로 5×3=15의 경우는 5개의 정사각형으로 된 각 열이 3개가 있다는 의미로 5+5+5=15이다. 이것은 오른쪽 그림과 같이 나타낼 수 있다. 즉 '묶어서 세기'는 곱셈으로 전체량이 얼마나 되는가를 쉽게 구하는 방법이다.

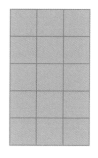

이를 위해서는 흩어져 있는 것을 한곳에 모아 묶음

으로 만드는 과정이 필요하므로 이산적인 양을 곱하는 경우이다.

그렇다면 4×1.2는 어떻게 구해야 할까? '묶어서 세기'처럼 4를 1.2번 더하라는 것일까? 그런데 1.2번이라는 것은 없다. 몇 번, 또는 몇 번째는 항상 자연수로만 나타낼 수 있기 때문이다. 그럼 4×1.2는 무엇을 의미할까?

소수가 나오는 경우는 연속적인 양을 나타낼 때, 예를 들어 1.2m, 1.2ℓ, 1.2g, 1.2시간 등을 나타낼 때이다. 앞에서 곱셈이 전체량을 구하는 것이라고 말했는데, 그렇다면 4×1.2는 어떤 전체량을 구하라는 뜻일까?

다음 문제를 살펴보자.

길이 1m, 무게 4g인 실이 있다. 이 실 1.2m의 무게는 얼마인가?

이것은 4(g/m)×1.2(m)라고 식을 세울 수 있는 문제이다. 1m의 길이를 ├─────────────────┤로, 1g을 [▭] 로 나타내면 4×1.2는 다음과 같이 그릴 수 있다.

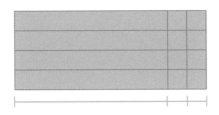

이 그림으로부터 앞에서 주어진 문제의 답은 4.8g이라는 것을 알 수 있다. 즉 4에 1.2를 곱하는 것은 4에 대한 1.2만큼의 비율로 확장하는 것을 의미한다. 따라서 이 경우의 곱셈은 1.2번 더하라는 덧셈의 반복이 아니다. 이것은 덧셈과는 성질이 다른 독립적인 계산으로 1개마다의 양과 몇 개의 분량을 알고 있을 때 전체량을 구하는 계산이다. 이 같은 곱셈은 운동량을 나타내는 '질량×속도', 넓이를 나타내는 '길이×길이' 등을 구할 때 주로 이용한다.

이번에는 나눗셈에 대해 알아보자. 나눗셈에도 두 가지 의미가 들어 있다. '똑같이 덜어내는 나눗셈'과 '똑같이 나누는 나눗셈', 전문 용어로 말하면 '포함제'와 '등분제'가 바로 그것이다. 예를 들어 "사과 6개를 2개씩 묶어서 덜어내면 몇 번 덜어낼 수 있는가?" 하는 나눗셈은 포함제이고, "사과 6개를 2개의 그릇에 똑같이 나누어 담으면 한 그릇에는 몇 개의 사과가 있겠는가?" 하는 나눗셈은 등분제이다. 둘 다 6÷2=3이라는 식으로 표현되지만 그 의미는 서로 다르다.

"사과 6개를 2개씩 묶어서 덜어내면 몇 번 덜어낼 수 있는가?"를 구하는 포함제 나눗셈은 다음 그림과 같이 6개의 사과를 2개씩 묶어서 3번 빼내면 남는 것이 없게 되므로 6-2-2-2=0과 같은 의미이다.

$$6-2-2-2=0 \Rightarrow 6÷2=3$$

그러나 "사과 6개를 2개의 그릇에 똑같이 나누어 담으면 한 그릇에는 몇 개의 사과가 있겠는가?"를 구하는 등분제 나눗셈은 포함제 나눗셈처럼 빼기로 나타낼 수 없다.

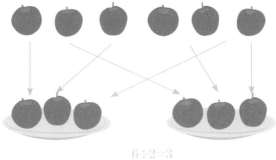

$6 \div 2 = 3$

이것을 굳이 빼기로 나타내려면 다음과 같이 나타내는 수밖에 없다. 하지만 이런 표현은 수학에서 사용하지 않으므로 정확한 식이라고 할 수 없다.

$$6 < \begin{matrix} 1-1-1 \\ 1-1-1 \end{matrix} = 0$$

이번에는 두 가지 나눗셈 $3 \div \frac{1}{2} = 6$과 $\frac{1}{2} \div 3 = \frac{1}{6}$을 살펴보자. 두 나눗셈 가운데 어떤 것이 포함제이고 어떤 것이 등분제일까?

먼저 $3 \div \frac{1}{2} = 6$의 경우 3개의 사과에서 반쪽씩 빼면 모두 6번을 뺄 수 있다는 것이므로 포함제이다. 즉 $3 - \frac{1}{2} - \frac{1}{2} - \frac{1}{2} - \frac{1}{2} - \frac{1}{2} - \frac{1}{2} = 0$이므로 3에는 $\frac{1}{2}$이 모두 6번 들어 있다는 뜻이다. 하지만 3개의 사과를 반 접시에 나누어 담을 수 있을까? 반만 있는 접시는 존재할 수 없기 때문에 이것은 등분제가 아니다.

한편 $\frac{1}{2} \div 3 = \frac{1}{6}$은 '$\frac{1}{2}$에서 3을 몇 번 빼내면 될까?'라는 포함제로는 풀 수 없다. 이 경우는 '사과 반쪽을 세 부분으로 나누면 한 부분에는 얼마만큼의 사과가 있겠는가?'라는 등분제로 다음 그림과 같이 표현할 수 있으며 뺄셈으로는 나타낼 수 없다.

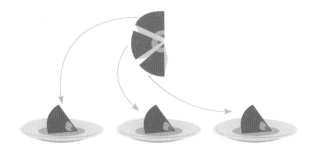

이처럼 간단하다고 생각했던 곱셈과 나눗셈에는 여러 의미들이 숨어 있다. 그런데 무엇보다 엄격한 규칙이 적용돼야 하는 법전에 곱셈과 나눗셈을 사용했다는 것은 바빌로니아 사람들이 이미 4천 년 전에 곱셈과 나눗셈의 의미를 정확히 알고 있었음을 뜻한다. 이런 정확한 연산의 개념을 이해하게 되면서 인류의 문명은 비약적으로 발전하기 시작했다.

언제부터 **곱셈과 나눗셈 기호를 사용**하기 시작했을까?

고대 바빌로니아인은 지금 우리가 사용하는 곱셈 기호(×)와 나눗셈 기호(÷)를 사용하지는 않았다. 14세기경까지 수학에서는 거의 기호를 사용하지 않은 채 글이나 말로 식이나 도형을 설명해 왔다. 그렇다면 언제부터 곱셈과 나눗셈 기호를 사용하기 시작했을까?

곱셈 기호는 영국 수학자 윌리엄 오트레드가 1631년에 『수학의 열쇠』라는 책에서 처음 소개했다. 그러나 곱셈 기호 '×'는 문자 x와 쉽게 혼동된다는 이유로 당시 유명한 수학자인 고트프리트 빌헬름 폰 라이프니츠가 반대하여 쉽게 받아들여지지 않았지만 19세기 후반에 이르러 널리 사용됐다.

나눗셈 기호는 원래 분수에서 비롯된 것이다. 분수는 분자를 분모로 나눈다는 나눗셈을 표현하는데, 이것의 모양을 그대로 기호로 바꾼 것이 '÷'이 된 것이다. '÷'는 1659년에 출판된 스위스의 요한 하인리히 란의 『대수학』에 처음 쓰였다.

5

유목민 아리아인의 인도 정착

베다 수학

기원전 1500년 고대 인도

인더스 문명의 주역을 몰아낸 아리아인

기원전 2500년경 드라비다인이 주축을 이루어 인더스 강 유역에 있는 모헨조 다로, 하라파 등의 도시에서 인더스 문명을 만들었고, 이후 중앙아시아에서 들어와 정착한 아리아인이 인도 문화의 특징을 형성했다.

인도에서 인류의 선조가 살았다는 최초의 증거는 50만 년 전에 살았던 호모 에렉투스의 것으로, 인도 북부인 펀자브 지방(오늘날 파키스탄에 속해 있으며 인도와 국경 분쟁이 있는 카슈미르 지역까지를 말한다)에서 발견됐다. 신석기 시대를 거치며 문명 탄생의 기반을 다진 뒤 기원전 2500년경 인더스 강변의 모헨조다로, 하라파 등에서 도시 문명이 시작됐다.

인더스 문명은 뛰어난 도시계획을 특징으로 한다. 각 도시들은 외곽을 두르는 성채를 쌓고, 벽돌을 재료로 집을 지었으며, 반듯한 포장도로와 공공건물도 갖췄다. 게다가 대형 목욕탕과 하수 시설까지 완비하고 있었다.

모헨조다로
모헨조다로는 현재 인더스 강 하류 파키스탄에 있다. 벽돌을 이용해 지은 대도시 유적이 발굴되어 있다.

인더스 문명의 주역은 드라비다인이라고 추정한다. 하지만 인더스 문명은 기원전 1800년경부터 쇠퇴하여 몰락했고, 드라비다인은 서북쪽에서 침입해 온 아리아인에게 쫓겨 인도 남쪽으로 밀려났다.

중앙아시아에서 유목 생활을 하던 아리아인은 남쪽으로 이동하기 시작하여 기원전 1500년경에 인더스 강가에 정착했다. 기원전 1000년경에는 갠지스 강 유역까지 장악하여 원주민을 쫓아내거나 흡수한 뒤 카스트제도와 힌두교 같은 인도 문화의 특징을 주도해 나갔다. 아리아인이 신들에 대한 찬가와 의례를 모아놓은 것을 '베다'라고 하는데, 이 경전이 형성되고 기록된 기원전 2000년부터 기원전 500년까지를 '베다 시대'라고 부른다.

베다 시대 말기, 인도 북부 전역에는 16대국으로 불리는 왕국들이 있었고, 그중 하나인 마가다에서는 기원전 6세기경 자이나교의 창시자인 마하비라와 불교의 창시자인 싯다르타가 활동했다. 기원전 4세기경에 마우리아 왕조가 인도 최초로 고대 통일 제국을 세웠다.

아리아인의 경전이자 문학인 베다

'아리아'라는 말은 '고귀한'이라는 의미로 '귀족, 지주'의 뜻도 담고 있는 산스크리트어 '아리야'에서 유래했는데, 그들은 스스로를 아리아라고 불렀다. 아리아인의 유래에 대해서는 두 가지 견해가 있다. 그중 하나의 견해는 아리아인이 인도유럽어족으로 유럽에서 이주해 왔다는 것이다. 이 주장은 영국이 인도를 식민지로 삼은 뒤 유럽 학자들이 제기한 학설로, 영국의 인도 지배를 합리화하는 데 뒷받침되기도 했다. 다른 하나의 견해는 아리아인이 히말라야나 펀자브 지방, 또는 갠지스 강 유역 등에서 인더스 문명 지역으로 이주해 왔다는 것으로, 이 주장은 인도의 독자성과 주체성을 강조한다. 명확한 사실은 중앙아시아에서 유목 생활을 하던 종족이 남쪽과 서쪽으로 이동하여 어떤 무리는 인도로 들어가고, 또 어떤 무리는 이란 고원에 정착했다는 점이다.

아리아인이 인도 땅을 침입하여 원주민인 드라비다인을 아래로 밀어내고 그들의 문화를 형성하는 과정은 베다를 통해 알 수 있다. 본래 '지식'을 뜻하는 베다는 아리아인의 경전이자 생활, 의식, 철학을 문학적으로 표현한 기록을 일컫는다. 베다는 신이 인간에게 전한 메시지이기 때문에 처음에는 인간의 언어로 쓰이는 것을 금지했다. 그래서 입에서 입으로 구전

카주라호 힌두교 사원의 신들
힌두교 신 브라마, 비슈누 등 여러 신이 현란하게 새겨져 있다. 카주라호의
사원들은 유네스코 세계문화유산으로 지정되어 있다.

되다가 1천여 년이 지난 뒤부터 문자로 기록되기 시작했다. 베다가 처음
만들어지고 기록된 기원전 1500년경부터 기원전 500년경까지 힌두교를
비롯한 초기 인도의 문화들이 형성됐다.

　아리아인은 원래 하늘, 땅, 물, 불, 바람, 태양 등과 같이 갖가지 자연
물과 자연현상들을 신으로 숭배하는 다신교를 믿었다. 인도에 정착하면
서 아리아인의 신들에 토착신들까지 더해져 섞였고, 그 모든 신들에 대
한 찬가와 의례를 한데 모아 베다를 만들었다. 베다가 처음 구전으로 형
성되어 문자로 기록되기까지 오랜 시간이 걸렸는데, 베다는 연대순으로
리그베다(Rigvéda, 자연신을 찬미하는 서정시), 사마베다(Samavéda, 제례 때 부르는
가곡), 야주르베다(Yajurvéda, 신에게 경배하는 의식), 아타르바베다(Atharvavéda, 재

인도의 대표적인 종교, **힌두교**

힌두교는 인도의 대표적인 종교로 특별한 창시자가 없이 베다 시대의 브라만교에서 시작됐으며 베다를 주요 경전으로 한다. 여러 신들을 인정하면서도 그중 하나의 신을 주신으로 삼는 다신교적인 일신교인 동시에, 세상 모든 것이 신이며 신은 곧 세상 모든 곳에 깃들어 있다는 범신교이기도 하다. 힌두교에서는 우주 최고의 존재이자 원리를 브라만, 낱낱의 진정한 자아를 아트만이라 한다. 그리고 브라만이 인간의 모습을 한 신을 브라흐마라 부르는데, 브라흐마는 비슈누, 시바와 함께 힌두교의 주요 삼신三神이다.

고대 인도의 사제들은 여러 신과 인간, 동물, 식물을 비롯한 자연의 모든 생명이 브라만의 똑같은 숨결이며 브라만의 손길이 미치지 않는 데가 없다고 생각했다. 그리고 우리가 살면서 느끼고 겪는 모든 것은 순간이고 허깨비에 지나지 않기 때문에 인간으로 태어나도 죽고 나면 개나 벌레로 다시 태어날 수 있다고 믿었다. 인간을 비롯한 세상의 동식물, 즉 세상의 모든 생명체가 브라만과 하나 되는 방법은 영혼이 맑아지는 길뿐이다. 이를 위해 명상을 하거나 금식을 하거나 자기 몸을 괴롭히는 등 갖가지 수행 방법을 고안했다.

카스트라는 계급제도가 아직도 남아 있고 빈부의 차이가 극심한 인도 사람들이 큰 불만 없이 현재를 만족하고 살아가면서 수행하는 것은 이런 독특한 종교의 영향 때문일 것이다.

앙을 털고 복을 비는 마법과 주술) 네 가지가 있다.

베다를 포함한 인도의 옛 자료들은 대부분 돌이나 금속판에 새겨진 비문과, 종려나무 잎이나 자작나무 껍질 위에 쓰인 필사본의 형태로 남아 있으며 지금도 보존 상태가 비교적 양호한 편이다. 돌이나 금속판에 새겨진 비문은 습한 기후로 인해 심각한 손상을 입었지만, 그래도 나뭇잎이나 나무껍질에 써진 필사본보다는 훨씬 알아보기 쉽다. 비문에 새기거나 필사할 때 사용한 고대 인도문자는 크게 카로스티Kharosthi와 브라미brāhmi로 나눌 수 있다.

카로스티 문자는 기원전 3세기부터 기원후 6세기까지 인도 북서부 지역에서 사용됐다. 이 문자는 7세기경 중국어식 표기에 따라 카로스티로 불리기 시작했는데, 오늘날에는 간단히 인도문자라고 말한다. 이 문자는

아타르바베다
아주 오래된 아타르바베다의 한 페이지이다.

기원전 3세기 아쇼카 왕이 세운 비문에서 처음 확인됐지만, 지금까지 발견된 아쇼카 왕의 다른 비문들은 모두 브라미 문자로 쓰여 있다.

이런 문자의 변천과 더불어 우리가 사용하고 있는 인도 숫자의 표기 형태도 그와 유사한 변화를 겪었다. 숫자 표기의 발전과 함께 고대 인도에서 발달된 수학을 '베다 수학'이라고 하는데, 고대의 베다 경전에 바탕을 두고 있기 때문이다.

베다는 수학책이 아니지만 신을 경배하기 위한 의식에 사용되는 신전이나 제단 등을 만드는 데 필요한 기하학적인 내용을 많이 포함하고 있다. 그중에서 수학적으로 가장 중요한 것은 베다의 부록과도 같은 베당가Védanga이다. 베당가는 음성학, 문법, 어원학, 시, 천문학, 제례 의식의 법칙 모두 여섯 가지를 다루고 있는데, 그 가운데 천문학을 다룬 죠티수트라Jyotisūtra와 제례의식의 법칙을 다룬 술바수트라Sulvasūtra에서 당시 수학에 대한 정보를 찾을 수 있다. 술바수트라는 '새끼의 규칙'이라는 의미로 이집트 사람들이 피라미드를 건설할 때 이용했던 방법과 같은 새끼를 꼬아 제단을 건축할 수 있는 기하학적 방법을 구체적으로 설명하고 있으며, 피타고라스의 정리도 알고 있었음을 보여준다.

드라비다인과 아리아인

드라비다인은 인도의 원주민이다. 인종적으로는 에스파냐, 이탈리아 남부 등 라틴 유럽 및 북아프리카의 지중해 연안에 살았던 종족에서 유래한 것으로 보이며, 현재 남태평양의 섬 지역에 살고 있는 폴리네시아 사람들의 선조로 여겨진다. 드라비다인은 얼굴색이 까무잡잡했으며 농경 생활을 기반으로 모계사회를 이루었다. 여신과 소를 숭배했으며 거석문화를 꽃피웠다. 드라비다인이 중심이 되어 발전시켰던 인더스 문명을 연구하다 보면 곡식뿐만 아니라 목화와 멜론 같은 과일도 재배했으며 농사를 짓는 데 물소나 코끼리를 이용했다는 사실을 알 수 있다. 아리아인은 여러 면에서 드라비다인과 달랐다. 남성 중심적인 사회를 이루어 주로 유목 생활을 했고 자연을 숭배했다. 드라비다인보다 몸집이 크고 사나우며 전차까지 사용한 아리아인은 드라비다인을 남쪽으로 쫓아내고 인도에 정착했다. 아리아인은 자신과 다른 종족을 쉽게 수용하지 못하는 인종적 배타성을 보이면서 자기 종족을 제일 위에 두는 카스트라는 계급제도를 만들었다. 하지만 아리아인은 알게 모르게 드라비다인의 풍부한 문화와 풍습을 받아들였다. 복잡하면서 뛰어난 인도 문화를 형성하는 데 드라비다인의 역할이 컸다는 사실이 계속 밝혀지고 있다.

아름다운 시의 형식으로 표현한 베다 수학, 방정식

베다는 신에 대한 찬미를 시와 같은 형태로 표현하여 문학적으로 아주 뛰어나다. 베다의 내용에 바탕을 두고 시적인 문학성과 함축성으로 수학을 표현하는 베다 수학의 전통은 오랫동안 지속됐다. 인도 수학자 바스카라는 딸 리라바티를 위해 쓴 수학책 『리라바티(Līlāvatī, 아름다운 것)』에서 아름다운 시의 형식으로 수학 문제를 표현했다.

순수한 연꽃 다발에서

3분의 1, 5분의 1, 그리고 6분의 1이

각각 바쳐졌네.

시바 신에게

비슈누 신에게

수리야 신에게

4분의 1은 브하바니 신에게 선물됐네.

나머지 여섯 송이 꽃은

훌륭한 스승에게 바쳐졌네.

연꽃이 모두 몇 송이였는지 얼른 나에게 말해 보게.

이 문제는 얼핏 복잡해 보이지만 방정식을 세워 풀면 구하고자 하는 값을 쉽게 얻을 수 있다. 위의 시에서 각각의 신과 스승에게 바친 꽃송이는 모두 x와 같으므로 다음과 같은 방정식을 세울 수 있다.

$$\frac{1}{3}x + \frac{1}{5}x + \frac{1}{6}x + \frac{1}{4}x + 6 = x$$

분모를 통분하기 위해 3, 4, 5, 6의 최소공배수인 60을 양변에 곱하여 정리하면 $20x + 12x + 10x + 15x + 360 = 60x$이고, 이 방정식을 풀면 $x = 120$

수학의 역사만큼 오래된 **방정식**

방정식이란 $5 + \square = 7$, $3x - 4 = 8$과 같이 변수를 포함하는 등식에서 변수의 값에 따라 참 또는 거짓이 되는 식을 말한다.

'방정식'이라는 말은 중국 수학자 이선란이 서양의 수학책과 과학책을 다수 중국어로 번역했는데, 'equation'을 번역하기 위해 '방정方程'을 이용하여 '방정식'이라는 용어가 사용되기 시작했다. 하지만 '방정'이라는 말은 2천여 년 전 중국 한나라 때의 수학책인 『구장산술九章算術』에 이미 등장했으니, 동양에서든 서양에서든 방정식의 역사는 수학의 역사만큼이나 오래됐다고 할 수 있다.

이다. 따라서 처음 120송이의 연꽃 중 시바 신에게는 40송이, 비슈누 신에게는 24송이, 수리야 신에게는 20송이, 브하바니 신에게는 30송이, 스승에게는 6송이를 선물한 것이다.

이런 시는 단순히 방정식의 풀이 방법을 알려주기 위해 작성된 것이 아니라 숫자와 문자를 이용한 유희적인 성격도 포함되어 있다. 인도 문화에서 수학은 지혜를 탐구하는 것뿐만 아니라 아름다움을 추구하고 찬양하는 도구로도 사용됐던 것이다.

베다 수학의 흥미로운 계산법

인도가 세계 문화의 중심에 있지 않았기 때문에 베다 수학은 점점 잊혀 갔다. 그러다가 20세기에 들어서 인도에 관한 연구가 활발해지면서 베다 수학은 신기한 방법과 빠른 계산으로 주목받기 시작했다. 어떤 사람들은 베다 수학이 계산 능력을 향상시키고 수학을 잘할 수 있도록 만들어주는 신비의 비법이라고 여기기도 한다. 그래서 9단까지만 필요한 곱셈 구구의 경우도 19단까지 외우는 등 베다 수학은 특히 우리나라에서 선풍적인 인기를 끌고 있다. 그러나 베다 수학의 원리를 알고 나면 다양한 계산 방법은 배울 수 있지만 그것이 수학 실력의 향상과는 큰 관련이 없다는 사실을 깨닫게 될 것이다.

베다 수학에는 현재 우리가 사용하는 방법과는 다른 흥미로운 계산 방법들이 많다. 덧셈의 경우 일반 수학에서는 뒷자리 수부터 더해오지만 베다 수학에서는 앞자리 수부터 더해간다. 예를 들어 456+579는 다음과 같이 계산된다.

① 우선 셈판의 아래쪽에 더하는 두 수를 차례대로 밑으로 쓴다.

② 백의 자리의 두 수 4와 5를 더하면 4+5=9이므로 9를 백의 자리인 4 위에 쓴다.

③ 십의 자리의 두 수 5와 7을 더하면 5+7=12이 므로 백의 자리의 두 수를 더한 결과인 9는 10으로 바꾸고 십의 자리인 5 위에 2를 쓴다. 즉 9는 지우고 102로 쓴다.

④ 일의 자리의 두 수 6과 9를 더하면 6+9= 15이 므로 십의 자리를 더하여 얻은 2를 지우고 3으 로 바꾸어 답 1035를 얻는다.

```
1035
102̷
9̷25
───
456
579
```

곱셈에는 여러 가지 방법들이 사용됐는데, 그중에 하나는 덧셈과 마찬가지로 앞자리 수부터 계산하는 것이다. 예를 들어 569×5는 다음과 이 계산된다.

① 셈판의 아래쪽에 569를 쓰고 같은 줄 오른쪽에 곱할 수 5를 쓴다.

② 백의 자리의 수 5와 5를 곱하면 5×5=25이므로 25를 569의 백의 자리 5 위에 쓴다.

③ 십의 자리의 수 6과 5를 곱하면 5×6=30이므로 먼저 얻은 수 25의 5에 3을 더하여 8을 쓴다. 그러면 569 위에 280 이 써진다.

```
84
250̷5̷
────
569  5
```

④ 일의 자리의 수 9와 5를 곱하면 5×9=45이므로 먼저 써놓은 280에서 마지막 자리의 0이 4로 바뀌며 일의 자리의 수는 5가 된다. 그래서 최종적으로 2845가 셈판의 상단에 나타난다.

135×12 같은 좀더 복잡한 곱셈은 12=4×3임을 이용하여 앞에서처럼 먼저 135×4=540을 구하고, 그 결과에 다시 3을 곱하여 540×3=1620으로 계산했다. 또는 135×10=1350에 135×2=270을 더하여 1620을 얻기도 했다.

이외에도 베다 수학이라고 하면 꼭 알아둬야 할 계산 방법이 있다. 바로 '겔로시아 곱셈법(격자곱셈법)'과 '선긋기 계산법'이다. 이 두 가지 방법은 여러 곳에서 자주 다루고 필자도 다른 책에서 소개한 적이 있지만, 베다 수학을 말할 때 빼놓을 수 없을 만큼 워낙 흥미롭기 때문에 다시 소개하겠다.

먼저 겔로시아 곱셈법부터 살펴보자. 이 방법은 셈을 하기 위해 그리는 그림이 창문에 사용되는 격자를 닮았다고 해서 '격자'라는 뜻의 겔로시아gelosia라고 불렸다. 이 곱셈법은 인도에서 최초로 개발된 방법으로, 직사각형과 대각선을 그려야 한다는 불편함이 있지만 간단히 적용할 수 있기 때문에 오늘날에도 사용하기 좋은 방법이다.

아라비아 사람들에게 오랫동안 인기 있었던 겔로시아 곱셈법은 훗날 서유럽으로까지 전해졌다. 프랑스에서는 겔로시아와 비슷한 발음인 '잘루지jalousie'라고 불렸는데, 이 프랑스어는 '눈먼'이라는 뜻이다. 아마도 이 계산법이 매우 간단하고 단순하기 때문에 이렇게 불린 것 같다. 겔로시아 곱셈법은 곱하는 두 수의 자릿수에 맞추어 격자 모양의 칸을 그리는 것으로 시작한다.

이제 겔로시아 곱셈법이 얼마나 간단한지 36×57을 계산해 보자.

먼저 아래 그림과 같이 격자무늬에 대각선을 그린 후 네모 칸들의 위쪽과 오른쪽에 곱하는 두 수 36과 57을 쓴다. 그리고 십의 자리의 수 3과 5를 곱한 결과인 15를 왼쪽 위 칸에 있는 삼각형 모양의 공간에 십의 자리 1과 일의 자리 5를 각각 하나씩 쓴다. 마찬가지로 일의 자리 6과 십의 자리 5를 곱한 결과인 30도 오른쪽 위 칸에 있는 삼각형 모양의 공간에 쓴다. 이와 같은 방법으로 3과 7, 6과 7을 곱한 결과도 격자무늬에 쓴다.

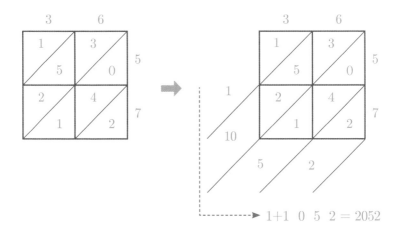

격자무늬에서 사선을 바깥으로 연장한 후 사선 안의 수를 더하면 왼쪽부터 차례로 1, 10, 5, 2가 된다. 그렇게 얻은 수를 왼쪽부터 차례로 적는데, 사선 안의 수를 더하여 나온 값이 두 자리 수인 경우에는 올림으로 계산한다. 즉 사선을 따라 더한 결과가 모두 4개이므로 처음 1은 천의 자리, 10은 백의 자리, 5는 십의 자리, 2는 일의 자리이다. 그런데 10이 백의 자리이므로 1을 올리면 천의 자리는 2가 되고 백의 자리는 0이 된다. 따라서 36×57=2052이다.

좀더 큰 수의 곱셈을 겔로시아 곱셈법으로 계산하면 다음 그림에서 보듯이 327×48=15696이다. 이와 같은 겔로시아 곱셈법은 사실 우리가 배운 세로셈에서 숫자를 사선으로 배열한 것에 불과하다.

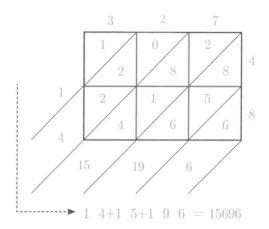

1 4+1 5+1 9 6 = 15696

베다 수학에서 흥미로운 두 번째 곱셈법은 '선긋기 계산법'이다. 이 방법은 겔로시아 곱셈법처럼 격자를 만들지 않아도 되기 때문에 오히려 간단하다. 두 수의 곱을 직접 셈하지 않고 선만 그려도 간단하게 답이 나오는 이 방법을 21×14로 알아보자.

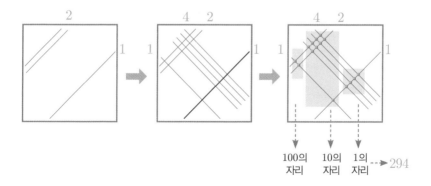

100의
자리

10의
자리

1의
자리 ┈➤ 294

먼저 앞의 그림과 같이 21을 나타내기 위해 왼쪽 위에 2개, 오른쪽 아래에 1개의 사선을 긋는다. 즉 십의 자릿수만큼 왼쪽 위에 사선을 긋고 일의 자릿수만큼 오른쪽 아래에 사선을 긋는다. 이렇게 사선이 그려진 사각형에 14를 표시하려면 두 번째 그림에서 보듯이 십의 자릿수 1만큼 왼쪽 아래에 사선을 긋고, 일의 자릿수 4만큼 오른쪽 위에 사선을 긋는다. 이때 선과 선이 만나는 점의 개수는 모두 15개로, 왼쪽 2개의 점은 백의 자리, 가운데 9개의 점은 십의 자리, 오른쪽 4개의 점은 일의 자리를 나타내는 수이다. 따라서 21×14=294이다.

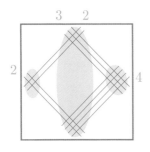

이 같은 방법으로 24×23을 계산하려면 왼쪽 그림과 같이 사선을 긋고 선과 선이 만나는 점의 개수를 센다. 백의 자리에는 4개, 십의 자리에는 14개, 일의 자리에는 12개의 점이 생기는데, 이때 점의 개수가 10을 넘으면 위의 자리로 올려서 계산한다. 즉 400+140+12=552이므로 24×23=552이다.

겔로시아 곱셈법과 마찬가지로 선긋기 계산법도 두 자릿수 곱셈만 가능한 것은 아니다. 그러나 겔로시아 곱셈법은 곱하는 수들의 자릿수에 맞게 격자를 그려야 한다는 불편함이 있고, 선긋기 계산법은 곱하는 수들의 각 자릿수의 개수만큼 사선을 그려야 한다는 번거로움이 있다. 따라서 큰 수를 곱할 때는 매우 성가시다. 이런 불편을 없애기 위해 오늘날 우리가 사용하는 가로셈법과 세로셈법이 등장한 것이다. 베다 수학은 흥미롭긴 하지만 이용하기에는 불편한 점이 많다.

6

봉건제 주의 분할과 동맹

거듭제곱과 조합

기원전 700년 중국

주의 봉건제가 흔들리면서
춘추전국시대가 열리다

이상 국가와 같은 주가 기울자 춘추전국시대가 열렸다. 크고 작은 제후국들이
들고일어나 싸움을 벌이면서 한편으로는 혼란하기 그지없었지만, 또 한편으로
는 사상과 경제의 발전을 이루었다.

은﹡이 약해지자, 기원전 11세기경 주﹡가 은 왕조를 무너뜨리고 중국을 지배했다. 주는 왕의 친인척과 공신
들에게 영토를 나눠주어 다스리게 하는 봉건제도를 실시하는 등 여러 제도들을 정비하여 요순시대와 더
불어 중국의 이상적인 시절로 손꼽힌다. 하지만 주의 유왕이 폭정과 환락, 사치로 나라를 망치다가 그 틈
을 타서 침입한 이민족에게 살해됐다. 그 뒤를 이은 평왕은 기원전 770년에 수도를 동쪽인 낙읍(지금의
뤄양)으로 옮겼다. 서쪽에서 동쪽으로 수도를 옮겼다 하여 천도를 전후로 주를 서주와 동주로 나누어 부
르기도 한다.
춘추전국시대(기원전 770~기원전 221년)는 주가 낙읍(뤄양)으로 수도를 옮긴 이후의 시대를 말한다. 주 왕실
이 쇠퇴하자 전국 각지에서 제후들이 봉기하여 서로 힘을 겨루고 싸웠다. 춘추전국시대는 다시 춘추시대
(기원전 770~기원전 403년)와 전국시대(기원전 403~기원전 221년)로 나뉜다. 주 왕실을 존중하며 천하를 평
화롭게 한다는 명분으로 싸움을 벌였던 춘추시대와 달리, 전국시대에는 주 왕실을 무시하고 천하를 직접
차지하기 위해 힘으로 먹고 먹히는 싸움을 해나갔다. 중국 전역에서 전쟁과 혼란이 500년 넘게 지속된 춘
추전국시대는 기원전 221년에 진﹡의 시황제가 중국을 통일하면서 끝이 났다.

뤄양의 텐쯔자류(天子駕六) 박물관
허난성 뤄양 왕성광장에 있는 역사 박물관이다. 동주시대의 수레, 말 등이 발견되
자 그대로 보존하고 그 위에 박물관을 만들었다.

그런데 춘추전국시대에는 강한
나라만이 살아남을 수 있었기 때
문에 사상, 학문, 경제의 측면에서
엄청난 발전을 하기도 했다. 사상
과 학문에서 제자백가﹡를 꽃
피웠고, 농업에서 철제 농기구와
소를 이용했으며, 큰 도시들이 생
겨나고 화폐도 널리 쓰였다.

핏줄과 믿음으로 유지된 봉건제도

주^周의 가장 큰 특징은 봉건제도라고 할 수 있다. 주의 왕은 수도와 그 주변 지역만 직접 다스리고 나머지 영토는 자기 친인척과 나라를 위해 많은 공을 세운 공신들에게 하사하여 제후국으로 삼았는데, 이 땅을 봉토라고 한다. 즉 왕과 왕위를 물려받을 첫째 왕자인 태자는 중앙 지역을 통치하고 둘째 왕자, 셋째 왕자, 첫째 공주의 남편, 둘째 공주의 남편, 왕의 첫째 동생, 왕의 둘째 동생…… 등 왕의 핏줄들에게는 영토의 일부를 각각 나눠주어 다스리게 한 것이다. 그들 또한 왕으로 불렸다.

주를 세운 사람은 무왕이고 그 아버지가 문왕이다. 문왕의 아들들은 관·채·노·위 등의 왕이, 무왕의 아들들은 우·진 등의 왕이, 무왕의 동생인 주공의 아들들은 범·장 등의 왕이, 문왕의 아우는 괴의 왕이 되어 주 왕실의 제후가 됐다.

또한 제후국의 왕들도 주 왕실이 한 것처럼 자신이 받은 영토 중 직접 다스리는 지역 외에는 왕위를 물려받지 않는 아들들이나 친인척 같은 가신들에게 나눠주고 경이나 대부로 삼았다. 경이나 대부는 일종의 꼬마 제후국인 셈이다. 영토와 작위를 받은 대신 경이나 대부는 제후에게, 제후는 왕에게 충성을 맹세하고 믿음을 보이면서 군사를 지원하고 세금을

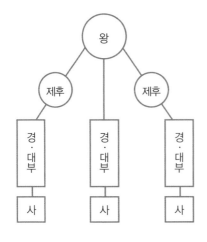

바쳤다.

주 왕실부터 경과 대부까지는 핏줄로 얽혀 있고 그 피라미드의 제일 꼭대기에 있는 주 왕실과 왕은 마치 종가와 장손처럼 권위를 가지고 천하를 다스렸다. 주 왕조의 초기에는 왕자들이 제후가 되어 가깝고 돈독한 친척 관계를 유지했지만, 여러 대가 내려가면서 왕실과 여러 제후들

주를 기울게 한 웃지 않는 미녀, **포사**

주의 유왕은 포사를 사랑하여 왕비와 왕비가 낳은 아들까지 폐하고 포사를 왕비로 들였다. 그런데 왕의 지극한 사랑을 받았는데도 포사는 결코 웃지 않았다. 유왕은 어떻게든 포사를 기쁘게 해주고 싶어서 어찌하면 웃는 모습을 볼 수 있겠냐고 물었다. 그러자 포사는 비단 찢는 소리를 들으면 기분이 좋아질 것 같다고 대답했다. 유왕은 비단을 잔뜩 쌓아놓고 궁녀들에게 계속 찢게 했다. 포사는 처음에는 비단 찢는 소리에 웃음을 흘렸지만 나중에는 시들해졌고, 찢어진 비단만큼 국고는 텅 비어갔다.

그러던 어느 날 실수로 봉화가 올라갔다. 그 봉화를 본 제후들은 나라에 큰일이 생겼다고 생각하여 군사들을 이끌고 급하게 달려왔지만, 잘못 피워 올린 봉화라는 것을 알고는 당황하여 어쩔 줄 몰라 했다. 이 광경을 바라보던 포사가 마구 웃었다. 유왕은 포사의 웃음을 보기 위해 틈만 나면 거짓 봉화를 올렸고 그때마다 제후들은 속을 수밖에 없었다. 이전 왕비의 아버지를 포함하여 유왕의 거짓말에 번번이 당하던 제후들은 왕에게 실망하여 더 이상 왕을 믿지 못하게 됐다. 그러던 차에 견융족이 쳐들어오자 제후들은 유왕을 구하기는커녕 견융족을 도왔고 유왕은 견융족 병사에게 살해되고 말았다.

유왕에게 쫓겨났던 아들 평왕이 왕위에 올라 수도를 옮기면서 국력 회복을 꾀했지만 예전으로 돌아갈 수는 없었다. 그래서 은의 마지막 왕인 주왕의 애첩 달기와 함께 포사를, 훗날 사람들은 나라를 망하게 한 여인의 대표적인 예로 꼽는다. 견융족에게 끌려간 포사의 뒷소식은 알 길이 없다.

의 촌수는 사돈의 팔촌처럼 멀어졌다.

그래서 막강했던 왕실이 힘을 잃자 수많은 제후들이 아메바처럼 쪼개져 작은 나라들이 무수히 생겨날 수밖에 없었다. 유왕이 살해될 때 제후들이 외적을 도운 것은 폭정으로 인심을 잃은 이유도 있지만, 촌수가 너무 멀어져 사실상 남이 된 왕이기에 인간적인 미안함도 별로 없었던 것이다.

낚시꾼 강태공, 주의 제후가 되다

강태공의 본명은 강상이다. 은 말기에 주왕의 주색과 폭정이 계속되자 문왕은 반기를 들고 새로이 주를 세우는 데 힘을 보탤 천하의 인재를 구했다. 그때 위수의 강가에서 허구한 날 낚시만 하는 강씨 성의 일흔 노인이 있었다. 아내가 살림을 도맡아서 강 노인은 밤에는 책을 읽고 낮에는 낚시를 했는데 날마다 물고기 두 마리만 잡아 왔다고 한다. 어느 날, 아내는 낚시터에 갔다가 강 노인이 낮잠에 빠져 있는 사이 수초에 처박혀 있는 낚시채비를 들었는데 낚싯바늘 하나에 물고기 두 마리가 걸려 있었다. 그렇게 강 노인은 날마다 낚싯바늘 하나로 두 마리만 낚고는 책을 읽고 강가에서 만나는 사람들에게서 천하가 돌아가는 형국을 헤아려 세상사에 통달하고 있었던 것이다.

문왕이 강 노인의 이야기를 전해 듣고 주공에게 만나보도록 했다. 주공이 변장을 하고 직접 만나 강 노인과 이야기를 나눠보니 천하에 막힘이 없어 문왕에게 적극 추천했다. 문왕이 작은 벼슬을 내리면서 강 노인을 데려오라고 했지만, 강 노인은 들은 척도 않은 채 "큰 미끼에는 큰 고기가 걸리고 작은 미끼에는 작은 고기가 걸린다"고만 말했다. 좀더 큰 벼슬을 내려도 강 노인은 "지금까지 기다린 세월이 너무 아깝소"라고 말하면서 거절했다. 이에 문왕은 재상의 벼슬을 들고 직접 찾아가 남루한 노인에게 예를 갖추며 왕의 스승이 되어달라고 요청했다. 그제야 강 노인은 자리를 털고 일어났는데, 두 사람이 밤새 나눈 정치 이야기가 『육도삼략』이라는 설이 있다.

문왕은 강 노인을 가리켜 "내가 그토록 바라고 기다리던 사람(태공망^{太公望})"이라 했고, 강 노인의 딸을 아들 무왕의 비로 맞았다. 끝까지 은에 충성을 바치며 산으로 들어가 고사리만 먹다가 그마저 끊고서 죽었다는 백이·숙제와 달리 강태공은 문왕과 무왕의 스승이 되어 주 창건의 으뜸 공신으로 제후국인 제의 왕에 올랐다. 강태공의 제는 환공에 의해 춘추시대 첫 패자^{覇者}가 됐다. 낚시꾼을 강태공이라고 부르는 것은 여기에서 유래한다.

제후들은 대부분 왕실 핏줄이어서 『순자』에는 주의 71개국 중 왕실의 성인 희姬씨가 53명이라고 적혀 있지만, 왕실의 친인척이 아닌 공신이나 이전 왕실의 자손에게도 봉토를 나눠주고 제후로 삼았다. 공신인 태공망 강상(여상이라고도 한다)의 제와 은 왕실 자손의 송이 대표적이다.

주의 제후국 개수 구하기, 거듭제곱

주의 봉토제는 정전제(井田制)였다. 이는 토지를 정(井) 자 모양으로 9등분하여 한가운데 지역은 주왕실이, 나머지 8개 지역은 제후가 직접 관리하는 제도이다. 그리고 제후, 경이나 대부들 또한 다시 井 자로 9등분하여 나누어 주는 방식이다.

사 사 사 사 경 사 사 사 사	경 경 경 제후 경 경 경 경	제후	제후
제후		왕	제후
제후		제후	제후

만약 주가 천하를 9등분한 후 왕실이 직접 통치하는 중앙 1지역을 제외한 나머지 8지역을 제후들에게 나눠주고, 제후들도 자기 봉토를 9등분한 후 자신이 다스릴 직할지 1지역을 제외한 나머지 8지역을 가신들에게 나눠주고, 가신들도 자기 봉토를 9등분한 뒤 왕실과 제후처럼 측근들에게 나눠준다면 주는 모두 몇 개의 나라로 나뉠 수 있을까?

이를 계산하기 위해 거듭제곱에 관해 알아보자.

9를 여러 번 곱한 수를

$$9 \times 9 = 9^2$$
$$9 \times 9 \times 9 = 9^3$$
$$9 \times 9 \times 9 \times 9 = 9^4$$

으로 나타내고 각각 9의 제곱, 9의 세제곱, 9의 네제곱…이라고 읽는다. 이때 9^2, 9^3, 9^4, …을 9의 거듭제곱이라 부르고, 9를 거듭제곱의 '밑', 곱하는 개수를 나타내는 2, 3, 4, …를 거듭제곱의 '지수'라고 한다.

$$9^3 \;\xleftarrow{\;\;\;} \text{지수}$$
$$\xleftarrow{\;\;\;\;\;\;} \text{밑}$$

예를 들어 $3 \times 3 \times 4 \times 4 \times 4$는 3이 2개, 4가 3개 곱해져 있으므로 $3^2 \times 4^3$과 같다. 문자의 곱도 거듭제곱을 이용하여 $a \times a \times a = a^3$과 같이 간단히 나타낼 수 있다.

거듭제곱은 큰 수를 간단히 나타낼 때 매우 편리하다. 예를 들어 300000000000000000000000은 3 뒤에 0이 몇 개인지 매우 헷갈린다. 그러나 이것을 3×10^{23}과 같이 나타내면 3 뒤에 0이 23개 붙어 있다는 것을 바로 알 수 있다.

이제 거듭제곱을 이용하여 주의 제후국이 모두 몇 개인지 계산해 보자.

먼저 왕이 땅을 9등분하여 중앙의 1지역만 직접 통치하고 나머지 8지역을 제후에게 나눠줬으므로 왕이 나눈 땅은 모두 9개의 지역이다. 다시 제후들은 같은 방법으로 자신이 통치하는 1지역을 제외한 나머지 8지역을 가신들에게 나눠줬다. 가신들도 같은 방법으로 자기 봉토를 나누어 측근들에게 주었다. 이것을 표로 나타내면 다음과 같다.

구분	첫번째	두 번째	세 번째	…
직접 통치한 땅의 수	1	1+8	1+8+8×8	…
나눠준 땅의 수	8	8×8	8×8×8	…
합계	1+8=9	$1+8+8^2=73$	$1+8+8^2+8^3=585$	…

즉 $1+8+8\times8+8\times8\times8=1+8+8^2+8^3=585$개가 된다. 만약 같은 방법으로 한 번 더 땅을 나눠줄 경우 주는 무려 $1+8+8^2+8^3+8^4=4681$개의 제후국을 거느리는 셈이 된다.

실제로 주의 제후국이 1,800개까지 이른 적도 있었다. 주 왕실이나 1차 제후국이 땅을 꼭 9개로 나누지 않고 더 많은 수로 나누면 거듭제곱의 수는 기하급수적으로 늘어나기 때문에 충분히 가능한 일이다.

주의 봉건제도는 건국 초기에는 넓은 나라를 다스리는 데 매우 효율적이었지만, 시간이 흐를수록 왕실과 제후국의 끈끈한 관계가 옅어지고 왕실의 힘이 약해지고 각 제후국들이 독립적인 경향을 띠면서 바야흐로 춘추전국시대로 접어들게 된다.

천하 쟁탈전 춘추전국시대와 제자백가

춘추전국시대의 '춘추'와 '전국'이라는 말은 모두 책의 제목에서 유래했다. 춘추시대의 '춘추'는 공자가 지은 책 『춘추春秋』에서 유래한 것으로, 주 왕실이 수도를 낙읍으로 옮긴 기원전 770년부터 주의 제후국이었던 진晉이 세 나라로 분열하여 각각 한韓, 위魏, 조趙로 독립한 기원전 403년까지를 가리킨다.

그 이후부터 진秦이 중국을 통일한 기원전 221년까지를 전국시대라고 부르는데, '전국'도 당시 사실을 기록한 『전국책戰國策』에서 유래했다. 여기서 춘추시대의 진晉과 전국시대의 진秦은 서로 다른 나라이다.

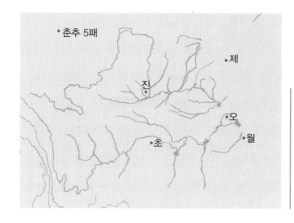

춘추시대 초기에는 주 왕실의 근거지인 황허 유역의 제후국들이 앞선 문화를 바탕으로 춘추시대를 주도해 나가는 듯했다. 하지만 그들은 좁은 황허 유역에 밀집해 있다는 한계 때문에 더 이상 발전하지 못한 채 소국으로 전락하고 말았다.

반면 그곳에서 멀리 떨어져 있었던 제후국들은 주 왕실의 전통과 관습에 얽매이지 않고 독자적인 정책을 추진하여 발전할 수 있었다. 그들은 주변 황무지를 개간하고 이민족을 정복하거나 포섭하면서 영토를 넓혔다. 그 결과 춘추시대는 크고 작은 여러 나라들 중 '춘추오패春秋五覇'라고 불리는 제齊, 진晉, 초楚, 오吳, 월越의 다섯 나라가 주도하게 됐다.

춘추오패는 주 왕실을 보호한다는 구실로 군사를 일으켜서 다른 제후국들을 제압하고 중국을 이끌었다. 이를 패정覇政이라고 했으므로 패정을 장악한 것을 '패권覇權을 잡았다'라고 말한다.

춘추시대에는 제후국들이 주 왕실을 보호한다는 명분을 내세우기라도 했지만, 전국시대는 자기 나라의 이익을 먼저 생각했기 때문에 강한 국가만 살아남는 약육강식의 시대로 바뀌었다. 그래서 제후국들은 수시로 동

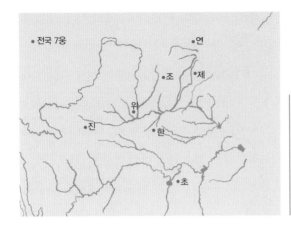

전국칠웅

전국시대에 중국의 패권을 놓고 다
툰 7대 강국을 일컫는다. 동방의 제,
남방의 초, 서방의 진(秦), 북방의 연,
중앙의 위, 한, 조 등이다. 춘추시대
에는 작은 제후국이 수없이 많았으
나 전국시대에는 좀 더 큰 국가 형태
가 되었다. 이 중에서 진나라가
BC221년에 천하를 통일하는 데 성공
했다.

맹과 배반을 거듭했고 그만큼 외교전도 치열하게 벌였다. 춘추시대 초기
에 100개가 넘는 나라로 분열됐던 중국은 전국시대로 들어서면서 한韓, 위
魏, 조趙, 제齊, 진秦, 초楚, 연燕의 일곱 나라로 점차 정리됐으며, 이 나라들은
'전국칠웅戰國七雄'이라고 불린다.

춘추전국시대에 전쟁의 승리는 자국의 영토를 확장하고 발전한다는
것을 뜻했고, 패배는 곧 멸망을 의미했다. 그러니 나라가 살아남으려면
강력한 군대를 양성하고 나라를 효율적으로 관리하기 위한 체제를 만들
어야 했다. 능력 있는 인재들을 뽑아 그들의 훌륭한 사상을 이용하여 나
라를 발전시키고 민심을 얻는 일이 무엇보다 중요해졌다.

그리하여 공자, 노자, 관자를 비롯하여 뛰어난 사상가들이 등장했다.
그들은 여러 사상과 학문을 발전시키고 전파했는데 이를 '제자백가'라
한다. 제자백가의 '자子'는 위대한 스승에게 붙여주는 '선생님'과 같은 존
칭이고, '가家'는 자의 문하에서 연구한 제자들이 학파를 이루는 것을 의
미하므로 제자백가는 여러 사상가들과 그들이 만들어낸 학문의 흐름을
뜻한다고 할 수 있다.

제자백가 사상은 공자와 맹자와 순자의 유가^{儒家}, 묵자의 묵가^{墨家}, 노자의 도가^{道家}, 추연의 음양가^{陰陽家}, 관자와 한비자의 법가^{法家}, 손자의 병가^{兵家} 등이 유명하다. 그중에서 유가와 도가는 춘추전국시대뿐만 아니라 이후 수천 년 동안 중국인들의 정치, 사회, 문화에 많은 영향을 미치고 있다.

제자백가 가운데 종횡가^{縱橫家}라는 사상도 있는데, 귀곡자의 제자인 소진과 장의가 유명하다. 전국칠웅 중 진이 점차 강성해지자 소진은 진을 제외한 나머지 여섯 나라가 동맹을 맺어 진에 맞서야 한다는 합종책을, 장의는 이들 여섯 나라의 동맹을 부수고 진이 중심이 되어 각 나라와 화친해야 한다는 연횡책을 제시했다. 이 합종과 연횡이라는 두 책략을 합쳐서 종횡가라고 한다. 종횡가의 사상가들은 여러 나라를 돌아다니면서 독특한 변설로 책략을 펼치고 동맹이나 전쟁을 부추기며 권력을 쟁취했다. 여러 나라의 이해관계와 속사정이 달랐기에 동맹을 맺고 깨는 횟수도 많고 복잡했으므로 종횡가들은 이리저리 돌아다니기 바빴을 것이다. 지금도 정치계나 경제계의 여러 세력들이 뭉치거나 흩어지는 상황을 일컬을 때 '합종연횡'이라는 단어를 쓴다.

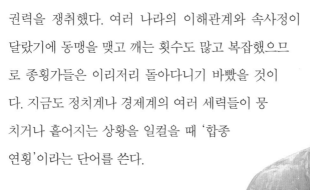

공자의 동상
공자는 춘추시대 말기 노나라 출신의 사상가로 성은 공씨이고, 이름은 구이다. 유교의 시조로 불릴 정도로 수많은 제자를 두었는데 맹자 또한 공자의 사상을 이어 발전시켰다. 공자는 최고의 덕을 인으로 보았으며 주 왕조 초의 제도로 돌아가 춘추시대의 혼란을 극복해야 한다고 주장했다.

무수한 고사성어를 만들어낸 **춘추전국시대**

춘추전국시대에는 나라들 사이의 다툼이 극심했기 때문에 패배, 복수, 의리, 배신의 상황들이 넘쳐났다. 그와 관련된 여러 고사성어들이 만들어져 지금도 쓰이고 있다.

오월동주 吳越同舟

오와 월의 사람이 같은 배를 탔다는 뜻으로, 서로가 미워도 공통의 어려움이나 이해에 대해서는 협력해야 한다는 의미를 담고 있다. 춘추시대에 오와 월은 중국의 남동쪽에 남북으로 나란히 붙어 있어서 사이가 아주 나빴다.

관포지교 管鮑之交

관중管仲과 포숙鮑叔의 사귐이라는 뜻으로, 세태를 떠난 두터운 우정을 일컫는 표현이다. 춘추시대에 제의 관중과 포숙은 둘도 없는 친구였는데 본의 아니게 서로 정적이 되고 말았다. 하지만 제의 환공이 관중을 죽이려 하자 포숙이 관중을 두둔하며 적극 추천하여 관중은 재상에 올랐다. 관중은 "나를 낳아주신 분은 부모이지만 나를 알아준 사람은 포숙이다"라고 말했다.

각주구검 刻舟求劍

강물에 칼을 떨어뜨리고는 뱃전에 표시한 뒤 나중에 그 칼을 찾으려 한다는 뜻으로, 어리석어서 세상일에 어둡거나 융통성이 없을 때 쓰는 표현이다. 전국시대에 초의 한 젊은이가 양쪽 강을 건너려고 배를 탔는데 실수로 강물에 칼을 떨어뜨렸다. 그러자 그 젊은이는 칼을 떨어뜨린 뱃전에다 표시를 하고 배가 나루터에 닿은 뒤에 자신이 표시한 뱃전 아래 강물 속으로 뛰어들었다. 하지만 칼은 그곳에 있을 리가 없다.

낭중지추 囊中之錐

주머니 속의 송곳이라는 뜻으로, 재능이 뛰어난 사람은 숨어 있어도 남의 눈에 드러난다는 의미를 담고 있다. 전국시대 말에 진의 공격을 받은 조의 혜문왕은 동생이자 재상인 평원군을 초에 보내 지원군을 요청하기로 했다. 평원군은 자신을 수행할 인재를 뽑았는데 마지막 한 명을 뽑지 못했다. 이때 모수라는 사람이 자원했다. 하지만 평원군은 3년이나 자기 수하에 있었는데 모수가 재능이 있었다면 '주머니 속의 송곳'처럼 드러나지 않았겠는가 하고 머뭇거렸다. 그러자 모수는 자신을 평원군의 주머니 속에 넣어달라고 답변했다. 이 답변으로 평원군을 수행하게 된 모수는 큰 활약을 펼쳐 초의 지원군을 얻어냈다.

제후국끼리 맺을 수 있는 동맹의 수 구하기, 조합

제자백가 중 종횡가들이 맹활약을 한다면 제후국들이 맺을 수 있는 동맹은 모두 몇 가지나 될까?

이때 몇 개의 제후국이 있느냐에 따라 동맹을 맺는 경우의 수는 달라지므로 제후국의 수를 n개라고 가정하면 서로 다른 n개의 대상에서 r개를 택하는 경우인 조합 $_nC_r$에 대해 알아야 한다.

예를 들어 a, b, c 3개의 알파벳 중에서 아무것이나 2개를 선택하는 경우를 알아보자. a, b, c 가운데 2개를 선택할 때 처음에는 a, b, c 중에서 하나를 뽑으면 되므로 a를 뽑는 경우, b를 뽑는 경우, c를 뽑는 경우 세 가지가 있다.

여기서는 a를 뽑았다고 하자. 그러면 두 번째 알파벳을 뽑을 때는 a가 이미 뽑혔기 때문에 b, c 중에서 하나를 뽑아야 하므로 두 가지 경우뿐이다. 그래서 3개 중에서 2개를 순서대로 뽑는 경우의 수는 3×2가지이다.

두 번째로는 b를 뽑았다고 하자. 그런데 뽑은 두 알파벳 $\{a, b\}$는 a를 먼저 뽑는 경우와 b를 먼저 뽑는 경우가 모두 같은 결과이므로 두 알파벳을 순서대로 나열하는 방법의 수로 나누어줘야 한다. 이 경우는 2개를 선택하므로 2!로 나누어야 한다. 여기서 기호 '!'은 '팩토리얼factorial'이라고 하며 연이어 곱하는 계승을 뜻한다.

즉 $2!=2 \times 1$, $4!=4 \times 3 \times 2 \times 1=24$이고, 일반적으로 $n!=n \times (n-1) \times (n-2) \times \cdots \times 2 \times 1$이다. 결국 a, b, c 3개의 알파벳 중에서 2개를 선택하는 경우는 $\frac{3 \times 2}{2!}=3$으로, 실제 3개의 알파벳에서 2개를 선택하는 경우는 $\{a, b\}$, $\{a, c\}$, $\{b, c\}$이다.

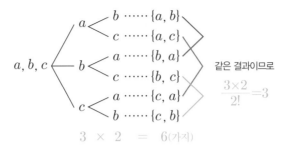

$$3 \times 2 = 6(가지)$$

이것을 기호로 나타내면 $_3C_2$이고 $_3C_2 = \dfrac{3 \times 2}{2!} = 3$이다. 일반적으로 서로 다른 n개의 대상에서 r개를 선택하는 경우인 조합은 다음과 같이 계산한다.

$$_nC_r = \frac{n!}{(n-r)!r!}$$

예를 들어 서로 다른 10개의 사탕 중에서 3개를 선택하는 경우의 수는 다음과 같다.

$$_{10}C_3 = \frac{10!}{(10-3)!3!} = 120$$

조합에는 재미있는 성질이 많은데, 자연수 n에 대하여 다음 등식은 매우 중요하다. 뒤에서 이 공식을 다시 한 번 보게 될 것이다.

$$_nC_0 + _nC_1 + _nC_2 + _nC_3 + \cdots + _nC_n = 2^n$$

이제 춘추전국시대의 동맹 이야기로 돌아가자.

두 나라가 동맹을 맺는 방법은 한 가지뿐이지만 세 나라 A, B, C가 있다면 오른쪽 그림과 같이 A와 B, A와 C, B와 C가 동맹을 맺는 세

가지 방법이 있다. A, B, C 세 나라를 꼭짓점이라고 했을 때 동맹을 맺는 가짓수는 두 꼭짓점을 잇는 변의 수와 같다.

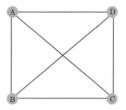

네 개의 나라 A, B, C, D가 있을 경우도 오른쪽과 같이 그림으로 그려보면 여섯 가지 방법이 있음을 알 수 있다.

이처럼 꼭짓점과 두 꼭짓점을 잇는 변으로 이루어진 도형을 '그래프graph'라고 한다. 보통 그래프는 꼭짓점의 집합 V, 변의 집합 E에 대하여 $G=(V, E)$로 나타낸다. 이를테면 네 개의 나라 A, B, C, D가 맺을 수 있는 동맹을 나타낸 그래프의 꼭짓점의 집합은 $V=\{A, B, C, D\}$이고, 변의 집합은 $E=\{AB, AC, AD, BC, BD, CD\}$이다.

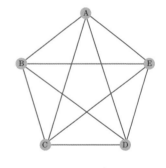

그리고 각 꼭짓점이 나머지 모든 꼭짓점과 연결된 그래프를 '완전그래프complete graph'라고 한다. 이때 꼭짓점의 개수가 n인 완전그래프를 K_n으로 나타낸다. 따라서 앞에서 그렸던 그래프는 각각 K_3, K_4이고, 꼭짓점이 5개인 완전그래프 K_5는 오른쪽 그림과 같다.

완전그래프에서 한 꼭짓점은 나머지 꼭짓점과 모두 연결되어 있다. 예를 들어 K_3에서 각 꼭짓점은 나머지 2개의 꼭짓점과 연결되어 있고, K_4에서 각 꼭짓점은 나머지 3개의 꼭짓점과 연결되어 있다. K_5의 경우도 각 꼭짓점은 나머지 4개의 꼭짓점과 연결되어 있다. 즉 꼭짓점이 n개인 완전그래프에서 1개의 꼭짓점은 나머지 $n-1$개의 꼭짓점과 연결되어 있으므로 모두 $n(n-1)$개의 연결이 생긴다. 그런데 꼭짓점 A는 꼭짓점 B와 연결되어 있고 꼭짓점 B도 꼭짓점 A와 연결되어 있다고 두 번 세었기 때문에 모든 경우의 수를 구한 후에 2로 나누어줘야 한다. 즉 완전그래프의 변의 수는 $\dfrac{n(n-1)}{2}$이다. 이를테면 K_5의 변의 수는 $\dfrac{5\times(5-1)}{2}=10$개이다.

완전그래프의 변의 수를 구하는 것을 응용하여 춘추전국시대 제후국들이 맺을 수 있는 동맹의 경우의 수를 구할 수 있다. 춘추시대 초기에 100~180개의 제후국들이 있었는데, 여기서는 제후국의 수가 100개라고 가정하자. 그러면 각 제후국은 다른 모든 제후국들과 동맹을 맺을 수 있으므로 동맹의 가능성을 그래프로 나타내면 꼭짓점이 100개인 완전그래프 K_{100}이 된다. 그리고 K_{100}의 변의 수는 $\dfrac{100\times(100-1)}{2}=4950$이다.

한 제후국이 다른 어떤 나라와도 동맹을 맺지 않는 방법은 4950가지 가운데 한 가지도 선택하지 않는 방법이므로 $_{4950}C_0=1$이다. 한 나라와 동맹을 맺는 방법은 4950가지 가운데 하나를 선택하는 것이므로 $_{4950}C_1=4950$이고, 두 나라와 동맹을 맺는 방법은 4950가지 가운데 두 가지를 선택하는 것이므로 $_{4950}C_2=\dfrac{4950\times4949}{2}=12248775$이다. 세 나라와 동맹을 맺는 방법은 $_{4950}C_3=\dfrac{4950\times4949\times4948}{3\times2}=20202312900$이다. 그리고 모든 나라와 동맹을 맺는 방법은 $_{4950}C_{4950}=1$이다. 그러므로 한 나라가 선택할 수 있는 모든 방법은 이들을 모두 더하는 것이므로 다음과 같다.

$$_{4950}C_0+_{4950}C_1+_{4950}C_2+_{4950}C_3+\cdots+_{4950}C_{4950}=2^{4950}$$

이 값은 우리가 계산하기 힘들 정도로 어마어마하게 큰 수다. 춘추시대 초기에 종횡가들은 이토록 다양한 방법을 각각의 제후국에 끊임없이 제시할 수 있었을 것이다.

묵가와 **유클리드 원론**

오늘날에는 별로 알려져 있지 않지만, 전국시대에는 수
학적으로 의미 있는 '묵가'라는 학파가 있었다. 묵가는
기원전 5세기경에 지배적이었던 유교 이념의 형식주의
와 불평등성에 반대한 묵자에 의해 시작됐다. 그들은 인
간의 이성 및 지식을 긍정적으로 바라봤으며 궤변론자
들에게 대항하기 위해 공리주의적인 태도를 취했다. 중
국의 논리학은 그들 덕분에 크게 발전했다고 해도 과언
이 아니다. 그러나 그들과 대립적이었던 유가의 성공으
로 묵가는 후세에 이어지지 못했다. 그런데 묵가의 경전
인 『묵자』에는 유클리드의 『원론Elements』과 유사한 다음
과 같은 내용들이 있다.

책 표지에 있는 묵자 초상

- 점은 넓이가 없는 선의 맨 끝에 있는 부분이다.
- 선분을 계속해서 나누다가 더 이상 나눌 수 없는 곳에 점이 있다.
- 같은 길이를 갖는다는 것은 두 직선이 같은 자리에서 끝나는 것이다.
- 비교는 서로 일치하거나 그렇지 않을 때 나타나는 것이다.
- 평행이란 같은 간격을 말한다.
- 공간은 모든 장소를 포함한다.
- 유계인 공간 바깥에 있는 선은 유계인 공간에 포함되지 않는다.
- 공간이 있다는 것은 그것에 무엇인가가 포함되어 있다는 것이다.
- 평면은 그 변이 포개어지지 않는 것이다.
- 모든 직사각형은 4개의 곧은 변을 가지고 4개의 각은 모두 직각이다.
- 사이에 공간이 없는 곳에서는 서로 닿을 수 없다.
- 원은 그 둘레 위에 있는 모든 점의 위치를 차지할 수 있다.
- 원은 중심을 지나는 모든 직선의 거리가 같은 도형이다.
- 원의 중심은 원주로부터 같은 거리에 있다.
- 모든 체적은 두께의 차원을 가지고 있다.

이처럼 묵가가 수학에 밝았던 이유는 유가와 마찬가지로 '사랑'을 주장했지만 가족 중심의
사랑을 주장한 유가에 비해 묵가는 무차별의 사랑, 즉 겸애를 주장했고 이에 대한 근거를 공
리적, 유물적으로 제시해야 했기 때문이다.

7

정직한 페르시아 사람들

명제와 진릿값

기원전 500년 오리엔트

오리엔트를 재통일한
페르시아

메소포타미아 지역은 히타이트가 멸망한 뒤 아시리아가 통일했지만 금방 멸망하고 다시 네 나라로 쪼개졌다. 페르시아제국이 이를 통일하여 대제국을 건설했고 다리우스 1세 때 전성기를 맞았다.

기원전 525년에 오리엔트를 통일했던 아케메네스 페르시아 제국의 지도이다.

메소포타미아 지역은 고바빌로니아 왕국이 히타이트에 멸망당한 뒤 여러 왕국들이 혼란스럽게 흥망성쇠를 거듭하는 시대를 맞았다. 이 혼란기는 아시리아인이 기원전 9세기에 기병과 전차를 이용하여 소왕국들을 정복하고 통일함으로써 막을 내린다.

파괴와 약탈을 일삼았던 정복자 아시리아인은 기원전 7세기에 메소포타미아에서 이집트까지 걸친 대제국을 건설했다. 아시리아는 대제국을 이룩했는데도 각 지역의 전통을 인정하지 않고 가혹하게 지배하여 불과 몇십 년 만에 멸망하고 이집트, 신바빌로니아, 메디아, 리디아로 나뉘었다.

오리엔트(유럽 기준의 동쪽으로 이집트와 서아시아 지역을 뜻한다) 세계를 다시 통일한 나라는 페르시아이다. 이란 고원의 남서부에서 일어난 페르시아는 네 나라를 차례로 정복하여 메소포타미아 지역을 제패했고, 이때 3천 년 동안 지속되어온 이집트 왕국도 멸망했다(기원전 525년). 페르시아제국은 아케메네스 왕조였으므로 '아케메네스 왕조 페르시아'라고도 하는데, 그 영토가 그리스와 아라비아를 제외하고 인도의 인더스 강부터 지중해 동부, 이집트까지 이를 정도로 광대했다.

페르시아제국은 다른 민족에 대해 온건한 통치를 했다. 다리우스 1세는 제국 전체를 20개의 속주(사트라피)로 나눈 뒤 중앙에서 사트라프라는 총독을 파견했으며, 제국을 연결하는 도로를 만들고 역마제를 실시했다. 그리고 조로아스터교가 유행했다.

페르시아는 약 200년간 오리엔트 거의 대부분을 지배했지만, 그리스와의 전쟁에서 패배하고 총독들이 반란을 일으키면서 쇠퇴하다가 기원전 330년에 알렉산드로스 대왕에게 멸망한다.

페르시아제국과 페르시아 사람들

오리엔트를 최초로 통일했던 아시리아는 점령 지역의 민족들에게 가혹한 정치를 하는 바람에 통일 제국을 수립한 지 얼마 지나지 않아 멸망했다. 이를 거울삼아 페르시아제국은 온건책을 펴면서 수백 년간 존속했다. 이민족의 풍습과 신앙을 허용했고, 그들의 문화도 대범하게 받아들였다. 페르세폴리스의 유적을 살펴보면 계단식 성벽은 바빌로니아의 지구라트를 본떴으며 궁성 양옆의 조각상은 아시리아식, 성 안의 기둥은 이집트식이라는 것을

페르시아 궁병들의 모습
수사에 있는 다리우스 1세 궁전의 계단 벽면에 벽돌 타일로 만든 부조이다. 지금은 일부만 남아 있다.

알 수 있다. 이민족의 고유한 특성을 존중하는 대신 세금을 징수했는데, 알렉산드로스 대왕이 정복한 뒤 페르시아에서 접수한 금만 약 30만kg이 었다고 한다.

페르시아는 대제국을 효율적으로 통치하기 위해 속주로 나누고 총독을 파견했을 뿐만 아니라 '왕의 눈', 혹은 '왕의 귀'라고 불리는 감찰관, 즉 일종의 암행어사들을 파견하여 감시했다. 또한 수도를 정치 중심지인 수사, 겨울 궁전인 바빌론, 여름 궁전인 에크바타나 3개의 도시를 정하여 계절마다 옮겨 다니며 통치했고 나중에 페르세폴리스도 건설했다.

그리고 지금의 이란 지역에 있는 수사와 터키 지역에 있는 사르데스를 잇는 약 2,400km의 도로를 닦았다. 이 도로는 대제국을 통치하는 데 필요한 왕의 명령을 전달하려고 만든 '왕의 길'이다. 그리스 역사가 헤로

페르세폴리스와 다리우스 1세
다리우스 1세 때부터 본격적으로 페르세폴리스 왕궁을 건설하여 페르시아제국이 멸망할 때까지 공사가 계속됐다. 1971년, 이란 왕조는 왕조(페르시아) 창건 2500주년 기념식을 이곳에서 거행했다. 페르시아제국의 후계자임을 자처한 이란은 아케메네스 왕조가 창시된 해를 건국의 해로 삼았다. 1979년, 유네스코는 페르세폴리스를 세계문화유산으로 지정했다.

페르시아와 이란

페르시아는 '파르사'에서 유래했는데, 파르사는 파르스 지방, 혹은 파르스 지방에 사는 사람들을 말한다. 이 파르사가 나라의 이름이면서 수도의 이름이 됐다. 수도였던 페르세폴리스는 그리스어로 '페르시아의 도시'라는 뜻이다. 파르사인은 메소포타미아 지역의 원주민이 아니라 중앙아시아에 거주하던 아리아인의 후예로 남쪽으로 내려오면서 파르사인, 메디아인 등으로 갈라졌다.

페르시아라는 이름을 처음 썼던 아케메네스 왕조가 망한 뒤에도 이란 지역을 중심으로 일어났던 여러 왕조들을 통틀어 페르시아제국이라고도 불렀다. 1935년 팔레비 왕조의 레자 샤 국왕은 서구화를 적극 추진하면서 나라 이름을 페르시아제국에서 이란 제국으로 바꾼 뒤 더 이상 페르시아라고 부르지 말 것을 명령했다. 페르시아라는 이름이 풍기는 고대적, 봉건적인 어감을 벗어던지려 한 것 같지만, 친서방 정책에 반발하고 전통을 중시한 전 국민적인 이슬람 혁명이 일어나 국왕 일가가 해외로 망명하면서 수천 년간 영고성쇠를 거듭했던 이 지역의 왕조는 끝이 났다.

도토스가 보통 사람이 3개월 걸리는 길을 왕의 사자는 왕도를 이용하여 일주일 만에 주파했다고 적은 것을 보면 당시 이 길을 통하는 것이 얼마나 빠른지 짐작할 수 있다.

이 왕의 길이 바로 우리가 흔히 '공부에는 왕도가 없다'고 말할 때 사용하는 그 '왕도'이다. 훗날 유클리드에게 수학 과외를 받았던 프톨레마이오스 1세(이집트 프톨레마이오스 왕조의 창시자)는 기하학을 더 쉽게 배우는 방법이 없느냐고 물었다. 그러자 유클리드는 "기하학에는 왕도가 없다"고 잘라 말했다. 즉 빨리 가는 지름길이 없다는 뜻이다. 유클리드의 이 말이 확장되어 '수학에는 왕도가 없다', '학문에는 왕도가 없다' 등으로 쓰이는데, 왕이나 학생이나 요령을 부리지 말고 착실하게 공부하라는 의미를 지닌다.

페르시아제국이 번성할 때 유럽 남부에서는 그리스가 최강이었다. 당시 헤로도토스는 『역사』에 페르시아 사람들의 특징을 이렇게 기록했다.

- 페르시아 사람들은 술을 몹시 좋아하지만 남이 보는 앞에서 구토나 방뇨는 허용되지 않는다. 그 점에서 그들은 엄격하다. 그들은 가장 중요한 안건을 술에 취해 토의하는 습관이 있다. 그러나 어떤 결정을 내리든 다음 날 술이 깨면 회의장으로 사용된 집의 주인이 그 안건을 다시 상정한다. 그리고 술이 깨서도 동의하면 결정된 바를 실행에 옮기고 그렇지 않을 경우에는 폐기한다. 또한 맑은 정신으로 미리 상의한 것은 술 취한 상태에서 다시 논의한다.
- 페르시아 사람들처럼 외국의 관습을 기꺼이 받아들이는 민족은 찾아보기 힘들다. 예컨대 그들은 메디아의 옷이 자신들의 옷보다 더욱 아름답다고 여기면서 입고 다니며 아이깁토스(그리스 신화의 인물)의 흉갑을 입고 나간다.
- 페르시아 사람들은 소년들을 다섯 살부터 스무 살까지 교육하되 승마와 궁술, 그리고 정직 이 세 가지를 가르친다.
- 페르시아 사람들은 하지 않아야 하는 것은 입 밖에 내서도 안 된다. 그들은 거짓말을 가장 수치스런 짓으로 여긴다. 그다음은 돈을 빌리는 것이다. 여러 가지 다른 이유가 있겠지만 주된 이유는 돈을 빌린 사람은 거짓말을 할 수밖에 없기 때문이다.

이런 내용들은 페르시아인의 독특한 술 문화와 외국 문화에 관대한 수용성을 잘 보여준다. 또 다른 주목할 만한 특징은 거짓을 혐오하는 정직성이다. 페르시아는 상업 행위를 엄격히 통제했는데, 페르시아의 키루스 왕

페르시아에 퍼져 나간 **조로아스터교**

조로아스터는 영어식 표기이고 고대 이란어로는 '자라슈스트라'이다. 페르시아 사람들은 원래 여러 신들을 믿는 다신교 풍습을 가지고 있었지만 조로아스터가 창시했다고 전해지는 조로아스터교가 널리 퍼져 나갔다.

조로아스터교는 빛과 선의 신인 아후라 마즈다를 유일한 신으로 섬긴다. 이 세상은 참과 거짓, 즉 선과 악으로 이루어져 있고, 이 둘은 서로 갈등하고 싸우는데 아후라 마즈다와 대립하는 것이 악인 어둠이라고 여겼다. 또한 세상을 '이것이냐? 아니면 저것이냐?'와 같이 이분법적으로 나누고, 어느 쪽을 선택하는가는 인간에게 달려 있다고 여겼다. 신자들은 불이 타오르는 작은 제단 앞에서 제례를 올렸다. 이 때문에 불을 숭배한다고 하여 한자어로는 배화교 拜火敎라고도 한다.

이슬람교가 세력을 확장하면서 조로아스터교는 약해졌지만, 몇천 년이 흐른 19세기 말에 독일 철학자 프리드리히 니체로 인해 새롭게 주목받았다. 니체는 기독교의 신을 부정하면서 "신은 죽었다"고 말하고 『차라투스트라(조로아스터의 독일어)는 이렇게 말했다』라는 책을 냈다. 산업혁명으로 인간성이 파괴되는 데 좌절한 니체는 인간이 스스로에게 주어진 무한 자유와 선택권을 최대한 끌어내어 '초인'에 이르러야 한다고 생각했다.

은 그리스에서 시장이 발달했다는 이야기를 듣고서 "사기꾼이 판치는 시장으로 꼬이는 사람들의 속내를 이해하기 힘들다"고 말했다고 한다. 페르시아 사람들은 돈이 거래되는 상업에는 거짓과 사기가 따를 수밖에 없다고 여겼기 때문에 이 또한 수치스럽게 여겨서 금지했던 것이다.

참과 거짓을 판별하는 명제와 진릿값

페르시아 사람들이라고 해서 거짓말을 전혀 하지 않은 것은 아니겠지만 '거짓말을 하지 말라'는 신조가 페르시아 사회 전체에 팽배했음은 분명하다. 그렇다면 어떤 말이 참인지, 거짓인지 어떻게 판별할 수 있을까?

논리가 그 답이다. 논리는 사람들이 생각하고 판단하는 데 꼭 필요한 것이다. 모든 학문이 그러하겠지만, 특히 수학은 논리적인 학문이다. 그래서 애매모호한 것을 아주 싫어한다. 수학은 참과 거짓을 명확히 구분짓는 것에만 관심을 가진다. 이런 점에서 수학은 거짓과 사기를 혐오하고 참과 거짓을 구분하여 강력하게 처벌하는 페르시아 사람들과 닮았다.

그렇다면 수학에서는 참과 거짓을 어떻게 판별할까? 수학에서는 참과 거짓을 명확히 판별할 수 있는 문장이나 식을 '명제proposition'라고 하고, 명제의 참True이나 거짓False을 그 명제의 '진릿값'이라고 한다.

다음 세 문장들을 살펴보자. 어떤 것이 명제이고 어떤 것이 명제가 아닌지 쉽게 구별할 수 있는가?

- 내일 우리 집에 올래?
- 오늘은 일요일이다.
- 이 문장은 거짓이다.

첫번째 문장인 "내일 우리 집에 올래?"는 참이나 거짓을 판별할 수 없으므로 명제가 아니다. 두 번째 문장인 "오늘은 일요일이다"는 이 문장을 읽는 시점인 오늘이 일요일이면 참이 되지만 오늘이 월요일이면 거짓이

5+2=9와 $x+2=9$는 명제일까?

결론부터 말하면 5+2=9는 명제이고 $x+2=9$는 명제가 아니다. 5+2=9는 거짓임을 명확히 판별할 수 있는 거짓인 명제이지만, $x+2=9$는 x의 값에 따라 참일 수도 있고 거짓일 수도 있으므로 명제가 아니다.

된다. 즉 언제 이 문장을 읽느냐에 따라 참이나 거짓이 결정되므로 명제가 아니다. 마지막 문장인 "이 문장은 거짓이다"를 보자. 만약 이 문장이 참이라면, 문장의 내용에 의해 이 문장은 거짓이어야 한다. 반대로 이 문장이 거짓이라면 역시 문장의 내용에 의해 이 문장은 반드시 참이 되어야 한다. 따라서 이 문장은 정확히 참 또는 거짓으로 증명할 수 없으므로 명제가 아니다.

우리는 논리를 말할 때 다음과 같은 두 가지 전제 조건을 가정한다.

① 진릿값은 참과 거짓으로 단 두 가지만 존재한다.
② 참과 거짓의 두 진릿값이 동시에 만족되는 명제는 존재하지 않는다.

명제의 참과 거짓을 수학적 기법으로 판별하기 위해서는 긴 문장이나 식보다 간단한 기호를 사용하는 것이 편리하다. 그래서 명제는 보통 알파벳 p, q, r 등으로 나타내고, 명제의 진릿값인 참과 거짓을 각각 대문자 T와 F로 나타낸다. 이때 어떤 명제 p에 대하여 'p가 아니다'를 명제 p의 '부정명제'라고 하고 기호 $\sim p$로 나타낸다. 그러면 명제 p가 참이면 명제 $\sim p$는 거짓이고, p가 거짓이면 $\sim p$는 참이다.

2개 이상의 명제를 결합시켜 하나의 명제를 만들기도 하는데, 2개 이상의 명제로 이루어진 명제를 '복합명제'라고 한다. 복합명제는 '그리고', '또는', 'p이면 q이다'와 같은 접속사로 연결되어 있다. 두 명제가 '그리고'로 연결되어 있으면 '논리곱'이라 하고 기호 $\wedge$로 나타내며, '또는'으로 연결되어 있으면 '논리합'이라 하고 기호 $\vee$로 나타낸다. 'p이면 q이다'로 연결되어 있는 명제는 '조건문'이라고 하고 기호 $p \rightarrow q$로 나타낸다.

특히 조건문 $p{\rightarrow}q$에서 p를 '가정', q를 '결론'이라고 한다.

앞에서 사용한 네 가지 기호 ~, ∧, ∨, →를 '논리연산자'라고 하는데, 논리연산자로 연결된 명제의 참과 거짓을 판별하는 가장 쉬운 방법은 진리표를 만드는 것이다. 그런데 네 가지 논리연산자 중에서 →를 사용하는 조건문의 진릿값을 이해하는 데는 약간의 어려움이 있다. 그래서 여기서는 ~, ∧, ∨ 세 가지 진릿값만 알아보자.

먼저 하나의 명제 p에 대하여 ~p는 명제 p가 거짓일 때 참이고, 참일 때 거짓인 명제이다. 예를 들어 거짓인 명제 '5는 짝수이다'를 p라고 할 때 그 부정인 ~p '5는 짝수가 아니다'는 참인 명제인 것이다. 이처럼 명제 ~p의 참과 거짓이 명제 p의 참과 거짓에 달려 있다는 것을 왼쪽과 같은 진리표로 나타낼 수 있다.

p	$\sim p$
T	F
F	T

여기서 주의해야 할 점은 '5는 짝수이다'의 부정은 '5는 홀수이다'가 아니라는 것이다. 이는 '5는 자연수이다'를 부정하면 '5는 자연수가 아니다'이지 '5는 유리수이다'나 '5는 정수이다'가 아닌 것과 같다.

논리곱($p{\wedge}q$)과 논리합($p{\vee}q$)처럼 두 성분으로 이루어진 복합명제에서 검토할 모든 가능성은 다음과 같은 네 가지 경우이다.

① p가 참일 때 q는 참이다.
② p가 참일 때 q는 거짓이다.
③ p가 거짓일 때 q는 참이다.
④ p가 거짓일 때 q는 거짓이다.

이 네 가지 가능성은 오른쪽 진리표의 각 행에 실려 있으며, 마지막 열에는 $p \wedge q$의 진릿값이 적혀 있다. 논리곱 $p \wedge q$는 '이고'라는 말의 뜻에서 알 수 있듯이 p와 q가 각각 참일 때만 $p \wedge q$는 참이므로 단 한 경우에만 $p \wedge q$가 참인 진리표를 갖는다.

p	q	$p \wedge q$
T	T	T
T	F	F
F	T	F
F	F	F

예를 들어 '5는 짝수이다'를 p, '1시간은 60분이다'를 q라고 하면 논리곱 $p \wedge q$는 '5는 짝수이고 1시간은 60분이다'를 나타내는 명제이다. 이 경우 명제 p는 거짓이고 명제 q는 참이므로 $p \wedge q$는 거짓임을 알 수 있다.

논리합 $p \vee q$는 '또는'이라는 말의 뜻에서 알 수 있듯이 p와 q 중에서 하나만이라도 참이면 $p \vee q$는 참이므로 오른쪽과 같은 진리표를 갖는다.

p	q	$p \vee q$
T	T	T
T	F	T
F	T	T
F	F	F

두 명제 p, q에 대하여 논리합 $p \vee q$는 '5는 짝수이거나 1시간은 60분이다'를 나타내는 명제이다. 이 경우는 두 명제 가운데 하나만 참이어도 전체가 참이 된다는 것을 알 수 있다.

페르시아 사람들이 이와 똑같은 명제와 진리표를 사용하여 참과 거짓을 판별하지는 않았을 것이다. 그러나 '선이냐, 악이냐' 하는 이원론적인 종교관과 거짓말을 혐오하는 사회문화적인 풍토로 미뤄볼 때 수학적인 논리 추론으로 접근하는 방법도 강구했으리라고 추측할 수 있다. 이런 논리적인 사고 환경 속에 살아간 고대 페르시아 사람들이 수학을 잘했음은 틀림없다. 고대 그리스의 뛰어난 수학자인 탈레스와 피타고라스가 페르시아의 점령지였던 소아시아와 이집트의 수학까지 모두 배우고 돌아온 사실은 고대 페르시아인의 수학 실력을 단적으로 보여주는 예이다.

유리창을 깨고 거짓말을 한 사람은 누구일까?

상현, 연서, 민준, 형우가 축구를 하다가 공을 잘못 차서 학교 유리창을 깼다. 선생님이 네 사람을 불러서 누가 유리창을 깼는지 물어보자 다음과 같이 대답했다. 지금 4명 가운데 1명만 거짓말을 하고 있다. 과연 누가 유리창을 깼을까?

① 상현 : 민준 아니면 형우가 깼어요.
② 연서 : 형우가 깼어요.
③ 민준 : 저는 깨지 않았어요.
④ 형우 : 저도 깨지 않았어요.

4명 중 각각 1명씩 거짓말을 했다고 가정하고 나머지 조건들에 모순이 없는지 검증하면 이 문제를 해결할 수 있다.

먼저 상현이 거짓말을 했다고 가정하면 ①에서 민준과 형우는 둘 다 깨지 않았고, ②에서 형우가 깼으며, ③에서 민준은 깨지 않았고, ④에서 형우는 깨지 않은 것이 된다. 이는 서로 모순이 되므로 상현은 거짓말을 하지 않았다.

연서가 거짓말을 했다고 가정하면 ①에서 민준이 아니면 형우가 깼고, ②에서 형우가 깨지 않았으며, ③에서 민준이 깨지 않았고, ④에서 형우가 깨지 않은 것이 된다. 이는 서로 모순이 되므로 연서는 거짓말을 하지 않았다.

민준이 거짓말을 했다고 가정하면 ①에서 민준이 아니면 형우가 깼고, ②에서 형우가 깼으며, ③에서 민준이 깼고, ④에서 형우가 깨지 않은 것이 된다. 이는 서로 모순이 되므로 민준은 거짓말을 하지 않았다.

형우가 거짓말을 했다고 가정하면 ①에서 민준이 아니면 형우가 깼고, ②에서 형우가 깼으며, ③에서 민준이 깨지 않았고, ④에서 형우가 깬 것이 된다. 이 경우 네 사람의 이야기는 모두 맞는 말이므로 유리창은 형우가 깼다.

8

신탁을 풀지 못한 아테네인

불가능한 3대

기원전 400년 고대 그리스

국제전 페르시아전쟁에 이어
국내전 펠로폰네소스전쟁을 치르는 그리스

고대 그리스는 에게 해 일대에 흩어져 자치도시들을 만들고 정치적, 경제적, 문화적인 번영을 누리며 페르시아의 침공도 막아냈다. 하지만 아테네와 스파르타 진영의 전쟁으로 힘이 약해졌고, 결국 알렉산드로스 대왕에게 멸망했다.

그리스와 페르시아 병사의 전투
기원전 5세기에 만든 그릇에 새겨진 그림이다.

기원전 2000년경부터 지중해 동쪽의 에게 해 일대에는 고도로 발달한 문명이 생겨났다. 메소포타미아 문명의 영향을 받은 이 문명은 그리스 본토의 남부, 크레타 섬, 소아시아(아시아 대륙의 서쪽 끝에 있는 반도로 흑해, 에게 해, 지중해 등에 둘러싸여 있다. 터키의 대부분을 이루는 아나톨리아 고원 일대를 말한다) 서쪽 이오니아 지역의 트로이 등 넓은 지역에 걸쳐 있었다.

기원전 1200년경에 원시 도리아족은 그들이 살던 그리스 북부의 산악 지역을 버리고 훨씬 살기 좋은 남부로 내려와서 스파르타라는 폴리스(자치도시)를 건설했다. 원래 그 지역에 살던 원주민들은 그리스 중부와 에게 해 건너편 이오니아 지역이나 섬 곳곳으로 흩어져 여러 폴리스들을 만들었다. 비록 그들은 흩어져 살았지만 그리스인으로서의 공동체 의식을 지니고 있었다. 고대 그리스의 아테네는 직접 민주정치를 시행하여 시민(부모가 모두 아테네 태생인 성인 남자)이라면 누구나 발언권과 투표권을 가졌고 관리가 될 수 있었다.

소아시아를 중심으로 거대한 제국을 건설한 페르시아가 이오니아 지역에 있는 그리스 폴리스들을 괴롭히자 아테네는 군대를 보내 그리스인들을 지원했다. 이에 페르시아가 세 차례에 걸쳐 대규모 공격을 감행하면서 페르시아전쟁(기원전 492~기원전 479년)이 일어났으나 그리스는 단결하여 이를 막아냈다.

페르시아전쟁을 승리로 이끈 아테네는 델로스 동맹을 주도하며 그리스 전체의 맹주가 되어 위세를 떨쳤다. 그런데 이에 반발한 스파르타가 펠로폰네소스 동맹을 따로 결성하여 아테네에 맞서면서 두 진영 사이에 30여 년에 걸친 펠로폰네소스전쟁(기원전 431~기원전 404년)이 일어났다. 이 전쟁에서 스파르타가 아테네에 승리했지만 지배권을 오래 누리지는 못하고 테베에 넘겨주고 말았다. 잦은 전쟁으로 힘이 약해진 그리스 세계는 기원전 338년에 북쪽 마케도니아 왕국의 알렉산드로스 대왕에게 정복당했다.

내우외환을 신에게 묻는 아테네인

현재 소아시아 지역은 터키의 영토로 이슬람 영향권 아래에 있지만, 고대에는 주요한 통행로인 바닷길로 인해 소아시아의 서쪽 바다 지역인 이오니아도 그리스 사람들의 활동 무대였다. 기원전 6세기경 이오니아의 그리스 폴리스인 밀레토스에는 탈레스, 아낙시만드로스, 아낙시메

그리스의 철학자들이 그려진 '아테네학당'

아테네는 사상, 철학, 문화의 나라로 유명하다. 이 그림은 라파엘로가 그린 프레스코 벽화이다. 중앙의 플라톤, 아리스토텔레스를 비롯해 디오게네스, 피타고라스, 소크라테스, 유클리드 등이 보인다.

데스 같은 자연철학자들이 활약했고 피타고라스, 크세노파네스 등도 이오니아의 또 다른 폴리스 출신이다.

이오니아의 그리스 폴리스에 대한 페르시아의 침공과 정복이 거세지자 많은 그리스 학자들은 이 지역을 떠나 이탈리아 남부에 있는 폴리스로 떠났다. 피타고라스는 크로톤으로 가서 학교를 세웠고, 크세노파네스는 엘레아에 자리 잡아 제논, 파르메니데스 등과 함께 엘레아학파를 이루었다.

이오니아 지역의 그리스 폴리스에서 페르시아에 저항하는 반란이 일어나자 아테네는 군대를 보내 반란을 도왔다. 페르시아는 반란을 진압했지만, 이에 분노한 다리우스 왕은 아테네를 응징하기 위해 육군과 해군을 조직하여 그리스로 출정했다. 페르시아와 그리스 사이에 페르시아전쟁이 일어난 것이다.

페르시아는 세 번에 걸쳐 원정군을 그리스에 파병했다. 하지만 1차 원정은 폭풍우로 함대가 난파되어 실패했고 2차 원정은 마라톤전투에서, 3차 원정은 살라미스해전에서 각각 그리스에 패배했다. 그리스는 페르시아 대군을 물리쳤지만 페르시아가 다시 침공해 올 것에 대비하여 아테네를

고대 그리스의 여러 폴리스들이다. 북쪽에서 내려온 도리아인은 가장 비옥한 남쪽에 자리 잡았고, 이를 피해 아테네가 중부 지역에 있다. 소아시아 북쪽에 있는 트로이는 트로이전쟁으로 유명하고, 그 위쪽의 마케도니아 왕국이 훗날 그리스 세계를 정복한다.

중심으로 그리스 전역에 있는 200여 폴리스들이 델로스 동맹을 맺었다.

아테네의 지도자 페리클레스는 델로스 동맹을 이용하여 아테네를 재건했고 평화로운 반세기 동안 아테네 역사의 황금기가 펼쳐졌다. 페리클레스와 소크라테스가 있었던 이 도시는 민주와 지성의 중심지로 변모했다. 그리스 전역에 흩어져 있던 많은 학자들은 아테네로 모여들기 시작했다. 이오니아학파의 마지막 뛰어난 인물인 아낙사고라스가 아테네에 정착하여 곳곳에 흩어져 있던 피타고라스학파 사람들이 아테네로 돌아왔으며, 엘레아학파의 제논과 파르메니데스도 아테네로 옮겨 와서 사람들을 가르쳤다.

그러나 델로스 동맹은 각 폴리스의 자립을 원칙으로 하는 전통을 깨트렸다. 아테네의 독주를 겁낸 다른 폴리스들이 스파르타를 중심으로 아테네에 대항하기 시작하면서 갈등이 심해졌다. 결국 아테네와 스파르타

그리스의 **폴리스**

그리스는 넓은 평야 지대가 적고 높은 산맥이 많기 때문에 각 지역이 고립되어 사람들이 여러 곳으로 흩어져 살 수밖에 없었다. 중앙집권적인 국가가 형성되기 어려운 지형이었던 것이다. 이렇게 분산된 지역에 생겨난 것이 수백 개에 이르는 폴리스들이다. 폴리스는 그다지 크지 않아 국가라기보다 자치도시에 가까웠으며, 보통 성벽으로 둘러싼 중심지가 주변의 농촌 지역까지 포괄했다. 폴리스 중심의 언덕에는 아크로폴리스(신전과 요새)와 시장(아고라)이 있었다.

폴리스들은 각자 자신의 상황과 조건에 따라 정치적으로 귀족정이나 민주정을 만들었고 사회적, 경제적으로도 조금씩 차이를 보였다. 하지만 그들은 공통의 종교와 스포츠로 결속되어 있었다. 최고신 제우스를 비롯한 올림포스의 열두 신을 섬겼는데, 고대 그리스인이 스스로를 일컫는 '헬레네스'라는 말은 제우스의 아내이자 누이인 '헤라'의 지손이라는 뜻이다. 또한 4년마다 각지의 폴리스 사람들이 함께 모여 제우스 신의 성역인 올림피아에서 제전을 열고 체육대회를 치렀다.

사이에 펠로폰네소스전쟁이 시작되어 그리스 전체가 전쟁에 휘말리면서 평화 시대는 끝나고 말았다. 전쟁 초기에는 승리의 여신이 아테네를 편들어주는 것 같았다. 하지만 전쟁이 일어난 지 2년째 아테네에는 갑자기 무서운 전염병이 돌았다. 페스트로 추정되는 이 전염병으로 아테네는 지도자 페리클레스를 비롯하여 인구의 3분의 1을 잃었다. 외부에 맞서야 하는데 내부에 심각한 문제가 터지면서 힘이 빠진 아테네는 결국 스파르타에 굴욕적인 항복을 할 수밖에 없었다.

그런데 아테네의 전염병과 관련한 이야기가 전해진다. 아직 의학이 발달하지 않았을뿐더러 올림포스 열두 신에 대한 신앙심이 깊었던 아테네 사람들은 이 전염병을 신의 재앙이라고 여겼다. 그들은 신탁을 듣기 위해 델로스의 아폴론 신전으로 몰려갔고, 아폴론은 다음과 같은 신탁을 내렸다.

마라톤이 씁쓸한 이란

그리스에 대한 2차 침공 때 페르시아 군대는 아테네 북동쪽으로 30여km에 있는 마라톤 평야에 상륙했지만 아테네군이 페르시아군을 격파하여 그리스를 지켜냈다. 이 전투의 승리를 알리려고 페이디피데스라는 병사가 가파른 언덕과 거친 골짜기를 건너 전력을 다해 아테네로 달려갔다. 그리고 그 병사는 그리스의 승전보를 전하자마자 탈진하여 죽어버렸다.

여기에서 유래하여 1896년 제1회 올림픽대회부터 마라톤은 육상의 정식 종목으로 채택되어 마라톤 평야에서 아테네까지 달리는 경기를 벌였다. 1927년에 최초로 아테네와 마라톤 평야 사이의 거리를 측정했는데 36.75km였다. 오늘날과 같이 42.195km를 달리게 된 것은 제4회 올림픽대회 이후부터인데, 달리기 거리가 바뀌게 된 이유는 알려져 있지 않다.

재미있는 점은 이란이 지금도 마라톤 경기에 참여하지 않는다는 사실이다. 전 세계의 다른 나라에게 마라톤은 단순한 운동경기에 불과하지만, 페르시아의 후예인 이란에는 중요한 전투의 패배를 기념하는, 기분 나쁘고 씁쓸한 경기이기 때문이다.

"내 신전 앞에 놓인 정육면체의 제단은 그 모양은 좋으나 크기가 조화롭지 못하다. 그러니 이 제단을, 모양은 그대로인 채 부피만 정확하게 2배인 정육면체로 바꾸어라. 그리하면 재앙도 사라지고 전쟁에서 승리하리라."

아테네 사람들은 아폴론의 계시를 듣고 크게 기뻐하며 제단을 개축했다. 하지만 새로운 제단이 완성됐는데도 전염병은 전혀 진정되지 않았다. 이에 난처해진 민회의 지도자들이 저명한 수학자에게 그 원인을 규명해

서로 너무 다른 **아테네와 스파르타**

고대 그리스의 폴리스들 중에서 가장 힘이 셌던 아테네와 스파르타는 거의 머리끝부터 발끝까지 달랐다. 아테네는 이오니아인이, 스파르타는 도리아인이 세웠는데 두 종족은 친척에 가까웠지만 앙숙으로 지냈다. 아테네는 해안에 위치하여 상공업이 발달했고, 상대적으로 내륙에 위치했던 스파르타는 농업과 공업 중심의 사회였다. 아테네는 민주정치를 하면서 정치, 문화, 예술이 발달한 데 비해 스파르타는 왕이 있었고 실권은 귀족이 쥐었으며 군사력이 강했다. 그리스의 다른 폴리스들도 크게 아테네형(아티카형)이나 스파르타형(라코니아형)으로 나뉘었다.

스파르타는 사회 전체를 군대처럼 운영했다. 자신들보다 훨씬 많은 원주민들을 노예로 부렸던 그들은 노예들이 반란이 일으킬까 봐 두려웠고 유사시에는 언제든 진압해야 했기 때문이다. 스파르타의 남자아이는 허약하게 태어나면 전사로 성장할 가능성이 없다고 판단되어 죽임을 당했다. 그리고 일곱 살 때부터 학교에 가서 집단생활을 했는데 철학, 예술, 음악을 공부하는 대신 전사가 되는 훈련을 했다. 강인하고 과묵해야 한다고 교육받은 아이들은 이따금 이유 없이 맞기도 했는데, 그 목적은 오로지 고통에 익숙해지도록 하기 위해서였다. 지금도 혹독한 교육 방식을 가리켜서 '스파르타식 교육'이라고 말한다.

스파르타의 여자아이도 전사의 어머니가 되기 위해 운동을 배우고 강해져야 했다. 스파르타의 어머니들은 아들이 전사다운 행동을 해야 칭찬했고 용감한 행동을 하면 상을 주었다. 전쟁터로 떠나는 아들에게는 "네 방패를 가지고 돌아오든지 방패를 덮고 돌아오너라"라고 말했다. 기필코 승리하되, 그러지 못한다면 전쟁터에서 적군과 싸우다가 죽으라는 말이다.

이렇게 폴리스 전체가 군대 조직 같았던 스파르타가 결국 아테네를 이겼지만, 인류의 문명을 풍요롭게 해준 것은 아테네가 이루었던 정치, 문화, 예술이다.

델로스의 유적지들

델로스 섬은 에게해에 있는 그리스의 아주 작은 섬이다. 그리스 신화에 따르면 아폴론과 아르테미스는 이 섬에서 태어났다.

달라고 요청했다. 제단을 유심히 살펴본 수학자는 이렇게 말했다.

"당신들은 참으로 어리석군요. 각 변의 길이를 2배로 하면 부피는 8배가 되어 신의 노여움만 증가할 뿐이오."

아폴론의 신탁을 이행하지 못해선지 아테네는 결국 스파르타에 지고 만다.

주어진 정육면체의 2배 부피가 되는 정육면체 작도는 불가능하다

아폴론이 아테네 사람들에게 주문한 것은 '델로스의 문제'라고 불리는 정육면체의 배적에 관한 문제이다. 고대 그리스인은 눈금 없는 자와 컴퍼스만 가지고 이 문제를 해결하려 했다. 눈금 없는 자와 컴퍼스만 이용하여 여러 도형을 그리는 것을 '작도'라고 하는데, 고대부터 지금까지 가장 흥미롭고 재미있는 작도 문제는 다음과 같은 '불가능한 3대 작도' 문제로 아폴론의 신탁도 이에 해당한다.

① 임의의 각을 삼등분하라.
② 주어진 원과 같은 넓이를 갖는 정사각형을 작도하라.
③ 주어진 정육면체 부피의 2배가 되는 정육면체를 작도하라.

이 문제들의 작도가 '불가능하다'는 것은 이미 증명됐다. 혹시 오해가 생길까 봐 미리 밝혀 두는데, 여기에서 '불가능'의 의미는 자와 컴퍼스만 이용한 기본 작도로는 안 된다는 뜻이다. 즉 자와 컴퍼스 이외의 도구를 써서도 임의의 각을 삼등분할 수 없다거나, 원과 같은 넓이를 가진 사각형이 존재하지 않는다거나, 주어진 부피의 2배가 되는 정육면체가 존재하지 않는다는 것은 아니다.

3대 작도 문제가 불가능한

아폴론 동상
올림포스 12신 중 한 명으로 태양, 음악, 시, 예언 등을 관장하는 신이다.

이유를 알아보기 전에 먼저 '눈금 없는 자와 컴퍼스만 사용하여 작도하라'는 의미를 살펴보자.

눈금 없는 자로 그릴 수 있는 도형은 직선이고, 컴퍼스로 그릴 수 있는 도형은 원이다. 따라서 눈금 없는 자와 컴퍼스만으로 작도하여 얻을 수 있는 것은 원과 원, 원과 직선, 직선과 직선 등이다. 또한 컴퍼스를 이용하면 평면 위의 선분을 다른 곳으로 이동할 수 있다. 결국 어떤 도형을 작도할 수 있는지 없는지 알아보는 것은 이런 것들을, 유리수를 계수로 갖는 방정식으로 바꾸어 원과 직선을 나타내는 각종 방정식을 연립한 후 연립방정식을 만족하는 해가 있는지 없는지 구하는 것과 같다.

위와 같은 사실을 대수적으로 표현해 보자.

반지름이 r인 원의 방정식은 $x^2+y^2=r^2$이고 직선의 방정식은 $y=ax+b$

원의 방정식

원의 중심이 $C(a, b)$에서 반지름 r만큼 떨어져 있는 임의의 점을 $P(x, y)$라고 하면, 두 점 $C(a, b)$와 $P(x, y)$ 사이의 거리는 r이므로 두 점 사이의 거리를 구하는 식에 대입하면

$$\sqrt{(x-a)^2+(y-b)^2}=r$$

이고, 양변을 제곱하면

$$(x-a)^2+(y-b)^2=r^2$$

이것이 점 (a, b)를 중심으로 하고 반지름이 r인 원의 방정식이다.

근의 공식

$ax^2+bx+c=0$, 단 a, b, c는 실수이고 a가 0이 아닐 때 이 방정식의 두 해 x_1, x_2는 아래와 같다.

$$x_{1,2}=\frac{-b\pm\sqrt{b^2-4ac}}{2a}$$

이므로 직선의 방정식을 원의 방정식에 대입하면

$$x^2+(ax+b)^2=r^2 \Longleftrightarrow (a^2+1)x^2+2abx+b^2-r^2=0$$

이고, 이것은 이차방정식이므로 근의 공식에 대입하면 다음과 같은 이차방정식의 근을 얻는다.

$$x=\frac{-ab\pm\sqrt{(a^2+1)r^2-b^2}}{a^2+1}$$

결국 이차방정식의 근은 미지수의 계수에 가감승제와 제곱근($\sqrt{\ }$)을 유한 번 사용하여 만들어지는 수들이다. 따라서 작도가 가능한 수는 유리수와 제곱근에 가감승제를 유한 번 사용하여 만들 수 있는 수이다. x는 사칙연산 및 제곱근만을 취하여 얻을 수 있다.

예를 들어 제곱하여 2가 되는 $\sqrt{2}$는 작도할 수 있어도 세제곱하여 2가 되는 $\sqrt[3]{2}$는 제곱근을 유한 번 사용해도 얻을 수 없으므로 작도할 수 없는 수이다. 또한 원주율 π도 마찬가지 이유로 작도할 수 없다.

이제 눈금 없는 자와 컴퍼스만 사용하는 3대 작도 문제가 불가능하다는 것을 하나씩 자세히 살펴보자.

임의의 각을 삼등분하라

이 문제는 작도가 되지 않는 예를 보여줌으로써 증명할 수 있다. 여기서는 크기가 $60°$인 각을 삼등분할 수 없음을 보이자.

오른쪽 그림과 같이 크기가 θ인 각을 작도하는 것

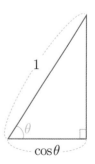

은 길이가 $\cos\theta$인 직각삼각형의 한 변을 작도하는 것과 같다. 그런데 이것을 확인하기 위해서는 다음과 같은 삼각함수의 두 가지 공식이 필요하다.

$$\cos(x+y)=\cos x \cos y-\sin x \sin y$$
$$\sin(x+y)=\sin x \cos y+\cos x \sin y$$

60°인 각을 삼등분하면 20°이므로 $\theta=20°$라고 하면 $60°=3\theta$이다. 결국 60°인 각을 삼등분하는 것은 $\cos3\theta$를 이용하여 $\cos\theta$의 값을 구할 수 있는지 묻는 것이다. 그런데 위의 공식에 의하면

$$\cos3\theta=4\cos^3\theta-3\cos\theta$$

이고, $\cos3\theta=\cos60°=\dfrac{1}{2}$이다. 이제 우리가 작도하려는 $\cos\theta$를 x라고 하자. 즉 $\cos\theta=x$라고 하면 위의 식은

$$\frac{1}{2}=4x^3-3x \iff x^3-\frac{3}{4}x-\frac{1}{8}=0$$

이다. 결국 크기가 60°인 각을 삼등분하는 것은 위 삼차방정식의 근이 어떤 것인지 묻는 것이다. 이때 $A=\sqrt[3]{\dfrac{1+\sqrt{5}}{16}}$, $B=\sqrt[3]{\dfrac{1-\sqrt{5}}{16}}$라고 하면 이 삼차방정식의 세 근 x_1, x_2, x_3은 다음과 같다.

$$x_1=A+B \qquad x_2, x_3=-\frac{1}{2}(A+B)\pm\frac{\sqrt{3}i}{2}(A-B)$$

세 근은 모두 세제곱근인데, 앞에서 이미 세제곱근은 작도할 수 없다고 했으므로 $\theta=60°$를 삼등분할 수 없다.

임의의 각을 삼등분하는 작도가 불가능하다고 해서 모든 각을 삼등분하는 작도가 불가능하다는 뜻은 아니다. 가령 직각은 눈금 없는 자와 컴

퍼스만으로 아주 간단하게 삼등분할 수 있다. 즉 주어진 직각에 대하여
중심을 O로 하여 적당히 컴퍼스를 벌려서 적당한 반지름의 호 $\overarc{AB}$를 그
리자. 그다음 각각 A, B를 중심으로 하여 같은 크기로 반지름의 호를 그
리면 처음 호 $\overarc{AB}$와 만나는 점 C, D가 생긴다. 그러면 직각 AOB는 반직
선 $\overline{OC}$, $\overline{OD}$에 의해 삼등분된다.

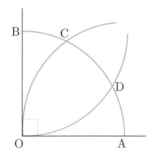
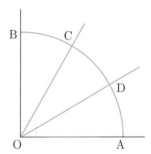

주어진 원과 같은 넓이를 갖는 정사각형을 작도하라

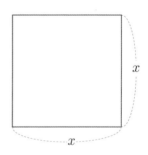

주어진 원의 반지름을 r, 작도하고자 하는 정사각형의 한 변의 길이를
x라고 하면

$$x^2 = \pi r^2, \ r > 0, \ x > 0$$

이므로 $x=r\sqrt{\pi}$이다. 그러나 π는 작도가 불가능하므로 $\sqrt{\pi}$도 작도가 불가능하고 결국 $r\sqrt{\pi}$도 작도가 불가능하다. 그러므로 주어진 원과 넓이가 같은 정사각형을 작도할 수 없다.

주어진 정육면체 부피의 2배가 되는 정육면체를 작도하라

주어진 정육면체의 한 변의 길이를 a, 작도하고자 하는 정육면체의 한 변의 길이를 x라고 하자. 그러면

$$x^3=2a^3,\ a>0,\ x>0$$
$$\therefore\ x=\sqrt[3]{2}\,a$$

그런데 $\sqrt[3]{2}$의 작도가 불가능하므로 x도 작도할 수 없다.

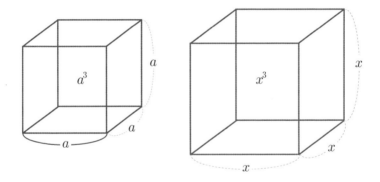

아폴론이 주문한 '주어진 정육면체의 2배 부피가 되는 정육면체' 문제는 애초에 자와 컴퍼스만으로 작도할 수 없는 문제였던 것이다. 이것은 아폴론이 짓궂다기보다는 수학적 난제를 간파한 그리스 사람들의 수학 실력을 엿볼 수 있는 이야기이다.

9

담대한 이상가인 알렉산드로스 대왕

매듭 이론

기원전 300년 알렉산드로스 제국

동서양을 아울러 대제국을 건설한 알렉산드로스

그리스 북쪽에 있는 마케도니아왕국의 필리포스 2세가 그리스를 장악하여 통일했고, 그 아들인 알렉산드로스는 10년에 걸친 정복 전쟁으로 이집트부터 인도까지 대제국을 건설했다.

그리스가 내전인 펠로폰네소스전쟁을 치른 후 서서히 기울어가는 동안 북쪽의 마케도니아왕국은 점차 세력을 키우고 있었다. 같은 그리스 계통이면서도 오랫동안 부족사회에 머물렀던 마케도니아왕국은 필리포스 2세 때 강국으로 등장하여 기원전 338년에 아테네와 테베 등의 그리스 연합군을 물리치고 그리스를 장악했다. 그리고 마케도니아왕국을 맹주로 하여 그리스 세계 전체를 하나로 묶었다.

필리포스 2세가 암살당하자 알렉산드로스가 스무 살의 나이로 왕위에 올랐다. 기원전 334년, 알렉산드로스 대왕은 아버지를 뒤이어 지중해와 오리엔트를 통합하여 하나의 세계로 만들겠다는 야망을 품고 정복 전쟁에 나섰다. 마케도니아왕국과 그리스 연합군을 이끌고 동쪽으로 가서 먼저 이집트를 정복하고(기원전 332년), 페르시아를 멸망시켰으며(기원전 331년), 인도의 인더스 강 유역까지 차지하고(기원전 324년) 돌아왔다. 알렉산드로스 대왕이 정복 지역에 그리스 문화를 전파하고 오리엔트 고유의 문화를 수용하면서 두 문화가 합쳐진 헬레니즘 문화가 새롭게 탄생했다. 정복 전쟁에 나선 지 불과 10년 만에 유럽, 아시아, 아프리카에 이르는 대제국을 건설한 알렉산드로스 대왕은 서른두 살의 나이로 요절했다.

알렉산드로스 대왕이 갑자기 죽은 후 부하 장군들끼리 후계자 싸움이 벌어진 알렉산드로스 대제국은 그리스인이 지배하는 시리아(서아시아), 이집트, 마케도니아 세 나라로 나누어져 알렉산드로스 대왕의 부하 장군과 그 후손들의 지배를 받았다. 알렉산드로스 대왕이 건설하여 마지막까지 남은 이집트 왕조가 클레오파트라의 죽음으로 로마에 멸망하면서 기원전 30년에 알렉산드로스 제국은 끝난다.

알렉산드로스 동상
그리스 마케도니아 지방의
데살로니카 시에 있다.

완벽한 영웅을 꿈꾸다

인류의 역사에 등장했던 제국들 중 넓이로는 몽골제국이 으뜸이지만, 제국의 건설 속도로는 알렉산드로스 제국이 최고이다. 알렉산드로스 대왕은 상당히 독특한 정복자로, 그와 관련된 일화가 많이 전해져 여러 면에서 그의 사람 됨됨이를 추측할 수 있다.

아버지 필리포스 왕은 인질로 그리스의 테베에 가 있는 동안 이미 그리스 연합에 대한 구상을 하면서 그리스 전역을 지배하겠다는 야심을 키웠는데, 아들 알렉산드로스에게도 야망과 능력을 키워주려고 일종의 영재교육을 시켰다. 당시 그리스 최고의 학자로 손꼽히던 아리스토텔레스를 아들의 가정교사로 초빙하여 좋은 교육을 받게 했으며 대제국 건설을 향한 꿈을 수시로 일깨웠다.

알렉산드로스는 아버지의 꿈을 실현할 정도로 야심만만했다. 아들은 소년 시절부터 미지의 세계를 모험하고 정복하는 영웅을 꿈꿨고, 아버지는 그 꿈을 구체적으로 부채질한 것이다. 필리포스 왕이 그리스의 폴리스들을 정복할 때마다 알렉산드로스는 "아버지 때문에 내가 왕이 될 때쯤에는 정복할 땅이 하나도 남지 않겠다"라고 말했다고 한다.

알렉산드로스는 용맹했을 뿐만 아니라 훌륭한 스승의 교육을 잘 소화

알렉산드로스 대왕의 흉상
알렉산드로스는 곱슬머리의 잘생긴 얼굴을 가지고 있었다. 생애 말년에는 뚱뚱해지고 못생겨졌다.

하여 철학에 조예가 깊었고 영리했다. 다음과 같은 일화도 전해진다.

필리포스 왕이 '부케팔루스'라는 멋진 말을 샀는데 성질이 너무 사나워 그 말에 올라타는 사람들을 모두 내동댕이치는 바람에 아무도 길들이지 못했다. 알렉산드로스는 부케팔루스가 자기 그림자에 놀라서 날뛴다는 것을 알아차렸다. 그는 자신이 부케팔루스를 타보겠다고 하고는 그 말이 태양을 바라보고 서 있게 했다. 그런 다음에 부케팔루스를 쓰다듬자 그 말은 가만히 순종했고 알렉산드로스는 잽싸게 올라탔다. 물론 부케팔루스는 그의 애마가 됐다.

알렉산드로스는 정복 전쟁을 하면서 다른 정복자들처럼 도시도 파괴하고 보물도 챙겼지만, 상대에 따라 적절한 대우와 결단을 하는 것으로 주목받았다. 그가 패배시킨 페르시아의 다리우스 3세가 자기 부하에게 암살당하자 비록 적국의 왕이었지만 왕의 예우에 맞게 성대한 장례식을 치러줬다. 또한 인더스 강 유역에서 인도 군대를 격퇴하고 인도의 왕 포로스를 포로로 사로잡았을 때 알렉산드로스가 취한 행동도 유명하다. 알렉산드로스가 자기 앞에 끌려온 포로스에게 "무엇을 원하느냐?"고 묻자 그는 "나를 왕답게 대우해 달라!"고 대답했다. 알렉산드로스가 "달리 원하는 것은 없는가?"라고 다시 묻자 "그것

알렉산드로스 대왕의 대제국과 원정로
부왕이 물려준 통일 그리스를 기반으로 알렉산드로스는 동방 정복 전쟁에 나서 인도까지 나아갔다. 인더스 강 유역까지 정복한 뒤 갠지스 강까지 진출하려 했지만 오랜 전쟁에 지치고 인도의 토양과 기후에 시달린 부하들이 따라주지 않아 결국 돌아왔다. 하지만 모험가답게 한번 나아갔던 길과는 다른 길로 돌아왔다.

뿐이다!"라는 포로스의 대답이 돌아왔다. 인도 왕의 당당한 태도가 인상 깊었던 알렉산드로스는 그에게 왕국을 다시 돌려줬다.

개인적인 일에서도 그런 담대한 면모가 엿보인다. 알렉산드로스는 애첩 판타스테를 몹시 아꼈다. 그래서 자기 애첩을 모델로 삼아 미의 여신을 그리라고 화가에게 주문했는데, 그만 애첩과 화가가 서로 사랑에 빠지고 말았다. 이 사실을 알게 된 알렉산드로스는 고뇌와 번민에 빠졌다. 그들을 죽일 것인가? 하지만 그는 애첩을 화가에게 양보하기로 결단하고 두 사람의 사랑을 인정했다.

이런 모습들을 통해 알렉산드로스가 당시 고도로 수준 높았던 그리스 철학을 체화했으며 그리스 문학에 담겨 있는 용기, 열정, 낭만을 꿈꾼 창조적인 모험가였음을 알 수 있다. 그는 어린 시절에 『일리아스』와 『오디세이아』를 감명 깊게 읽고서 그 책들을 끼고 살았다고 한다. 그리스 남자들과 오리엔트 여자들의 결혼정책도 정복지를 수월하게 지배하기 위한 형식적인 미봉책이 아니라, 동방의 풍요로움에다 그리스의 지혜를 융합하여 새로운 세계를 만들겠다는 커다란 계획의 일환이었다. 자신도 박트리아 귀족의 딸인 로크사네와 결혼하는 솔선수범을 보였는데, 그는 전장에서도 가장 용감하게 싸웠다고 한다.

마케도니아 사람들은 물론 그에게 정복당한 그리스의 다른 폴리스 사람들도 기꺼이 알렉산드로스를 따르면서 정복 원정에 동참했던 것은 알렉산드로스를 무식한 정복자가 아니라 그리스 문화를 대변하는 지도자로 인정했기 때문일 것이다.

동서양의 융합, 헬레니즘

어릴 때부터 호메로스의 영웅 서사시 『일리아스』와 『오디세이아』를 탐독한 알렉산드로스는 새로운 세상을 건설하려는 모험과 열정으로 충만했다. 다른 정복자들과 달리 알렉산드로스는 영토의 확보를 넘어 서방과 동방의 문화를 통합하여 새로운 문명 세계를 만들려고 했다. 결혼 정책, 아프리카의 이집트부터 인도의 인더스 강 유역까지 그리스 양식의 도시 건설, 정복지의 전통과 문화 존중 등은 아래의 오리엔트 문명과 위의 그리스 문명을 내용적으로 융합하려는 시도였다.

알렉산드로스의 원대한 꿈은 요절함으로써 좌절됐지만 당시의 국제 세계에 엄청난 영향을 미쳤다. 인도에서 지중해에 이르는 동서 교통로가 열렸고, 각 지역의 문명이 다른 지역들로 보급되고 합쳐져서 그리스 문화가 동방 세계에 널리 뿌리내렸으며, 오리엔트의 고유문화와 융합한 그리스풍 세계 문화가 새롭게 생겨났다. 이를 헬레니즘 문화라고 부르는데, 기독교적인 헤브라이즘과 함께 서양 문명의 2대 조류가 됐다.

한편 이전의 그리스 문화가 공동체 의식이 강하다면 헬레니즘 문화는 세계시민 의식과 개인주의 성향이 강하다. 비좁은 폴리스를 벗어나 드넓은 지역을 넘나들다 보니 폐쇄성과 배타성을 벗어던지고 다른 민족과 문화를 열린 시선으로 바라봤지만, 한편으로는 불분명한 소속으로 개인 중심이 될 수밖에 없어 개인의 행복을 추구하는 스토아철학이 인기를 끌었다. 예술에서도 조화, 균형, 절제를 중시했던 고대 그리스와 달리 현실적인 아름다움을 추구하여 인간의 육체와 감정을 솔직하게 드러냈다.

한편 알렉산드로스는 명예욕이 강했으며 품위를 중시했다. 그는 정복한 곳마다 그리스식 도시를 만들고 모두 자기 이름을 따서 '알렉산드리아'라고 명명했다. 그런 도시들이 무려 70여 개에 이르렀는데, 그중에서 가장 유명한 알렉산드리아가 이집트의 알렉산드리아이다.

이 도시는 인구가 50만 명이나 됐고 겨울에 내리는 눈 빼고는 세상의 모든 것이 다 있었다고 하는데, 세계 최대의 도서관인 알렉산드리아 도서관과 세계 최초의 등대인 파로스 등대가 유명하다. 알렉산드리아 도서관에는 '지구상에 있는 모든 민족의 책'을 수집하여 양피지로 70만 두루마리(두루마리 하나는 책 160권 분량이었다고 전해진다)가 소장되어 있었지만 로마와의 전쟁, 기독교·이슬람교 간의 분쟁을 수차례 겪으면서 점차 훼손되어 모두 사라져버렸다.

철학자 디오게네스와 알렉산드로스 **대왕의 문답**

알렉산드로스가 정복 왕으로 이름을 드높일 때 그리스에는 디오게네스라는 철학자가 있었다. 디오게네스는 키니코스학파에 속했는데, 이 학파는 쾌락을 멀리한 채 단순하고 간소한 생활을 하며 권력 같은 세속적인 세상사에 속박되지 않는 자유를 추구했다. 디오게네스도 모든 것을 버리고 거의 알몸으로 광장의 통 속에 살고 있었다. 모든 사람들이 환호하고 비위를 맞추기에 급급한데도 자신을 전혀 개의치 않는 철학자에게 알렉산드로스는 호기심이 생겨서 직접 찾아갔다.

화려한 갑옷을 입고 멋진 깃털 장식을 단 투구를 쓴 알렉산드로스가 통 앞에 서서 디오게네스에게 "그대가 마음에 든다. 원하는 것을 말하라. 무엇이든 들어주겠다"라고 말했다. 마침 기분 좋게 햇볕을 쬐며 누워 있던 디오게네스가 이렇게 말했다. "소원이 하나 있긴 하오." 이에 알렉산드로스가 "어서 말해 보라"고 대답을 재촉했다. 그러자 디오게네스는 "왕께서 햇빛을 가리시니 좀 비켜주시오"라고 말했다. 이 말을 들은 알렉산드로스는 "내가 알렉산드로스가 아니라면 디오게네스가 되고 싶다"고 응수했다. 알렉산드로스와 디오게네스는 서로가 무엇을 말하는지 알아들었다.

말라리아에 걸려 고열에 시달리던 알렉산드로스가 누구를 후계자로 삼을 것이냐는 물음에 "가장 품위 있는 자!"라고 대답했다는 일화는 그가 품위를 얼마나 중요하게 생각했는지 잘 알려준다. 하지만 알렉산드로스가 죽은 뒤 부하 장군들은 품위와 상관없이 스스로 후계자를 자처하며 치열하게 싸워서 그가 건설한 대제국은 세 나라로 쪼개졌다. 그 후계 싸움에서 왕비 로크사네와, 그녀가 낳은 알렉산드로스의 유일한 혈통인 유복자 알렉산드로스 4세, 그리고 알렉산드로스의 어머니도 죽임을 당했다.

고르디오스 매듭을 단칼에 잘라버린 알렉산드로스

페르시아 정복에 나선 알렉산드로스가 소아시아에 있는 프리지아 왕국의 수도 고르디온에 도착했다. 도시 한가운데에 제우스 신전이 있었다. 이 신전 기둥에는 오래된 전차 한 대가 물푸레나무 껍질로 만든 매듭으로 복잡하게 단단히 묶여 있었다. 이 광경을 보고 궁금해진 알렉산드로스가 무엇인지 묻자 사람들은 고르디온을 수도로 세운 고르디오스 국왕에 대한 전설을 들려줬다.

고르디오스는 원래 프리지아 사람이 아니라 이웃 나라 농부의 아들로 태어났다. 어느 날 쟁기로 밭을 갈고 있는데 독수리 한 마리가 쟁기 자루에 앉아서는 하루 종일 떠나지 않았다. 이를 기이하게 여긴 고르디오스는 마을 사람들 모두가 예언 능력을 가지고 있었던 티르메소스라는 마을에 가서 자신이 겪은 일을 말했다. 티르메소스 사람들은 우물에서 물을

긷던 처녀가 제우스 신전에 그 독수리를 제물로 바쳐야 하고, 고르디오스가 그 처녀와 결혼해야 한다고 말했다. 고르디오스와 처녀의 그 결혼으로 태어난 아이가 바로 그리스 신화의 유명한 미다스(손으로 만지는 모든 것이 황금으로 변했다는 그리스 신화의 왕)이다.

그런데 당시 프리지아에 내란이 끊이지 않는 등 나라가 어수선해지자 제사장이 신전에 가서 신탁을 구했다. 맨 먼저 이륜 전차를 타고 오는 사람이 나라를 구하고 왕이 되리라는 신탁이 내려왔지만, 프리지아에는 이륜 전차가 드물어 모두들 의아해했다. 그때 고르디오스가 이륜 전차를 타고 프리지아를 지나가자 사람들은 그를 왕으로 추대했고, 왕이 된 고르디오스는 프리지아의 수도인 고르디온을 세웠다.

자기 쟁기에 독수리가 앉아 왕이 되리라는 것을 암시했다고 여긴 고르디오스는 독수리가 제우스의 상징이므로 고르디온에 제우스 신전을 세웠다. 그리고 왕이 된 것을 기념하고자 자신이 타고 온 이륜 전차를 신전 기둥에 꽁꽁 묶었다. 그 뒤에 이 전차의 매듭을 푸는 사람이 아시아 전체를 지배한다는 신탁이 내려져 많은 사람들이 그 매듭을 풀려고 시도했지만 그때까지 아무도 성공하지 못했다.

이 전설을 들은 알렉산드로스는 가까이 가서 그 매듭을 한번 살펴봤다. 그리고 자기 칼을 빼 들어 매듭을 반으로 잘라버리고는 "내가 매듭을 풀었다"고 말했다. 즉 자신이 예언에 따라 아시아 전체의 지배자가 된다는 것이다. 다른 사람들이 매듭을 하나하나 풀어내려고 애쓸 때 알렉산드로스는 전혀 다른 방법으로 매듭을 풀었고, 이 일화는 대담한 방법을 써서 매듭을 푸는 창조적인 발상의 예로 많이 회자된다.

수학적 탐구 대상이 된 매듭과 매듭 이론

알렉산드로스가 대담한 방법으로 '고르디오스의 매듭'을 풀어냈다는 이야기는 매듭을 푸는 일이 생각만큼 단순하지 않다는 것을 암시하기도 한다.

오늘날 수학에는 '매듭 이론'이라는 분야가 있다. 실생활에서 사용하는 매듭은 일반적으로 줄을 꼬아 묶은 것을 일컫는다. 하지만 수학의 매듭은 고무 밴드처럼 줄의 양쪽 끝이 맞붙은 것을 가리킨다. 매듭 이론에서는 하나의 매듭을 자르지 않고 조금씩 움직여서 다른 매듭으로 바꿀 수 있을 때 두 매듭은 같은 형태를 지닌다고 말한다. 즉 매듭의 모양이 다르더라도 매듭 이론의 관점에서는 같은 매듭이 될 수 있는 것이다. 매듭 이론은 이처럼 서로 다른 매듭들을 분류하려는 데에서 출발했다.

여러 방법에 의해 매듭을 분류할 수 있겠지만, 매듭을 분류하는 방법들 중 하나는 '교차점의 수'이다. 매듭 이론에서 가장 간단한 매듭은 꼬인 곳이 없는 매듭으로 아래의 왼쪽 그림과 같은 원형매듭(또는 풀린 매듭)이다. 원형매듭 이외의 나머지 매듭은 모두 끈을 조금씩 움직이면 원형매듭과 같은 매듭이 되므로 사실은 전부 원형매듭이다.

자명한 매듭인
원형매듭

삼차원 공간에서 꼬아놓은 상태를 조금씩 움직이면 왼쪽의 원형매듭이 된다.

1900년에 이르러서 영국 수학자 P. G. 테이트와 C. N. 리틀은 교차점의 수가 10개 이하인 매듭을 거의 분류해 낸다. 분류된 매듭의 이름은 3_1은 세잎매듭, 4_1은 8자매듭, 5_1은 오엽매듭 등과 같이 보통 그 모양에 따라 붙여진다.

하지만 교차점의 수가 9개인 매듭이 수십 개이고 10개인 매듭이 수백 개가 되어 매듭의 수는 교차점에 따라 기하급수적으로 증가하여 단순히

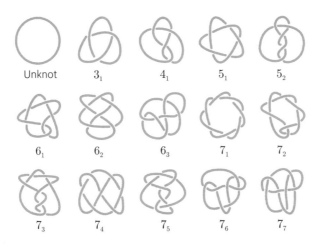

Unknot 3_1 4_1 5_1 5_2

6_1 6_2 6_3 7_1 7_2

7_3 7_4 7_5 7_6 7_7

나열하는 방법을 통한 매듭 연구는 곧 한계에 도달한다.

　20세기에 들어서면서 매듭 이론은 더욱 발전하게 되는데, 독일 수학자 막스 덴은 교차점이 3개인 세잎매듭이 다음과 같이 왼세잎매듭과 오른세잎매듭 두 종류가 있다는 것을 밝혔다. 얼핏 보기에는 두 매듭이 같은 매듭인 것처럼 보이지만, 가위로 줄을 끊어내지 않고서는 아무리 애써도 하나를 다른 하나로 변형시킬 수 없기 때문에 이 둘은 비슷해도 서로 다른 매듭이다.

왼세잎매듭   오른세잎매듭

　왼세잎매듭과 오른세잎매듭이 서로 다르다는 것을 알기 위해서는 매듭의 모양에 따라 변하지 않는 어떤 수학적인 것이 필요하다. 이것을 매듭의 불변량이라고 하는데, 불변량을 구하는 방법은 매듭의 교차점의 수,

매듭의 대수적인 구조와 더불어 점화식으로 계산이 가능한 것까지 매우 다양하다.

우리는 평면에 매듭을 그릴 때 교차점을 위와 아래로 표시한 폐곡선으로 그린다. 이와 같이 평면 위에 그려진 매듭이 언제 같아질지를 알아내는 풀이가 독일 수학자인 쿠르트 라이데마이스터에 의해 알려졌다. 그는 같은 두 매듭은 다음 그림과 같이 세 종류의 변형에 의해 하나로부터 반드시 다른 하나가 얻어진다는 것을 알았다. 매우 간단해 보이는 이 변형을 사용하여 매듭을 구별하는 것은 어렵지만 매듭으로부터 정의된 양이 불변량임을 증명하는 데 유용하게 사용된다.

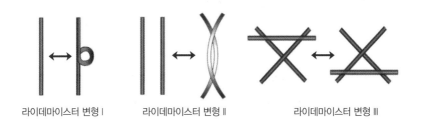

라이데마이스터 변형 I　　라이데마이스터 변형 II　　라이데마이스터 변형 III

매듭 이론은 현재까지 여러 방향으로 급격한 발전을 이루었다. 선진국을 중심으로 지난 30년간 대단한 성과를 거두어 매듭을 연구하는 많은 수학자들이 필즈상을 받기도 했다. 동서양을 막론하고 매듭은 우리 생활에 자주 이용되어왔다. 물건을 포장하기 위해 매듭을 만들기도 하고, 매듭으로 장신구를 만들기도 했다. 그런데 이런 매듭까지 탐구 대상이 되어 암호 시스템을 개발하거나, DNA의 구조나 바이러스의 행동 방식을 연구하는 데 중요하게 사용되고 있으니 수학이 연구되고 적용되는 분야는 실로 넓다.

운동화 끈을 가장 효율적으로 묶는 방법

실생활에서 끈을 묶는 매듭에 관해서도 수학적으로 재미있는 연구가 진행됐다. 오스트레일리아 빅토리아 주 모나시 대학의 수학 교수인 버카드 폴스터는 2002년에 과학 전문 잡지인 『네이처』에 「운동화 끈을 매는 최선의 방법은 무엇인가?」라는 논문을 실었다. 이 논문에서 그는 운동화 끈을 매는 데 일반적으로 대각선 매듭이나 수평 매듭을 사용하지만 그것이 가장 효율적인 방법은 아니라는 것을 설명하면서, 운동화 끈의 매듭을 만드는 여러 방법들을 수학적으로 계산한 결과 나비 매듭이 가장 효율적이라고 주장했다.

나비 매듭이란 아래 그림과 같이 운동화 끈을 맨 밑에서부터 수평으로 묶기 시작하여 수직과 대각선으로 매듭을 만드는 방법이다. 이외에도 운동화 끈을 매는 방법에는 대각선 매듭, 유럽 스타일 매듭, 수평 매듭 등 다양하다.

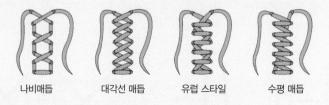

나비매듭   대각선 매듭   유럽 스타일   수평 매듭

그렇다면 어떤 매듭을 사용할 때 운동화 끈의 길이가 가장 짧을까?
오른쪽 그림처럼 구멍 사이의 수평 거리를 h라고 하고, 수직 거리를 v라고 하자. 또 대각선 길이를 d, 한 칸 건너뛴 구멍 사이의 거리를 j, 맨 밑에서 맨 위까지 대각선의 길이를 b라고 하자. 그러면 우리가 실제로 신고 있는 보통 운동화에 대한 각각의 길이는 운동화 모양에 따라 다르겠지만 평균적으로 $h=6cm$, $v=2cm$, $d=6.3cm$, $j=7.2cm$, $b=13.4cm$가량이다. 이것을 이용하여 앞에서 주어진 네 가지 매듭들 가운데 끈의 길이가 가장 짧은 매듭과 가장 긴 매듭을 각각 구하면 나비 매듭이 55.8cm로 가장 짧고 수평 매듭이 87.2cm로 가장 길다.

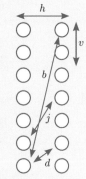

폴스터 교수는 나비 매듭이 최소의 길이로 최대의 매듭 효과를 거둘 수 있다는 사실 외에도 운동화 구멍 수, 구멍 사이의 거리, 끈의 길이, 끈이 겹쳐져 마찰되는 경우의 수를 공식화하여 다소 복잡한 수학적 계산으로 나비 매듭이 운동화 끈의 겹침을 최소화하여 끈 사이의 마찰로 인한 해짐을 방지할 수 있다는 사실을 증명했다.

10

황제가 되지 못한 카이사르

달력의 비밀

기원전 100년 고대 로마

공화국 로마가
황제의 나라로 변해가다

초기 로마는 왕정이었으나 곧 공화정을 실시하여 평민까지 정치에 참여했다. 하지만 포에니전쟁에서 승리한 후 대외적으로 영토를 넓히면서 로마 내부의 혼란이 심해지자 카이사르는 황제를 꿈꾸다가 암살당하고 그를 뒤이은 옥타비아누스부터 로마 제정이 시작됐다.

늑대의 젖을 먹는 로물루스와 레무스
로마의 건국 신화에 따르면 로물루스는 쌍둥이 동생 레무스와 함께 버려져 암늑대의 젖을 먹으며 자랐다. 그리고 뒤에 레무스와 함께 팔라티누스 언덕에 로마를 건설했다.

기원전 7세기경 이탈리아 중부 티베르 강 유역에 도시 로마가 건설됐다. 로마도 왕이 다스렸으나 기원전 6세기 말에 귀족들이 왕을 몰아내고 원로원, 집정관 등의 체제를 지닌 공화정을 실시했다. 처음에는 귀족 중심이었던 로마의 공화정은 평민들의 강력한 요청으로 점차 평민들까지 참여하여 호민관, 평민회 등이 만들어졌다.

기원전 3세기에 로마는 이탈리아 반도를 통일하고 지중해로 진출하려 했다. 그 과정에서 당시 지중해 무역을 장악하고 있던 카르타고와 포에니전쟁(기원전 264~기원전 146년)을 치렀다. 로마는 이 전쟁에서 승리를 거두고, 이어서 그리스, 마케도니아 등을 정벌한 뒤 기원전 2세기 후반에 지중해 연안의 거의 모든 지역을 지배하게 됐다.

포에니전쟁 뒤에 로마는 대외적으로 세계 제국이 됐지만 대내적으로 빈부 차이와 정파 갈등으로 인한 극심한 혼란을 겪었다. 이를 틈타 강력한 군대를 가진 폼페이우스, 카이사르, 크라수스 세 사람이 결탁하여 삼두정치를 시작했다.

크라수스가 동방 원정에서 전사하고 카이사르는 갈리아 정복에 성공하여 세력이 강해졌다. 폼페이우스가 원로원과 결탁하여 카이사르를 제거하려 했으나 카이사르는 군대를 이끌고 로마로 들어와 권력을 장악했다. 카이사르는 종신 독재자인 '임페라토르(최고 군사령관)'의 칭호를 받았지만, 기원전 44년에 공화정의 전통을 지키려는 브루투스 등 원로원 일파에게 암살됐다. 카이사르의 양자인 옥타비아누스가 원로원으로부터 '아우구스투스(존엄한 자)'의 칭호를 받아 이때부터 로마는 실제적으로 황제가 통치하기 시작했다.

황제가 되려다가 암살당한 카이사르

율리우스 카이사르는 로마의 귀족 가문 출신이지만 정치적으로는 평민파였다. 뛰어난 웅변술과 탁월한 정치 감각으로 로마 시민들의 인기를 얻었는데 그만큼 야심도 컸다. 지금 스페인 지역의 관리를 지낼 때 "알렉산드로스 대왕은 내 나이에 이미 대여섯 개의 나라를 통합한 왕이 됐다. 그런데 나는 아직 아무것도 이루지 못하고 있으니 슬프다"라고 말하며 눈물을 흘렸다고 하니 카이사르의 야망을 짐작할 수 있다.

로마가 팽창하면 할수록 빈부 격차는 더욱 벌어져 시민들의 불만이 높아져만 갔다. 게다가 지배층도 분열되어 귀족 중심의 벌족파와 이에 대항하는 평민파의 갈등마저 깊어져 로마 사회는 극심한 혼란 속으로 빠져들었다. 카이사르는 여러 관직을 거치고 로마의 해외 속주에서 근무하면서 성과를 내어 명성을 얻었고 정치가로서의 입지를 굳혀갔다.

그러는 중에 벌족파의 지도자 폼페이우스의 힘이 커져 원로원이 이를 견제하자, 폼페이우스는 비밀리에 평민파의 지도자인 카이사르, 엄청난 부호인 크라수스와 손을 잡았고 세 사람은 집정관이 됐다. 입법기관인 원로원을 피하고 공화제의 전통을 무시한 채 세 사람의 이해관계를 위해 서로 결탁하여 정치를 좌우하려 했기 때문에 그들의 정치를 삼두정치^{三頭政治}

라고 한다.

카이사르는 정치적인 입지를 더욱 공고하게 다지기 위해 로마를 괴롭혀온 갈리아 지방(오늘날 프랑스에서 벨기에에 이르는 지역)을 정복하겠다고 자처하여 갈리아 총독으로 원정 길에 올랐다. 크라수스도 카이사르나 폼페이우스를 능가하는 군사 업적을 쌓으려고 오리엔트 지역으로 정복 전쟁을 떠났다. 하지만 크라수스는 동방 원정에 참패하여 죽어버렸고, 카이사르는 갈리아 원정에 성공하여 명성을 드높이고 강력한 힘을 얻었다. 이에 불안해진 폼페이우스가 원로원과 손잡고 카이사르를 제거하려 했다.

이 계획을 알아차린 카이사르는 군대를 이끌고 로마로 향하여 이탈리아 북쪽의 루비콘 강에 이르렀다. 루비콘 강은 로마와 속주를 나누는 경계로 군대를 이끌고 이 강을 건너는 것은 로마에 대한 반역이었다. '복종이냐, 반역이냐'의 갈림길에서 고민하던 카이사르는 "주사위는 던져졌다"는 유명한 말을 남기고 루비콘 강을 건너 로마로 진격했다. 폼페이우스는 이집트로 도망치느라 바빴고, 원로원은 아무 힘도 없었으며, 카이사르는 아주 쉽게 권력을 장악했다. 카이사르는 폼페이우스를 영원히 제거하기 위해 그가 도망간 이집트로 추격했고, 폼페이우스를 편들었던 원로원에 딱 세 마디로 보고했다. "왔노라. 보았노라. 이겼노라"고.

당시 이집트의 파라오는 클레오파트라 여왕과, 그녀의 남동생이자 남편이었던 프톨레마이오스 왕으로 공동 통치자였지만 두 사람의 사이가 썩 좋지 않았다. 클레오파트라는 직접 카이사르를 만났다. 클레오파트라에게 반한 카이사르는 그녀의 요청으로 프톨레마이오스를 제거하여 그녀를 단독 통치자로 만들었고, 그 대신 이집트를 계속 로마의 보호국으로 삼았다.

클레오파트라가 카이사르를 만나는 장면
이 그림은 프랑스 화가 제롬이 1866년에 그렸다. 클레오파트라가 스스로를 카이사르에게 선물로 보냈다는 이야기를 그림으로 형상화한 것이다.

의기양양하게 로마로 돌아온 카이사르는 원로원을 무력화시키고 권력을 장악한 뒤 종신 독재자인 '임페라토르(최고 군사령관)'의 칭호를 받았다. 이제 카이사르는 로마 전체와 로마의 해외 영토 모두를 다스렸고, 군대는 그에게 복종했으며, 로마 시민들은 그를 사랑하고 존경했다.

카이사르는 가난한 시민들에게 식민지의 토지를 나눠주어 정착할 수 있도록 도왔고, 정복 지역의 일부 주민들에게는 로마 시민권을 부여했으며, 세금 제도를 정비하고 오늘날 태양력의 기초가 되는 달력을 만들었다. 또한 로마 시민들이 즐기도록 검투사 경기와 전차 경기를 벌였다. 그러면서 자기 모습을 새긴 주화도 발행했다.

하지만 왕이 아니면서도 왕과 같았던 그의 독재에 원로원을 중심으로 한 일부 사람들이 반발하여 카이사르는 결국 암살당했다. 카이사르는 칼에 찔려 쓰러지면서 자기를 죽인 사람들을 올려다보다가 자신의 오랜 친

카이사르와 클레오파트라, 사랑인가? 이용인가?

클레오파트라는 이집트 프톨레마이오스 왕조의 여성 파라오로 그리스 마케도니아계 종족이다. 알렉산드로스 대왕의 부하 장군으로 이집트 총독이었던 프톨레마이오스가 스스로 이집트 왕이 되어 프톨레마이오스 왕조를 열었기 때문이다. 알렉산드로스 대왕의 헬레니즘에 영향을 받아 마케도니아계이면서도 이집트의 토착 전통과 문화를 존중하여 파라오라는 칭호를 그대로 이어 썼다.

이집트 왕가는 혈통을 보존하기 위해 전통적으로 남매끼리 결혼했기 때문에 클레오파트라는 남동생과 부부가 되어 공동 통치자에 오른 것이다. 클레오파트라는 두 남동생과 차례로 결혼했고, 카이사르와 염문을 뿌렸으며, 뒷날 로마의 2차 삼두정치를 이끌었던 안토니우스와 사랑했다. 그 때문인지 클레오파트라는 많은 후세 사람들의 입에 오르내렸다. 프랑스 철학자 블레즈 파스칼은 클레오파트라의 코가 조금만 낮았어도 역사가 바뀌었을 것이라고 말했을 정도이다.

클레오파트라는 지략에 뛰어나고 배짱이 두둑했던 미모의 여걸이었다. 자신과 갈등했던 남동생을 제치고 단독 권력을 장악했으며, 카이사르나 안토니우스와의 관계를 통해서는 알렉산드리아를 중심으로 화려했던 이집트의 옛 영광을 되살려 독립 왕조로서의 존립을 도모했다.

카이사르는 원래 많은 여성들과 염문을 뿌리던 사람이었기에 미모와 재능을 두루 갖춘 클레오파트라를 마다할 리 없었고, 클레오파트라도 카이사르를 불세출의 영웅으로 인정했다. 하지만 두 사람은 서로의 자리에서 각자가 해야 할 역할을 방기하지 않았다. 클레오파트라는 이집트 여왕으로서 나라의 보존과 독립을 꾀했으며, 카이사르는 로마 지도자로서 이집트를 로마의 영향력 아래 계속 묶어두려 했다. 클레오파트라에게는 둘 사이에 태어난 아들 카이사리온(프톨레마이오스 15세)을, 카이사르를 뒤이은 로마와 이집트의 왕으로 만들려는 야심도 있었다. 하지만 카이사르가 암살당하면서 좌절됐다.

그리고 훗날 연인인 안토니우스가 옥타비아누스와의 싸움에 패배하고 자살을 선택하자 클레오파트라도 그를 뒤따라 자기 목숨을 끊었다. 그녀의 아들 카이사리온도 옥타비아누스에게 죽임을 당하면서 이집트 왕조는 멸망하고 이집트는 로마의 속주가 됐다.

구인 브루투스도 발견했다. "브루투스, 너마저도?"가 카이사르의 마지막
말이었다.

카이사르력과 달력에 숨어 있는 재미있는 수학

카이사르와 그 뒤를 이은 아우구스투스는 아주 오래전에 죽었지만 그
들은 달력 속에 여전히 살아 있다. 카이사르가 살던 시대에도 1년이 365
일이라는 것은 잘 알려져 있었으며, 달이 1년에 열두 번 찼다가 기울기를
반복했기 때문에 1년을 열두 달로 나누었다.

그런데 당시에는 지금의 3월이 1년을 시작
하는 첫 달이었다. 3월이 1년을 시작하는 달이

카이사르의 죽음
카이사르가 권력을 쥐자 왕정 부활을
두려워한 공화파들이 카이사르를 암살
했다.

었던 흔적은 10월을 나타내는 영어 October에서 찾아볼 수 있다. October의 Octo는 8을 나타내는 접두사이므로 현재의 10월이 당시에는 8월이었음을 알 수 있다.

카이사르는 1년 365일을 12개의 달로 나눌 때 31일과 30일을 반복하여 사용했다. 그런데 이렇게 반복하다 보면 하루가 부족해지는데, 당시 마지막

로마의 초대 황제 아우구스투스

달이었던 현재의 2월을 가장 작은 29일로 정했다. 이런 식으로 반복한 것은 자기가 태어난 달이 7월이었으므로 7월의 일수를 31일로 하기 위해서였다. 또한 자기 이름인 Julius를 따서 7월을 불렀기 때문에 오늘날 7월은 영어로 July가 됐다.

달	3월	4월	5월	6월	7월	8월	9월	10월	11월	12월	1월	2월
일수	31	30	31	30	31	31	30	31	30	31	31	29

그 후 카이사르의 조카이자 로마의 초대 황제였던 아우구스투스도 카이사르와 마찬가지로 자신이 태어난 달인 8월의 일수가 많아야 한다고 생각했다. 그래서 2월의 하루를 빌려와서 원래 30일이었던 8월에 더하고 자기 이름을 따서 그 달을 August라고 불렀다. 결국 8월은 31일이 됐고, 영어로는 August가 됐으며, 마지막 달이었던 2월은 28일이 됐다. 그렇게 바꾸고 나니 7월, 8월, 9월 세 달이 모두 31일이었으므로 9월 이후 달의 일수를 바꾸어 다음 표와 같이 변했다.

달	3월	4월	5월	6월	7월	8월	9월	10월	11월	12월	1월	2월
일수	31	30	31	30	31	31	30	31	30	31	31	28

그 뒤에도 달력은 여러 이유들로 많은 변화를 거쳐 오늘날 우리가 사용하고 있는 것과 같이 만들어졌다. 그래도 변하지 않은 것은 카이사르가 달력을 만들 때 일주일을 7일로 정한 것이다.

이쯤에서 달력에 숨어 있는 재미있는 수학을 몇 가지 찾아보자. 이제 소개할 내용은 아무 해 아무 달의 달력을 이용해도 같은 결과를 얻게 된다.

달력에서 어떤 달이든지 한 달을 고르고 다음과 같은 차례대로 달력에 표시해 보자.

① 위의 그림과 같이 9개의 수로 이루어진 정사각형 블록을 하나 선택하자. 이 블록은 마음대로 선택하면 된다.

② 이 블록의 첫번째 행에 있는 3개의 수 중 아무 수나 먼저 임의로 선택하여 동그라미를 친다. 그런 다음 선택된 수와 같은 행과 열에 있는 나머지 수에는 가위표를 한다. 그러면 두 번째 행과 세 번째 행에는 두 수만 남게 된다.

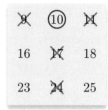

③ ②와 마찬가지로 두 번째 행에 남은 2개의 수 중 하나를 선택하여 동그라미를 치고 그 행과 열의 나머지 수에도 가위표를 한다.

④ 세 번째 행에 남아 있는 1개의 수에 동그라미를 친다.

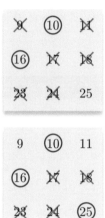

⑤ 동그라미를 친 3개의 수를 합하면 10+16+25=51이다. 이 합은 처음에 선택한 블록의 한가운데 있는 수 17의 3배이다.

이런 방법으로 구한 합은 항상 선택한 블록의 한가운데 있는 수의 3배가 된다.

이렇게 되는 이유를 알아보기 위해 위에서 가운데 있는 수를 ★이라고 하자. 그러면 일주일은 7일이므로 9개의 숫자가 있는 블록은 아래 그림과 같이 나타낼 수 있다.

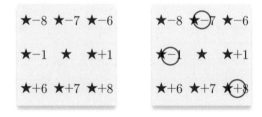

위의 오른쪽 그림에서 선택된 3개를 더하면 다음과 같다.

$$(\bigstar-7)+(\bigstar-1)+(\bigstar+8)=3\times\bigstar$$

따라서 이렇게 구한 합은 항상 선택한 블록의 한가운데 있는 수의 3배가 된다.

이번에는 16개의 수로 이루어진 정사각형 블록을 하나 선택하자. 물론 마음대로 선택하면 된다. 그리고 앞에서와 같은 방법으로 각 행과 열에서 수를 하나씩 선택하여 동그라미를 치고 나머지는 가위표를 한다.

여기서는 4, 10, 19, 23을 선택했다. 선택된 수를 모두 더한 결과는 정사각형 블록의 대각선 귀퉁이에 있는 수의 합의 2배이다. 즉 대각선 귀퉁이에 있는 수의 짝은 각각 2와 26, 그리고 5와 23이므로 다음과 같다.

$$4+10+19+23=56=2\times(2+26)=2\times(5+23)$$

이렇게 되는 이유는 앞에서 9개의 수를 선택할 때 ★를 이용하여 설명한 것과 같다.

달력에는 가로와 세로의 합, 그리고 대각선의 합이 모두 같아지는 마방진과 같은 성질도 있다. 예를 들어 앞의 달력에서 11이 가운데 있는 9개의 수를 골라 정사각형 블록을 선택해 보자. 그러면 11을 포함하는 행과 열, 그리고 두 대각선의 합은 모두 33

3	4	5
10	⑪	12
17	18	19

이다. 즉 10+11+12=33, 4+11+18=33, 3+11+19=33, 5+11+17=33
이다. 이 경우도 아래 그림과 같이 가운데 수를 ★로 나타내면 그 이유를
쉽게 알 수 있다.

$$★-8 \quad ★-7 \quad ★-6$$
$$★-1 \quad ★ \quad ★+1$$
$$★+6 \quad ★+7 \quad ★+8$$

즉 같은 수를 더하고 빼면 결국 가운데 있는 수의 3배가 된다.

그러나 이 정사각형 블록에서 11을 포함하지 않
는 행과 열의 합은 33이 아니다. 이런 행과 열에는
또 다른 규칙이 있다. 11을 포함하지 않는 두 행 (3,
4, 5)와 (17, 18, 19), 두 열 (3, 10, 17)과 (5, 12,
19)를 행은 행끼리, 열은 열끼리 더하면 앞에서 구
한 합의 2배가 된다.

$$3+4+5+17+18+19=66=2×33$$
$$3+10+17+5+12+19=66=2×33$$

달력에서 어떤 한 주를 선택했을 때 그 수를 모두 더한 값을 쉽게 구
하는 방법도 있다.

왼쪽 달력에서 세 번째 주일의 7일을 모두 더하면 112이다. 그 이유는 이렇다. 16을 중심으로 대칭이 되는 수끼리 더하면 각각 16의 두 배인 32가 된다. 따라서 선택된 주일의 수를 모두 합하면 32+32+32+16이고, 이것은 16이 7개 있는 것과 같으므로 결국 16×7=112가 된다. 그리고 이것은 가운데 있는 수 16에 7배를 하는 것과 같다. 어떤 주를 선택해도 마찬가지이다.

$$6+7+8+9+10+11+12=9\times7=63$$
$$20+21+22+23+24+25+26=23\times7=161$$

또 다른 방법은 첫번째 숫자에 7을 곱한 후 21을 더하는 것이다. 예를 들어 세 번째 주일에 처음 나오는 수는 13이므로 먼저 7을 곱하면 13×7=91이고, 여기에 21을 더하면 91+21=112이다. 21을 더하는 이유는 첫번째 수와 나머지 수의 차이가 각각 차례대로 1, 2, 3, 4, 5, 6이고 1+2+3+4+5+6=21이므로, 첫번째 수에 7을 곱한 후 이 수들의 차이인 21을 더하면 되는 것이다.

연이은 두 주일의 수의 합을 쉽게 구하는 방법도 있다. 예를 들어 왼쪽 달력에서 두 번째 주일과 세 번째 주일을 선택했다면 첫번째 수 6에 7을 곱하여 나온 수 42에 다시 2를 곱하자. 그러면 84가 된다. 그리고 마지막으로 91을 더하면

84+91=175이다. 즉 175가 두 번째 주일과 세 번째 주일의 수를 모두 더한 합이다. 즉 6+7+8+⋯+19=175이다.

이 결과는 앞에서와 마찬가지로 첫번째 수를 제외한 나머지 13개의 수가 첫번째 수와 나는 차이가 각각 1, 2, 3, ⋯, 13이고 이것을 모두 더하면 1+2+⋯+13=91이다. 또 한 주일에 모두 7개의 수가 있는데, 우리가 합하려는 것은 두 주일의 수이므로 2를 곱하는 것이다.

이런 방법으로 연속된 세 주일의 수도 쉽게 합할 수 있다. 이 경우는 첫번째 수에 7을 곱하고 그 결과에 다시 3을 곱한 후 210을 더하면 된다. 여기서 210은 첫번째 수와 나머지 수의 차이를 합한 것이다. 즉 1+2+⋯+19+20=210이다.

카이사르가 달력을 처음 도입할 때 일주일을 7일로 정했기 때문에 달력 속에는 지금까지 소개한 내용 이외에도 많은 수학이 숨어 있다. 만일 일주일을 6일이나 8일, 혹은 다른 일수로 정했다면 또 다른 성질이 발견됐겠지만, 7이라는 숫자가 홀수이자 소수이기 때문에 다른 일수보다 훨씬 흥미로운 사실이 많아진다.

현재의 달력, 그레고리력

카이사르는 고대 이집트인의 찬란한 천문 지식을 접했는데 당시 고대 이집트인이 측정한 1년은 365일이 아니라 365.25일이었다. 이는 4년이 4×365=1460일이 아니라 4×365.25=1461일이라는 것이다. 카이사르는 0.25일의 오차를 바로잡기 위해 4년에 한 번씩 1일을 추가했다. 이것이 윤일의 개념이다. 윤일이 있는 해를 윤년, 윤일이 없는 해를 평년이라고 한다. 이 역법은 카이사르의 이름을 따서 '율리우스력'이라고 하는데 매우 정밀하여 그 후로도 오랫동안 사용됐다.

그런데 별문제 없이 사용되던 율리우스력이 1천 년을 넘어가면서 문제점을 드러냈다. 율리우스력은 실질적인 장점에도 불구하고 천문학적 햇수와 날수의 계산에서 작은 편차가 있었다. 즉 율리우스력에서 한 해의 길이는 정확히 365일 6시간이며, 이는 천문학적으로 계산한 1년의 길이보다 약 11분 14초가 길다. 이 편차가 상당 기간 누적되어 16세기에 이르면 약 10일이 빠를 정도로 달력에 커다란 오차가 생겼다. 1년의 길이가 율리우스력의 365.25일보다 약간 짧은 365.2422일 정도여서 (365.25−365.2422)×1300=10.14일의 차이가 생긴 것이다.

이 문제를 해결하기 위해 당시 교황이었던 그레고리우스 13세는 우선 1582년 10월 4일 다음 날을 10월 15일로 정하여 열흘의 날짜를 줄이고 춘분이 3월 21일이 되도록 맞췄다. 그다음 윤일을 율리우스력보다 줄이기 위해 다음과 같은 규칙을 정했다.

- 그해의 연도가 4의 배수가 아니면 평년으로 2월은 28일까지만 있다.
- 만약 연도가 4의 배수이면서 100의 배수가 아니면 윤일(2월 29일)을 도입한다.
- 만약 연도가 100의 배수이면서 400의 배수가 아닐 때는 평년으로 생각한다.
- 만약 연도가 400의 배수이면 윤일(2월 29일)을 도입한다.

이 규칙에 따르면 400년 동안 총 97일의 윤일이 더해지므로 1년의 길이가 $365+\frac{97}{400}$ =365.2425일이 되어 율리우스력보다 더욱 정밀해진다. 이것이 현재까지 세계적으로 통용되고 있는 그레고리력이다.

유대인 요셉에서 로마인 요세푸스로

순열

1세기 로마와 유대

로마 지배에 항거한 유대의 독립 전쟁

솔로몬 왕 때 전성기를 누린 유대왕국은 그 뒤에 멸망했고, 유대 땅을 다스리던 로마의 지배에 저항하여 독립 전쟁을 일으켰지만 실패하여 여러 곳으로 흩어졌다.

기원전 1900년경 가나안 지역에 정착한 유대인은 기원전 11세기경에 이스라엘왕국을 세웠다. 다윗 왕과 솔로몬 왕 때 최고의 전성기를 누렸지만 솔로몬 왕이 죽은 뒤에 이스라엘왕국과 유대왕국으로 갈라졌다. 이스라엘왕국이 먼저 멸망하고, 기원전 586년경 유대왕국은 신바빌로니아에 멸망했다.

기원전 1세기에 로마제국은 자신들의 보호 아래 헤롯을 유대 왕으로 내세웠으나, 기원후 45년부터 유대 지역을 속주로 삼고 직할 통치했다. 유대인은 유일신 야훼를 믿으면서 스스로 신이 특별히 선택한 민족이라는 선민의식을 가지고 있었다. 그들은 자기 민족을 구원해 줄 메시아가 나타나리라고 믿었다. 기원 직후 유대 지역에서 예수가 태어났다. 예수는 유대인뿐만 아니라 민족과 신분을 초월한 사랑과 신에 대한 믿음을 설파했는데 그를 따르는 사람들이 점차 늘어나 그리스도교가 탄생한다.

유대인은 로마와 종교가 달랐기 때문에 로마의 지배 아래 유대 사회는 갈등과 혼란이 극심했다. 결국 66년에 로마에 대항하여 유대인이 봉기하는 독립 전쟁이 일어났지만, 73년에 로마군이 예루살렘을 함락하고 성전을 불태우며 유대인을 진압했다. 이 반란의 실패로 유대인은 유대 지역을 떠나 로마제국 전역으로 흩어졌다.

유대의 왕들
왼쪽부터 솔로몬, 다윗, 그리고 히스기야이다. 영국 세인트 니콜라스 교회에 있는 스테인드 글라스이다. 솔로몬, 다윗, 히스기야는 유대인의 경전이자 역사서인 구약성경에 나오는 왕들이다. 유대 역사에서 뚜렷한 족적을 남긴 왕들이다.

로마인이 된 유대인 요세푸스

플라비우스 요세푸스는 유대인 출신의 역사가이자 정치가로, 유대식 이름은 요셉이고 요세푸스는 로마식 이름이다. 그는 로마가 유대인을 지배하고 있을 때 예루살렘의 제사장 가문에서 태어났다. 당시 유대 사회는 뒤숭숭했다. 로마의 지배에 대한 불만은 쌓여갔고, 사람들은 서로 분열하고 갈등했으며, 그 와중에 예수가 만든 그리스도교는 계속 퍼져 나가고 있었다.

64년에 로마 전역이 불타는 대화재가 일어났다. 네로 황제는 교세를 확장하고 있던 그리스도교인이 방화했다고 지목하고는 그리스도교를 금지하여 교인들을 화형에 처했다. 그때 유대인 제사장들도 로마에 붙잡혀 있었다. 사제였던 요세푸스는 유대인 동료 제사장들을 석방시키는 임무를 띠고 로마에 대사로 파견됐다. 요세푸스는 이 임무를 성공적으로 마쳤는데, 로마에 있는 동안 그곳의 세련된 문화와 강력한 군대를 보고 깊은 감명을 받았다.

요세푸스가 예루살렘으로 돌아올 무렵 유대 사람들은 로마의 통치에 반발하여 대반란을 일으켰다. 급진적인 유대 민족주의 집단인 열심당은 무기를 들고 일어나서 사람들을 선동하여 로마 총독을 쫓아내고 예루살렘에 유대인 군사정권을 세웠다. 그런데 당시 스물아홉 살이던 요세푸스는 열심당과는 입장을 달리한 온건파였다. 그는 동료 제사장들과 함께 열심당에게 로마와 타협하라고 권고했지만, 자기 뜻과는 달리 반란에 휩쓸려 들어갔고 유대인의 군대 지휘관으로 임명됐다.

한편 로마의 네로 황제는 브리타니아(지금의 영국) 정벌의 영웅인 베스파시아누스 장군에게 유대인 반군을 진압하는 임무를 맡겼다. 황제의 명령을 받은 베스파시아누스는 아들 티투스와 함께 시리아에서 갈릴리로 직행하여 이 지역을 점령했다. 유대 군대는 로마군에게 압도당한 채 뿔뿔이 흩어져 절벽 위에 자리한 요타파타로 도망쳤고 베스파시아누스는

여러 분파의 **유대인과 예수**

로마의 지배하에 있을 때 유대 사회는 여러 갈래로 분열됐다. 대제사장을 비롯하여 상류층을 차지하는 종교귀족들은 사두개인이었는데 이들은 친로마파였다. 바리새인은 중류 지식층으로 로마의 지배를 반대하긴 했지만 무력을 사용하여 로마에 대항하는 것에는 찬성하지 않았다. 지배층과 중류층은 로마의 지배 아래에서도 편안한 생활을 향유했으므로 현재 상태를 유지하길 원했던 것이다.

이에 반해 열심당(젤롯당)은 로마로부터 완전히 독립해야 한다고 주장하는 급진파였다. 그들은 비록 같은 유대인일지라도 로마의 지배에 협조하는 대제사장 휘하의 유대 지배층을 적대시하여 테러를 감행하기도 했다. 열심당은 잃을 것이 없는 민중들 속으로 파고들어 로마에 대항하는 무장 독립 전쟁을 주도해 갔다. 한편 속세를 떠나 황야로 가서 금욕 생활을 하는 부류가 있었는데 그들이 에세네파였다. 예수에게 세례를 베푼 세례 요한도 에세네파에 속한다.

가난한 유대인이 모여 사는 갈릴리에서 태어난 예수는 열심당의 무장 봉기나 에세네파의 금욕 생활과 달리 인간 평등을 지향했다. 계급과 민족을 떠나 누구나 회개하면 하느님의 나라로 갈 수 있다고 설교한 것이다. 이런 예수의 사상은 유대 사회의 상층부에 있었던 사두개인이나 바리새인에게 가장 위협적이어서 그들은 로마 총독에게 예수를 고발하여 십자가형에 처하게 했다. 열심당도 예수를 받아들이지 않기는 마찬가지였다. 그들이 유대인만의 하느님 왕국을 원한 반면 예수는 다른 민족까지 포용하는 사랑을 주창했기 때문이다. 지금까지 유대인은 여전히 하느님의 선택을 받은 특별한 민족이라는 선민의식을 가지고 유일신인 하느님을 믿고 있으며, 예수가 만든 그리스도교는 유대인을 뛰어넘어 세계적인 종교로 자리 잡았다.

그 주위를 포위했다.

요세푸스는 요타파타를 요새화하여 47일 동안 로마군의 공격을 막아냈지만 역부족이었다. 결국 요타파타 요새는 함락됐고 요세푸스는 다른 결사대원들 40명과 함께 은신처인 지하 땅굴로 숨어들었다. 하지만 누군가가 그 장소를 로마군에게 밀고하여 로마군은 요세푸스를 비롯한 결사대원들에게 항복하라고 타일렀다.

유대 결사대원들은 항복하느니 차라리 집단 자결하기로 결정했다. 이 결정에 크게 당황한 요세푸스가 제사장으로서 자살은 부도덕하다고 주장했지만, 다른 결사

로마의 공격으로 불타는 예루살렘
70년에 로마 장군 티투스의 명령을 받은 로마군의 공격으로 예루살렘이 함락되고 불타는 장면이다. 이 그림은 1850년에 데이빗 로버츠가 그렸다.

대원들은 자기 결정을 바꾸려 하지 않았다. 그러자 요세푸스는 자살은 결코 안 되니 규칙을 정해서 차례로 한 명씩 죽이자고 제안했다. 그리고 마지막 남은 한 사람은 스스로 자결하면 된다고 말했다. 항복 대신 죽음을 선택한 결사대원들은 이 제안을 받아들였다. 결사대원들은 차례로 서로를 죽였고 끝내 41명 중 39명이 죽었다. 요세푸스와 다른 한 사람이 마지막까지 남았다. 그런데 끝까지 살아 있었던 두 사람은 로마군에게 항복했다.

구약성서에 나오는 **유대 민족의 역사**

유대인은 자기 조상이 아브라함이라고 말한다. 아브라함은 초기 메소포타미아 문명의 중심지였던 우르에서 태어났지만, 바빌로니아왕국이 우르를 공격할까 봐 우려하여 가족을 이끌고 하란으로 갔다가 야훼(하나님을 일컫는 고대 히브리어)의 계시에 따라 가나안에 이르렀다. 아내 사라의 나이가 아흔일 때 아들 이삭을 낳았고, 이삭은 야곱을 낳았고, 야곱은 다시 열두 아들을 낳았다. 이 아들들이 이스라엘 열두 부족의 조상이다.

야곱이 가장 사랑한 아들은 요셉인데 아버지의 편애로 형들의 미움을 받아 이집트에 노예로 팔려갔다. 요셉은 이집트에서 지혜를 발휘하여 파라오의 신임을 얻고 이집트 총리가 됐다. 이에 유대 민족은 가족들을 이집트로 불러들여 이집트에서 번성했다. 하지만 뒷날 들어선 이집트 왕조는 유대 민족을 핍박했고, 심지어 파라오는 갓 태어난 유대 남자아이를 모두 죽이라고 명령했다. 이 학살을 피하여 한 유대 부모가 자기 아들을 강물에 띄워 보냈는데, 이 아이가 바로 모세이다. 이집트 공주가 강가에서 우연히 모세를 발견하여 궁전으로 데려가서 키웠다.

하지만 모세는 자신이 유대인임을 강하게 자각했다. 그리하여 모세는 이집트에 살고 있는 유대 민족를 이끌고 이집트를 탈출하여 야훼가 약속한 땅인 가나안으로 향했고, 그의 후계자인 여호수아가 결국 무리를 이끌고 가나안에 들어가서 원래 살고 있던 사람들을 몰아낸 후 그 땅을 차지한다. 수많은 사건이 일어나고 무수한 시간이 흐른 뒤 예언자 사무엘은 사울을 왕으로 세워 이스라엘의 첫번째 왕이 탄생한다. 사울 왕을 뒤이어 다윗이 왕위에 오르게 되는데, 다윗과 그 아들 솔로몬 왕이 유대 민족 최고의 전성기를 다졌다.

특히 유대인은 세계 어느 지역을 가더라도 그 지역의 종교와 문화에 동화되지 않고 구약성서에 적힌 자기 민족의 역사에 대한 믿음을 고수하면서 민족적인 결속력을 발휘한다. 이런 특성이 다른 민족의 입장에서는 부담스럽지만, 유대 민족의 입장에서는 자신들 특유의 정체성을 잃지 않고 계속 유지하게 해준다.

포로로 사로잡힌 요세푸스는 쇠사슬에 묶인 채 베스파시아누스 앞에 끌려갔는데 예언자로 행세하면서 베스파시아누스에게 로마의 황제가 될 것이라고 예언해 줬다. 그 예언이 실현되어 네로가 자살한 뒤 베스파시아누스는 로마 황제로 추대됐으며 요세푸스는 자유를 얻었다. 요세푸스는 베스파시아누스 가문의 이름을 따서 자기 이름을 플라비우스로 바꿨고, 로마군에게 중요한 정보들을 넘겨주어

마사다 요새
황야를 배경으로 사해를 굽어보는 바위투성이 구릉에 자리잡고 있다. 이 요새에서 유대인은 로마에 맞서 최후의 저항을 했다. 현재 마사다 요새는 유네스코 세계유산으로 지정되어 있다.

로마군이 예루살렘을 함락하는 데 협조했다. 유대인의 봉기는 마지막까지 저항했던 마사다 요새가 로마군에게 무너지면서 끝이 났다.

예루살렘이 함락된 뒤 요세푸스는 로마로 가서 황제의 옛 저택에 머물면서 로마 시민권은 물론 연금과 토지를 하사받는 등 평생 황제의 후원 아래 저술 작업에 몰두했다. 유대 민족의 배신자, 다른 동료들을 죽이고 혼자 살아남은 비겁자이지만, 그가 남긴 『유대전쟁사』 덕분에 로마에 대항한 유대인의 봉기를 생생하게 파악할 수 있다.

요세푸스가 살아남은 방법은 순열

로마 군대가 포위하고 있는 상황에서 죽음을 각오한 결사대원들에게 요세푸스의 제안은 강력한 설득력을 지녔다. 자살하지 않음으로써 하느님의 뜻을 거스르지 않아도 됐고, 결국은 모두가 장렬하게 죽음으로써 끝까지 로마에 저항할 수 있었기 때문이다.

요세푸스는 대제사장이자 지휘관이었기 때문에 모두가 납득할 수 있는 아주 합리적인 방식을 제안했을 것이다. 그리고 이때 요세푸스도 예외는 아니었을 것이다. 그런데 요세푸스는 살아남았다. 그러면 요세푸스는 어떤 방법으로 마지막까지 살아남았을까?

땅속 동굴에는 요세푸스와 결사대원들 40명이 숨어 있었으므로 모두 41명이었다. 요세푸스는 41명을 원 모양으로 둥그렇게 앉힌 후 각 사람마다 1번부터 41번까지 번호를 붙였다. 그리고 1번부터 시작하여 3의 배수가 되는 순서에 앉아 있는 사람을 죽이기로 했다. 그러면 3번 사람이 가장 먼저 죽게 되고, 그다음은 차례대로 6, 9, 12, 15, 18, 21, 24, 27, 30, 33, 36, 39번에 앉은 사람이 죽는다. 그런 다음부터는 죽은 사람을 제외하고 계속해서 3의 배수가 되는 순서에 앉아 있는 사람이 죽게 된다. 그러면 39번에 앉아 있는 사람 다음에 죽게 되는 사람은 1번이다.

그림에서 검은색 번호는 요세푸스와 결사대원들이 앉은 순서를, 파란색 번호는 그들이 죽음을 맞이하는 순서를 가리킨다. 39번 결사대원이 열세 번째로 죽고 1번 결사대원이 열네 번째로 죽는다. 1번 결사대원 다음에 죽은 사람은 5번 결사대원인데, 3번 결사대원이 이미 죽었으므로 1번부터 세 번째 살아 있는 사람은 5번 결사대원이기 때문이다. 5번 결사대원이 죽

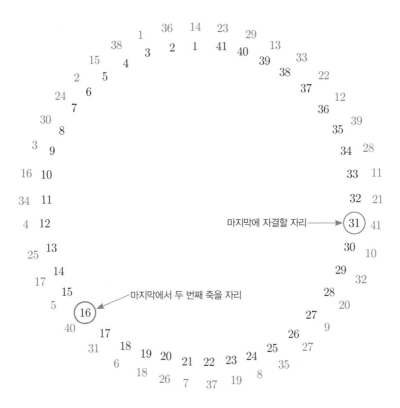

마지막에 자결할 자리 → ㉛ 41

마지막에서 두 번째 죽을 자리 ← ⑯

은 후에는 6번과 9번 결사대원이 이미 죽었기 때문에 10번 결사대원이 열여섯 번째로 죽게 된다. 이렇게 계속하면 마지막에는 16번과 31번 결사대원만 살아남게 된다.

요세푸스는 마지막 두 명이 남을 때까지 살아 있었으므로 그가 몇 번에 앉아 있었는지는 정확하지 않다. 하지만 그는 아마도 16번이었을 것이다. 왜냐하면 요세푸스는 둘만 남았을 때 상대방을 설득하여 항복했는데, 만일 그가 31번에 앉아서 마지막까지 살아남을 단 한 사람이었다면 상대방을 설득할 필요 없이 그냥 죽이고 혼자 항복하면 됐기 때문이다.

요세푸스와 결사대원들이 죽은 순서를 모두 구하면 3, 6, 9, 12, 15,

18, 21, 24, 27, 30, 33, 36, 39, 1, 5, 10, 14, 19, 23, 28, 32, 37, 41, 7, 13, 20, 26, 34, 40, 8, 17, 29, 38, 11, 25, 2, 22, 4, 35, 16, 31이다. 이것을 요세푸스 순열Josephus permutation이라고 한다. 일반적으로 요세푸스 순열은 다음과 같이 정의한다.

요세푸스는 『유대전쟁사』 이외에도 『유대고대사』, 『아피온을 반박함』 등 중요한 역사책을 집필했다. 책의 내용을 보면 도미티아누스 황제 치하에서 93년 이후에 죽었으리라 추정하는데 꽤 장수한 편이다.

자연수 m과 n에 대하여 n이 m보다 크다고 하자. 즉 $m<n$이다. n명이 동그랗게 앉아 있을 때 임의의 한 명부터 순서를 세어 나가서 m번째 사람을 모임에서 제외한다. 남은 $n-1$명에서 첫번째 제외된 다음 사람부터 다시 순서를 세서 m번째 사람을 모임에서 제외한다. 아무도 남지 않을 때까지 이것을 계속해서 반복한다. 이때 모임에서 제외되는 순서가 '(m, n) 요세푸스 순열'이다. 예를 들어 $(3, 8)$ 요세푸스 순열은 3, 6, 1, 5, 2, 8, 4, 7이다. 또 $(2, 4)$ 요세푸스 순열은 2, 4, 3, 1이다.

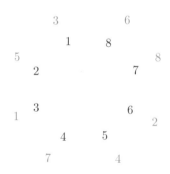

다음 동그란 모양의 그림은 $(9, 30)$ 요세푸스 순열을 구하기 위한 것이다.

(9, 30) 요세푸스 순열
$n=30, m=9$

(m, n) 요세푸스 순열에서 마지막 항이 최후의 생존자이다. 아래 표는 $n=1, 2, \cdots, 10$이고 $m=1, 2, \cdots, n$에 대하여 (m, n) 요세푸스 순열의 마

n \ m	1	2	3	4	5	6	7	8	9	10
1	1									
2	2	1								
3	3	3	2							
4	4	1	1	2						
5	5	3	4	1	2					
6	6	5	1	5	1	4				
7	7	7	4	2	6	3	5			
8	8	1	7	6	3	1	4	4		
9	9	3	1	1	8	7	2	3	8	
10	10	5	4	5	3	3	9	1	7	8

지막 항의 위치를 나타낸 것이다. 예를 들어 (3, 8) 요세푸스 순열의 마지막 항은 7이다. 즉 8명이 둥그렇게 앉은 후 3명씩 건너뛰어 선택된 사람을 죽인다면 최후의 생존자는 7번에 앉은 사람이라는 뜻이다.

특히 $m=2$인 경우 수학자들은 마지막 생존자의 위치를 구하는 식을 찾았다. $(2, n)$ 요세푸스 순열에서 마지막 생존자의 위치를 $L(2, n)$이라고 하면 다음과 같은 식을 얻을 수 있다.

$$L(2, n)=1+2n-2^{1+[\log_2 n]}$$

(여기서 $[x]$는 x를 넘지 않는 최대 정수이다. 예를 들어 $[2.4]$는 2.4를 넘지 않는 최대 정수이므로 $[2.4]=2$이다. 마찬가지로 $[2.9]=2$, $[3.1]=3$이다)

이 식으로부터 각각의 $n=1, 2, \cdots$에 대하여 마지막 생존자의 위치를 구하면 1, 3, 1, 3, 5, 7, 1, 3, 5, 7, 9, 11, 13, 15, $\cdots$이다. 이 순열은 앞에서 주어진 표의 두 번째 열로도 확인할 수 있다. 요세푸스는 수학을 이용하여 최후의 생존자가 될 수 있었던 것이다.

생활 속 순열

순열의 기호는 'permutation(순열)'의 머리글자에서 따온 것이다. 순열은 우리가 자주 지나는 교차로에서도 찾을 수 있다. 먼저 A, B, C 세 길이 만나는 삼거리를 생각해 보자. 이동 경로는 A에서 B로, A에서 C로, B에서 A로, B에서 C로, C에서 A로, C에서 B로 모두 여섯 가지가 있다. 사거리의 경우에는 A에서 B, C, D로 가는 세 가지 경로가 있고, 다른 지역도 마찬가지로 각각 세 가지 경로가 있으므로 전체 경로는 4×3=12, 즉 열두 가지가 된다. 같은 방법으로 이동 경로의 경우의 수를 구하면 오거리의 전체 경로는 5×4=20, 즉 스무 가지가 된다. 이것은 교차로의 개수에 따라 n개에서 순서를 정하여 2개를 선택하는 순열과 같으므로 $_nP_2$로 나타낼 수 있다.

순열은 암호에서도 찾을 수 있다. 일반적으로 암호를 풀려면 모든 순열을 거쳐야 한다. 예를 들어 스물여섯 자인 알파벳으로 만든 네 자리의 단순한 암호를 푸는 경우만 하더라도 그 경우의 수는 $_{26}P_4=26×25×24×23=358800$개나 된다.

12

로마로 가는 길

생성수형도

2세기 대로마제국

지중해를 호수로 만든
대로마제국

아우구스투스 때부터 로마는 황제가 다스리기 시작하여 5현제까지 최대의 영토와 최고의 국력을 가지고 유럽 대부분과 북아프리카, 소아시아 지역을 지배했다.

황제가 되려고 한 카이사르가 브루투스를 비롯한 원로원 일파에게 암살당했지만 그의 영향력은 사후에 더욱 커졌다. 카이사르가 후계자로 지목한 옥타비아누스는 카이사르의 부하 안토니우스와 함께 원로원을 해체하고 레피두스 장군을 끌어들여 제2차 삼두정치를 시작했다.

그러다가 옥타비아누스와 안토니우스 두 사람의 대립 구도로 좁혀졌는데, 안토니우스는 이집트의 클레오파트라 여왕과 손을 잡았다. 기원전 31년, 옥타비아누스의 군대가 안토니우스의 군대를 격파하자 안토니우스와 클레오파트라는 자살하고 옥타비아누스가 로마의 패권을 장악하게 된다.

옥타비아누스는 카이사르의 실패를 반복하지 않기 위해 원로원을 국가의 최고 기관으로 인정했고, 원로원은 그에게 '존엄한 자'라는 뜻의 '아우구스투스'라는 칭호와 함께 '원로원의 제1인자' 지위를 부여했다. 결국 아우구스투스는 공식적으로 황제 즉위식을 치르지는 않았지만 정치와 군사를 비롯한 황제의 권한을 모두 행사했기 때문에 이때부터 로마는 황제가 다스리는 제정 시대가 된다. 아우구스투스는 능력에 따라 공직자를 임명하는 등 개혁을 단행하고 스스로 근검절약하는 생활로 사치 풍조를 근절하여 로마의 번영을 이끌었다.

아우구스투스 집안은 폭군으로 유명한 네로까지 황제를 세습했다. 네로 이후 혼란의 시기를 겪자 원로원은 다시 원로원 출신인 네르바를 황제로 추대했다. 네르바는 황제 세습제를 바꾸어 게르마니아 총독인 트라야누스를 양자로 지명하고 황제 자리를 물려줬다. 이때부터 가장 유능한 인물을 양자로 맞아 황제 자리를 계승하는 관례가 이어졌다. 네르바, 트라야누스, 하드리아누스, 안토니누스 피우스, 마르쿠스 아우렐리우스로 이어지는 다섯 명의 현명한 황제, 즉 5현제가 등장하여 로마제국은 약 200년 동안 최고의 전성기를 누리게 된다.

로마는 잇따른 정복으로 지중해 연안을 포함하여 영국부터 아프리카 북부, 소아시아까지 지배하는 대로마제국을 건설했다. 그야말로 지중해는 로마의 호수였던 것이다. 5현제 시대(96~180년) 동안 그리스와 라틴 문명이 로마제국의 구석구석까지 보급됐고, 로마제국의 시민들은 모두가 로마의 공민이라는 의식을 가졌다.

5현제와 로마의 영광

5현제 시대를 연 네르바는 고령의 나이에 황제로 추대되어 제위 기간은 불과 몇 년밖에 되지 않는다. 그래서 그의 가장 큰 업적이 다음 황제인 트라야누스를 양자로 삼은 것이라고 이야기하는 사람들도 있다. 하지만 그는 이전 황제들의 폭정 끝에 원로원이 직접 추대한 황제이기 때문에 원로원과 협조 관계를 잘 구축하여 로마제국이 안정화되는 데 기여했다.

트라야누스는 최초의 속주 출신 황제로 히스파니아(현재의 에스파냐) 이탈리카 출신이다. 이탈리카라는 말은 '이탈리아인의 도시'라는 뜻이다. 로마와 카르타고의 포에니전쟁 때 카르타고에게 빼앗은 지역에 로마가 본국 밖에 최초로 식민지를 건설했는데 그곳이 바로 이탈리카이다. 로마 군대의 퇴역 군인들이 이탈리카에 정착했고, 아마도 현지 여자들과 결혼했을 테니 트라야누스는 혼혈이었을 가능성이 크다.

트라야누스는 독일 라인 강 유역의 게르마니아 총독이자 게르만족을 정벌하는 장군으로 이름을 드높여 네르바가 양자로 삼고서 황제 자리를 물려줬다. 군인 출신인 트라야누스는 정복 전쟁에 적극적으로 나서서 그의 제위 기간에 로마제국의 판도를 최대로 키웠다. 아프리카의 사하라 사막까지 영토를 넓혔고, 시리아 남부와 나바타에아를 속주로 만들었으며,

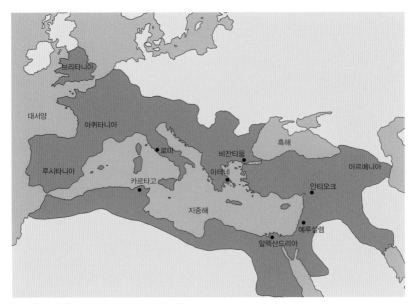

트라야누스 황제 때인 서기 117년경 로마제국의 영토
현재의 서유럽 대부분과 터키를 비롯한 소아시아 일부, 그리고 이집트를 비롯한 아프리카 북부에 걸쳐 광대했다. 지중해가 광대한 로마제국에 둘러싸여 마치 로마의 호수처럼 보인다. 이 대제국은 황제가 지배하는 지역, 원로원이 지배하는 지역, 총독이 다스리는 지역 등으로 나뉘어 있었다.

다뉴브 강 너머에 있는 다키아 지방을 정복했다. 그곳은 로마의 이름을 따서 지금도 루마니아로 불린다.

트라야누스의 친척으로 황제 자리를 물려받은 하드리아누스는 트라야누스가 이룬 로마제국의 영토를 유지하는 데 힘을 기울였다. 브리타니아(지금의 영국) 북쪽에서 적군이 로마제국 안으로 침입해 오는 것을 막기 위해 북해부터 아일랜드 해까지 110km가 넘는 긴 성벽을 쌓았는데 아직도 남아 있다. 그리고 라인 강 일대의 게르마니아 방벽도 강화하고 보완하는 등 트라야누스가 최대로 넓힌 영토를 하드리아누스는 단단히 굳혔다.

팍스 로마나

팍스 로마나^{Pax Romana}는 라틴어로 '로마의 평화'라는 뜻이다. 로마 제정이 시작된 아우구스투스 시대부터 5현제 시대까지를 일컫는 말로 팍스 로마나는 약 200년간 이어진다. 로마를 중심으로 유럽, 북아프리카, 소아시아 등 로마제국의 속주 전체가 상대적으로 평온하던 시기이다. 로마는 자신의 지배를 인정하는 범위 안에서 속주들에 일정한 자치를 허용했다. 이따금 속주에서 반란이 일어나거나 국경 지역에서 싸움이 벌어져 황제들은 대규모 정복 전쟁을 벌이거나 국경 지역의 최전선에서 많은 날들을 보내야 했다.

하지만 로마 내부에는 커다란 내전이 없었고 포에니전쟁을 일으킨 카르타고 같은 강력한 외적의 침공도 없어서 상대적으로 평화로웠다. 이 기간 동안 해적이나 약탈자를 걱정할 필요가 없어 로마의 상업은 크게 발달했다. 즉 로마제국의 강력한 군사력에 의해 로마와 로마의 속주에 평화가 지속됐고, 이 평화는 일차적으로 로마의 이익을 위한 것이었다. '팍스 로마나'라는 말은 강대국의 힘으로 만들어지는 가짜 평화를 가리키는 것으로 확장되어 '팍스 아메리카나' 같은 단어도 쓴다.

5현제 가운데 네 번째 황제인 안토니누스는 원로원으로부터 '경건한 자'라는 뜻의 '피우스' 칭호를 받아 안토니누스 피우스로 불렸다. 그는 공정하고 근검절약하는 사람이어서 아내인 파우스티나 황후가 인색하다고 불평하자 "제국의 주인이 된 지금은 우리가 이전에 가졌던 것조차 우리 것이 아니오"라며 나무랐다고 한다. 온건하고 인자한 성격인 그가 황제로 있는 동안 로마제국은 아주 조용하고 평화로운 시절을 보냈다. 안토니누스는 루키우스 베루스와 마르쿠스 아우렐리우스 두 양자에게 로마를 공동으로 다스리게 했다. 두 사람 중 베루스가 재위 8년 만에 죽어 5현제 중 마지막 황제인 아우렐리우스가 단독으로 집권하게 됐다.

마르쿠스 아우렐리우스가 황제로 재위하는 동안 로마제국은 어려워지기 시작했다. 경제는 기울어갔고 전염병인 페스트가 돌아서 많은 사람들이 죽었다. 제국의 변방에는 이민족의 잦은 침입으로 전쟁이 끊이지 않아 아우렐리우스도 자주 전쟁터에 나가야 했고 결국 다뉴브 강 진영에서 전사했다. 아우렐리우스는 황제의 역할을 다하기 위해 여러 전장을 누볐지만, 한편으로는 마음의 평화와 자유를 꾀하는 스토아학파 철학자이기도 했다. 그는 전쟁터에서 『명상록』을 썼는데, 이 책은 자제심, 인내, 고통, 슬픔을 견디며 운명을 감수하는 법 등에 대한 깊은 생각을 담고 있다.

아우렐리우스는 지금까지의 관례를 따르지 않고 친아들인 콤모두스에게 황제 자리를 물려주는데, 불행하게도 콤모두스는 아버지와 달리 무능하여 네로와 더불어 대표적인 폭군으로 손꼽힌다. 타락한 생활을 하던 콤모두스가 살해당한 후 로마는 군대가 마음대로 황제를 갈아치우는 군인황제시대를 맞게 됐다. 50년 동안 무려 26명의 황제들이 난립하여 로마제국은 더욱 기울기 시작했다.

콜로세움
고대 로마의 거대한 원형 경기장이다. 기원후 70년경 베스파이아누스 황제가 건설하기 시작해 아들인 티투스 황제가 완성시켰다. 이 그림은 1757년에 이탈리아 판화가이자 건축가인 조반니 피라네시가 그린 콜로세움이다.

로마가 인류의 역사에 미친 영향은 아주 크다. 로마제국 치하에 창시된 그리스도교는 초기에 탄압받았지만, 콘스탄티누스 황제 때 인정받았고 테오도시우스 황제 때 로마의 국교가 되어 유럽으로 퍼져 나갔다. 로마의 시민법은 제국 안의 모든 민족들에게 적용되어 후대 유럽의 법에 큰 영향을 주었다.

로마제국이 남긴 유산 중 특기할 만한 것은 실용적인 문화이다. 도로, 다리, 건축물 등 토목공사 기술은 아주 수준 높아서 오늘날에도 그 유적들이 이탈리아를 비롯한 유럽 전역에 남아 있다. 로마제국은 수도인 로

세계 제국으로 호령한 로마에 관한 명언들

모든 길은 로마로 통한다

프랑스 시인이자 우화 작가인 장 드 라퐁텐의 『우화시집』에 나오는 말이다. 로마제국 때 만들어진 수많은 가도들이 결국 로마로 향했듯이 '여러 방법들이 있지만 최후의 목적은 똑같다'는 의미로 쓰인다.

모든 고대사는 로마사라는 호수로 흘러 들어갔고, 모든 근대사는 다시 로마사에서 흘러나온다

근대 역사학의 아버지라고 불리는 독일 역사학자 레오폴트 폰 랑케가 한 말이다. 광대한 제국을 건설한 로마가 과거의 문명을 흡수하여 이후 유럽 문명의 토대를 만들었다는 뜻이다.

로마는 세계를 세 번 통일했다

독일 법학자 루돌프 폰 예링이 『로마법의 정신』 첫머리에 쓴 말이다. 로마는 첫번째는 무력으로, 두 번째는 기독교로, 세 번째는 로마법으로 세계를 통일했다는 것이다.

로마에서는 로마인처럼 행동하라

미겔 데 세르반테스의 소설 『돈키호테』에 나오는 말로 유명한데, 원래는 신학자 아우구스티누스가 한 말이다. 다른 나라에 갔을 때 그 나라의 규칙을 따르고 적응하는 데 최선을 다해야 한다는 의미이다.

지중해는 로마의 호수

로마가 아프리카 북쪽, 유럽 남서부 전체, 소아시아 지역에 이르는 광대한 제국을 건설함으로써 유럽 남부에 있는 넓은 지중해가 로마제국 안에 있는 호수 같아졌다는 뜻이다.

로마의 아피아 가도Via Appia

로마제국이 만든 도로로, 건설 당시의 감찰관 아피우스 클리우디우스 카이쿠스의 이름에서 따와 아피아 가도라 불린다. 로마에서 시작하여 이탈리아 동쪽 아드리아 해에 붙어 있는 브린디시까지 이어진다.

로마를 중심으로 뻗어나간 도로망

이 도로들은 이탈리아 전역, 로마제국 시절 로마 근교의 도로망. 로마를 중심으로 사방으로 뻗어 나간다. 이 도로들은 이탈리아 전역, 에스파냐, 북아프리카, 프랑스, 영국, 독일 일대의 도로망과 연결되어 로마는 제국의 어느 곳으로든 갈 수 있었다.

마를 중심으로 제국 곳곳을 혈맥처럼 잇는 도로를 건설했는데 총 길이가 15만km에 이른다. 이 도로망을 이용하여 로마는 드넓은 제국을 통치했고, 제국 안의 여러 민족과 지역은 서로 교류하고 소통했다.

모든 길은 로마로 통한다, 생성수형도

모든 길은 로마로 통한다! 프랑스 시인 장 드 라퐁텐이 한 말이다. 여기서 제국의 모든 길이 로마로 통했다면 로마에서 제국의 모든 도시로 가는 방법의 수를 구할 수 있다. 그런데 그 방법은 너무 많으므로 약간의 조건을 덧붙여 여러 도시에서 로마로 가는 경우의 수를 구해보자. 즉 로마에서 각 도시로 갈 수 있는 방법이 오직 한 가지씩 되도록 길을 선택하는 방법을 구하는 것이다.

로마제국의 수많은 도시들을 모두 그려서 나타낼 수 없기 때문에 여기에서는 다음 그림만 살펴보자.

아래의 왼쪽 그림은 도시 A, 도시 B, 도시 C, 도시 D와 로마(R) 사이에 연결된 도로를 나타낸 것이다. 오른쪽 그림은 로마에서 각 도시들로 갈 수 있는 방법이 오직 한 가지씩 되도록 길을 선택하는 방법들 가운데 하나이다.

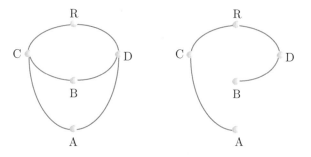

그런데 위 그림과 같이 로마에서 각 도시로 갈 수 있는 방법이 오직 한 가지씩 되도록 길을 선택하는 방법을 모두 구하기 위해서는 먼저 수형도와 생성수형도에 관해 알아야 한다.

그래프의 한 꼭짓점에서 이어진 변을 따라 변을 반복하지 않으면서 또 다른 꼭짓점으로 이동할 때 순서대로 꼭짓점을 나열한 것을 '경로'라고 한다. 위의 왼쪽 그래프에서 A에서 R로 가는 경로는 ACR, ADR, ACBDR, ADBCR이 있다. 반면 오른쪽 그래프에서 A에서 R로 가는 경로는 ACR 하나뿐이다. 하지만 두 그래프 모두 연결된 그래프이다.

한편 한 꼭짓점에서 출발하여 이 꼭짓점으로 되돌아오는 경로를 '회로'라고 하는데, 위의 왼쪽 그래프에서 경로 ACRDA는 A에서 출발하여 A로 되돌아오는 회로이다. 반면 오른쪽 그래프는 어떤 꼭짓점에서 출발해도 다시 자신으로 되돌아오지 못하므로 회로가 없다. 이 그래프처럼 회로를 가지지 않은 채 연결된 그래프를 '수형도'라고 한다.

다음 그림에서 그래프 G는 수형도이다. 그러나 그래프 H는 연결되어 있지 않고, 그래프 K는 회로를 가지므로 그래프 H와 그래프 K는 수형도가 아니다.

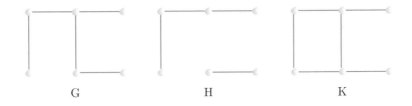

G   H   K

수형도는 회로를 가지지 않으므로 두 꼭짓점을 연결하는 경로는 유일하고, 수형도에서 변을 가장 많이 가지는 경로의 양 끝 꼭짓점의 차수는 1임을 알 수 있다. 이런 사실로부터 우리는 수형도에서 꼭짓점의 수를 v, 변의 수를 e라고 하면 $v-e=1$임을 알 수 있다. 역으로 변의 개수가 꼭짓점의 개수보다 1개 더 적게 연결된 그래프가 수형도라는 것도 알 수 있다.

연결된 그래프에서 변을 삭제하여 얻어지는 수형도를 그 그래프의

'생성수형도'라고 한다. 즉 주어진 그래프의 생성수형도는 그 그래프의 변의 일부분과 모든 꼭짓점으로 이루어진 수형도이다. 처음에 예시했던 두 그래프에서 오른쪽 그래프는 왼쪽 그래프의 생성수형도 가운데 하나이다.

이제 처음 문제로 돌아가서 로마에서 각 도시로 갈 수 있는 방법이 오직 한 가지씩 되도록 길을 선택하는 방법을 구해보자. 그런데 이 방법은 로마와 도시들을 꼭짓점으로 하고 각 도시를 잇는 길을 변으로 하는 그래프의 생성수형도의 수를 구하는 것과 같음을 알 수 있다. 따라서 우리는 오른쪽 그래프의 생성수형도의 개수를 구하면 된다.

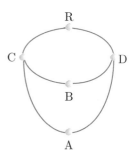

이 그래프에서 꼭짓점의 개수는 $v=5$, 변의 개수는 $e=6$이므로 생성수

로마제국 곳곳을 그물처럼 연결한 도로

로마는 기원전 3세기부터 기원후 2세기까지 500년 동안 계속 도로를 건설했다. 도로는 보통 땅속으로 1~2m 깊이까지 판 뒤 자갈과 돌을 채워 넣은 다음 표면에는 사방 70cm로 자른 마름돌을 빈틈없이 깔아 포장했다. 차도와 인도를 합쳐 너비가 약 10m 정도인데, 차도 양옆에는 배수로를 만들었고 도로 표면은 완만하게 아치형을 이루게 했다. 배수로나 아치형 표면은 물이 도로에 스며드는 것을 막아 도로가 침식되지 않도록 하기 위한 것이다.

그 덕분에 지금도 이탈리아를 비롯하여 유럽 전역에 로마제국 때 건설된 도로가 남아 있다. 이 도로들의 길이는, 일종의 고속도로 격인 돌로 포장한 도로만 약 85,000km에 달하고, 일종의 국도 격인 자갈로 포장한 간선도로까지 합하면 총 15만km에 이르렀다.

로마제국의 영토가 워낙 넓어서 이 도로를 연구하기 위해 유럽 각국의 연구자들이 동원됐다. 이탈리아 학자는 이탈리아 지역, 프랑스 학자는 갈리아 지역, 영국 학자는 브리타니아 지역, 에스파냐 학자는 히스파니아 지역을 분담했고, 소아시아나 북아프리카 지역의 도로는 유럽 연구자들이 직접 찾아가서 조사하는 방식으로 연구한 성과를 합계한 것이다.

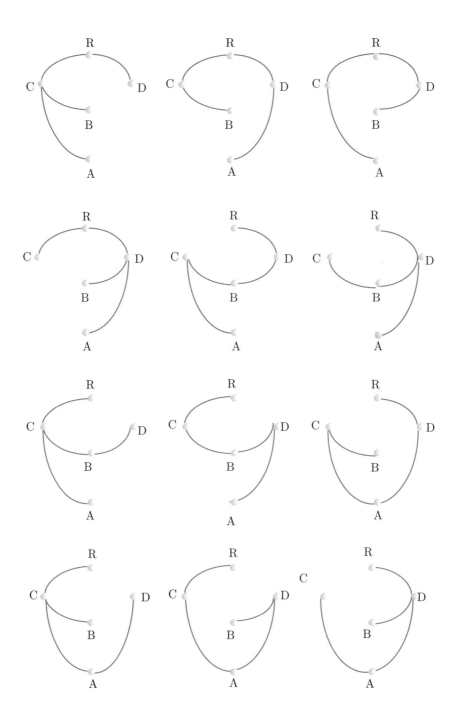

형도를 만들려면 $v-e=1$이어야 하기 때문에 2개의 변을 삭제해야 한다. 이때 변을 삭제해도 그래프가 연결되어 있으려면 A, B, R 3개의 꼭짓점 중 2개를 선택하여 각 꼭짓점에서 C, D와 연결된 변 중 1개를 없애야 하므로 우리가 구하는 생성수형도의 개수는 $_3C_2\times2\times2=12$(개)이다. 다른 방법으로도 구할 수 있는데, 6개의 변 중에서 삭제할 2개의 변을 고르는 경우의 수는 $_6C_2=\dfrac{6\times5}{2!}=15$이다. 이때 삭제하는 2개의 변이 CR과 DR, BC와 BD, AC와 AD인 경우는 연결된 그래프가 되지 않는다. 따라서 우리가 구하는 생성수형도의 개수는 $15-3=12$(개)이다. 왼쪽 그림은 이 그래프의 생성수형도를 실제로 모두 구한 것이다.

이처럼 수학적으로 다가가면 로마 시대에 어떤 도시에서 로마로 가는 길이 우리가 상상하는 이상으로 많았음을 실감할 수 있다. 이것은 그만큼 로마제국의 문명과 문화가 활발하게 교류됐다는 증거이다. 이런 교류가 로마를 1천 년 이상 지속시킬 수 있었던 견인차였던 것이다.

그래프

꼭짓점과 꼭짓점을 잇는 변으로 이루어진 도형을 '그래프'라고 한다. 보통 그래프는 꼭짓점의 집합을 V, 변의 집합을 E라고 하면 $G=(V,\ E)$로 나타낸다. 예를 들어 위의 두 그림은 각각 그래프이고, 왼쪽 그래프의 꼭짓점의 집합은 $V=\{A,\ B,\ C,\ D,\ R\}$, 변의 집합은 $E=\{AC,\ AD,\ BC,\ BD,\ CR,\ DR\}$이다. 반면 오른쪽 그래프의 꼭짓점의 집합은 $V=\{A,\ B,\ C,\ D,\ R\}$로 같지만 변의 집합은 $E=\{AC,\ BD,\ CR,\ DR\}$이다.

차수

그래프에서 한 꼭짓점에 연결된 변의 개수를 그 꼭짓점의 '차수'라고 한다. 예를 들어 166쪽 왼쪽 그래프에서 꼭짓점 A, B, R의 차수는 각각 2이고 꼭짓점 C, D의 차수는 각각 3이다.

13

싸움의 달인 삼국의 명장들

원의 성질

3세기 중국 삼국시대

전쟁으로 날이 새고 진 삼국시대와
남북으로 나뉜 남북조시대

후한 말 혼란기에 위, 촉, 오 삼국이 다투다가 진이 위를 뒤이어 왕조를 세웠지
만 남쪽으로 피해 가고, 북쪽에는 다섯 이민족이 여러 왕조를 세워 북쪽은 이
민족 왕조, 남쪽은 한족 왕조인 남북조시대가 열린다.

중국은 후한(25~220년) 말기에 나라 전체가 혼란에 빠졌다. 지방에서는 호족들이 힘을 키워 서로 분열하
며 정치를 혼란케 했고, 극심한 기근이 되풀이됐으며, 수십만 농민들은 새로운 왕조를 건설하겠다는 명분
으로 전국 각지에서 황건적의 난을 일으켰다.

한漢 황실은 반란을 진압할 힘이 없었기 때문에 전국 각지의 지방 호족들이 반란을 진압한다는 구실로 군
사를 일으켰다. 황건적의 난은 진압됐지만 한은 멸망하고 지방 호족들 중 가장 세력이 컸던 조조, 유비, 손
권이 각각 위魏, 촉蜀, 오吳를 세워 삼국시대(221~280년)가 펼쳐졌다.

280년, 세 나라 중 가장 강했던 위의 실력자 사마염이 황제 자리를 빼앗고 진晉(서진이라고도 한다)을 건국
하여 삼국을 완전히 통일했다. 하지만 왕실이 치열하게 다투는 틈을 타서 북쪽의 흉노가 쳐들어와 진을
무너뜨렸다. 317년, 진 왕족은 남쪽으로 내려가서 다시 나라를 세웠는데 이를 동진이라 한다. 이때 북쪽에
서는 오호(五胡, 호胡는 오랑캐라는 뜻으로 중국 한족의 입장에서 이민족을 일컫는다)라고 불리는 흉노, 갈족(흉노
와 같은 민족), 선비족(터키계), 강족(티베트계), 저족(티베트계) 다섯 민족이 황허 유역을 점령하고 잇따라 열
여섯 나라를 세우는 5호16국 시대가 펼쳐졌다.

그 뒤 선비족이 세운 북위가 북쪽 지방을 통일하고, 남쪽 지방에는 동진에 이어 한족 왕조가 번갈아 들어
섰다. 즉 남북으로 나뉘어 남쪽은 한족 왕조가, 북쪽은 이민족 왕조가 세워져 중국이 남북으로 분열됐는
데, 이를 남북조시대라고 부른다. 남북조시대는 수隋가 589년에 중국을 통일하면서 끝난다.

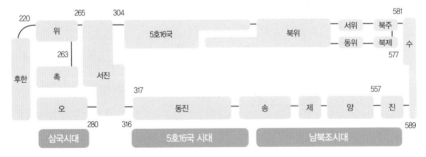

위·진·남북조시대라는 것은 중국의 한족 왕조와 연계하여 시대를 구분을 하는 관점이다. '위·진'의 경우 위, 촉, 오 삼
국 중 오가 가장 오래 버텼지만 진이 위를 계승했기에 위를 삼국시대의 대표적인 나라로 삼았다. 5호16국이 엄연히 중국
의 반쪽을 차지했으나 진을 대표 왕조로 삼은 것이다.

삼국시대의 영웅을 그려낸 『삼국지』

소설 『삼국지』로 잘 알려진 위, 오, 촉의 삼국시대 즈음은 지독한 기근과 질병으로 황폐해진 시기였다. 중국 인구사에 따르면 한 중기에 5,600만 명이던 인구가 후한 말기의 극심한 혼란 속에 3,000만 명으로 줄었으며, 삼국시대에는 1,600만 명으로 급감했다고 한다. 힘겨운 삶을 이어가던 농민들은 결국 종교에 빠지거나 반란을 일으켰다.

원래 의원이었던 장각은 주술과 의술로 인기를 모았는데, 자기가 지은 죄를 반성하고 참회하면 병이 나을 뿐만 아니라 생명도 연장된다는 태평도라는 신흥종교를 만들어 농민들에게 파고들었다. 그리고 "푸른 하늘(한)이 망하고 노란 하늘(황건)이 들어설 것이다"라면서 한 왕조가 붕괴한다고 예언했다. 장각은 순식간에 수만 명에 이르는 무리를 모아 농민 봉기를 일으켰다. 그들은 머리에 노란색 두건을 두르는 것으로 자기 무리를 표시하여 황건적黃巾賊이라 불렸다.

중국의 삼국시대는 진에 의해 통일됐고, 이 과정을 기록한 책이 서진의 진수가 지은 『삼국지』이다. 그런데 이 책은 우리가 흔히 알고 있는 소설 『삼국지』가 아닌 역사책이다. 진수는 촉에서 태어났지만, 촉이 위에 망하고 위도 진의 사마염에게 왕조를 물려준 뒤 진의 관리가 된 사람이다. 그래서 삼국 중 위를 정통으로 삼아 역사를 서술했다.

『삼국지』의 내용은 사람들의 입에서 입으로 전해지면서 살이 붙고 야사와 잡기가 더해져 흥미진진해졌다. 이를 글로 옮겨서 한 편의 장편소설을 만든 사람이 1천 년 뒤인 명明 때 나관중이다. 나관중은 삼국시대에 한의 부흥을 꿈꾼 촉의 유비를 주인공으로 하고 수많은 실존 인물들을 등장시킨 『삼국지연의』로 삼국시대를 재탄생시켰다. 『삼국지연의』가 우리가 보통 즐겨 읽는 『삼국지』이다.

『삼국지』에는 영웅호걸들이 무수히 등장하는데, 그 인물들은 하나같이 출중한 무예와 뛰어난 지략을 자랑한다. 전한 경제의 아들 중산정왕 유승의 후손인 촉의 유비는 한 왕족 출신이라는 신분과 훌륭한 인품으로 당대의 인재들을 자기 품으로 끌어들인다. 유비와 도원결의를 하여 의형제를 맺은 관우, 장비와 조운(조자룡)이 명장으로 유명하고, 제갈량은 뛰어난 지략을 지닌 명재상이다.

『삼국지연의』의 삽화
조조가 유비를 초대해 누가 천하의 영웅이라 할 수 있는지를 두고 대화하는 장면이다.
『삼국지연의』는 위, 촉, 오 3국의 역사에서 이어져 온 이야기들을 나관중이 14세기에 장편 역사소설 형식으로 썼다. 나관중이 쓴 원본은 전해지지 않고, 명나라 1522년에 간행된 것이 가장 오래되었는데 원본에 가깝다고 여겨진다. 17세기 청나라 때 모성산과 모종강 부자가 다시 다듬은 『삼국지연의』가 가장 인기 있는 판본이다.

『삼국지연의』에서는 위의 조조를 간웅으로 묘사했지만, 조조는 시와 문장에 뛰어나고 머리도 좋으며 통솔력까지 갖춘 인물이었다. 위의 장수로는 곽가, 사마의, 전위, 장료 등이 유명하다. 물자가 풍부한 동남쪽에 자리 잡은 오는 춘추시대 명장인 손자의 후손으로 여겨지는 손견을 이어 손책, 손권이 이끌었는데 그의 휘하에서는 노숙, 주유, 육손, 감영 등이 뛰어나다.

천하의 영웅들 중에서도 촉의 제갈량이 가장 두드러진다. 제갈량은 세상을 피해 시골에 은둔하고 있었는데, 유비는 세 번이나 찾아가 청하는 삼고초려三顧草廬 끝에 제갈량을 재상으로 삼았다. 유비는 죽을 때 제갈량에게 자기 아들 유선이 제왕의 자질을 지녔다면 잘 보필하고, 그러지 못하면 제갈량이 직접 황제의 자리에 오르라고 유언했다. 제갈량은 눈물을 흘리며 고마운 분부에 감사하고 자신이 죽는 날까지 어린 주군을 위해 충성을 다했다.

삼국을 통일한 진을 **남쪽으로 밀어낸 오랑캐들**

삼국을 통일한 서진은 흉노의 유연이 세운 한에 멸망했다. 유연이 황제를 칭하고 나선 뒤부터 북쪽 유목민들은 각지에서 자립하여 우후죽순으로 나라를 세웠다. 중국 역사가들은 '다섯 오랑캐가 세운 열여섯 나라'라는 의미에서 5호16국이라고 이름을 붙였다.

어떤 민족이든 다른 민족에 대한 우월 사상을 조금씩은 가지고 있어서 서양의 그리스인이나 로마인도 북쪽 민족을 야만인이라는 뜻의 '바바리안'이라고 불렀다. 중국인은 자기 민족의 우월성을 자랑하는 중화사상이 좀더 강하여 다른 민족들은 다 얕잡아 오랑캐라고 했다. 중국인은 오랑캐도 세분하여 중국의 북쪽에 있는 민족은 북적, 남쪽에 있는 민족은 남만, 서쪽에 있는 민족은 서융, 동쪽에 있는 민족은 동이라고 불렀다. 북적은 흉노·몽골 등을, 서융은 토번·위구르를, 남만은 베트남·부난·오·월을(나중에는 포르투갈, 스페인도 포함시킨다), 동이는 여진(만주)·거란·예맥(한국)·왜(일본)를 가리켰다.

제갈량은 통쾌하고 흥미진진한 지략으로 여러 차례 위와 오를 괴롭혔지만 오장원에서 위와 대결하던 중에 병으로 숨진다. 제갈량은 숨지기 전에 자신이 죽은 뒤에도 촉의 군대가 안전하게 후퇴할 수 있는 방안을 짜두었다.

그때 위의 장수는 사마의였는데, 그는 대군을 거느리고도 제갈량의 지모가 두려워 감히 맞서서 싸우지 못하다가 제갈량이 죽었다는 소식을 듣고 기뻐하며 즉시 진군을 명령했다. 하지만 촉의 진두에는 '한승상무향후 제갈량'이라는 깃발을 휘날리는 커다란 수레가 보였고, 두건을 두른 제갈량이 부채를 들고 그 수레 위에 앉아 있었다.

사마의는 제갈량이 계략을 꾸며 자기가 죽었다는 헛소문을 낸 줄 알고 전군에게 후퇴 명령을 내렸고 그 자신도 도망친다. 이 이야기에서 '죽은 제갈량이 산 사마의를 쫓았다'라는 말이 나와 지금도 죽은 사람의 권위 앞에서 산 사람이 맥을 추지 못할 때 많이 쓰인다.

제갈량 한 사람에게 의지하는 바가 컸던 촉은 제갈량이 죽은 뒤에 쇠락하여 위가 멸망시키고, 위는 조조의 손자인 원황제 조환 때 사마염에게 황제 자리를 빼앗기고, 사마염은 진을 세운다.

유비는 지금의 쓰촨 성 지역을 근거지로 삼았다. 변방인 데다가 땅덩이도 작았지만 유비는 뛰어난 신하들을 많이 거느렸다. 유비는 한 황실의 자손이라 칭했기에 국호를 '촉' 또는 '촉한'이라 했는데, 촉은 쓰촨 성의 다른 이름이다.

『삼국지』의 배경이 되어준 삼국시대는 소설 속 내용보다 훨씬 가혹한 전쟁의 시대였다. 하지만 격렬한 경쟁에서 살아남기 위해서는 재정을 튼튼히 하고 군사력을 강화하는 데 온 힘을 기울여야 했는데, 이런 노력은 이후 중국의 다른 왕조가 국가를 운영하는 데 필요한 제도를 마련해 줬다.

삼국 영웅들의 **고사성어**

유비의 수어지교水魚之交

물과 고기의 사귐이라는 뜻으로, 고기가 물을 떠나서는 잠시도 살 수 없는 것과 같은 관계를 일컫는다. 유비는 제갈량을 등용한 후 깊이 신뢰하며 점점 친밀해졌다. 유비와 의형제를 맺은 관우와 장비가 이를 불평하자 유비는 그들을 불러서 이렇게 타일렀다. "나에게 공명이 있다는 것은 물고기가 물을 만난 것과 마찬가지이다. 다시는 불평하지 말게." 그 뒤 관우와 장비는 더 이상 불평하지 않았다고 한다.

제갈량의 칠종칠금七縱七擒

일곱 번 잡았다가 일곱 번 풀어준다는 뜻으로, 인내심을 가지고 상대가 고개 숙여 들어오길 기다린다는 말이지만 상대를 내 마음대로 다룬다는 의미로도 쓰인다. 유비가 죽은 후 촉나라에는 반란군이 여기저기에서 일어났는데, 그중에는 맹획이라는 장수도 있었다. 제갈량은 계략을 써서 맹획을 생포했지만 오랑캐의 절대적인 신임을 받고 있는 그를 죽일 필요가 없다고 판단하여 풀어줬다. 고향에 돌아온 맹획은 전열을 재정비하여 다시 반란을 일으켰지만, 제갈량은 또다시 그를 잡아들인 뒤 풀어줬다. 이러기를 일곱 번, 마침내 맹획은 제갈량에게 마음으로 복속하여 부하가 됐다.

조조의 계륵鷄肋

닭의 갈비는 먹을 것이 없으나 그래도 버리기는 아깝다는 뜻으로, 큰 쓸모나 이익이 없어도 완전히 버리는 아까운 것을 비유할 때 이 말을 쓴다. 위의 조조는 한중 땅을 놓고 촉의 유비와 싸우면서 진퇴를 고민하고 있었다. 늦은 밤에 찾아온 부하에게 조조는 "계륵"이라고만 말했고, 그 이야기를 전해 들은 막료들은 무슨 뜻인지 몰라 어리둥절했다. 이때 양수가 짐을 꾸리기 시작했다. 사람들이 물어보자 양수는 "무릇 닭의 갈비는 먹음직한 살은 없지만 그냥 버리기는 아까운 것이다. 공은 돌아갈 결정을 내리실 것이다"라고 말했다. 과연 그 말대로 조조는 이튿날 철수를 명령했다.

명장들과 원의 성질

소설『삼국지』에는 격렬한 전투가 생생하게 묘사되어 있을 뿐만 아니라 서로 속고 속이는 지략과 권모술수, 다양한 사람들의 파란만장한 인생까지 녹아 있어 풍부하고 다양한 삶의 지혜를 얻을 수 있다. 게다가 그 내용을 수학으로 풀어봐도 흥미로운 사실들을 많이 찾을 수 있다.

『삼국지』에 등장하는 관우, 장비, 조운, 여포 등과 같이 싸움을 매우 잘하는 장수들은 대부분 길이가 긴 무기를 사용했다. 관우의 청룡언월도, 여포의 방천화극, 조운의 장창 등은 모두 칼보다 긴 창의 형태였다. 그 가운데 가장 긴 것은 장비의 장팔사모였다. 장팔사모는 1장 8척으로 기록되어 있는데, 1척은 당시 중국의 도량형으로 23cm이므로 약 4m 14cm가 된다.

길이가 4m쯤 되는 창을 휘두르면 반지름이 4m인 원 안에 들어오는 적군을 모두 처치할

장비의 동상
중국 쓰촨성 광위안에 있는 소화고성(자오화구청)에 있는 동상이다. 소화고성에는 장비가 밤중에 벌어진 전투에서 말을 타고 뛰어넘었다는 제방도 있다.

수 있다. 즉 50m² 안에 있는 적군을 모두 물리칠 수 있는 것이다. 이를테면 장비를 원의 중심이라고 할 때 그가 팔을 뻗지 않고도 창이 닿을 수 있는 길이는 반지름이 된다. 그 원 안에 있는 적들은 모두 장비의 창에 찔려 죽게 된다.

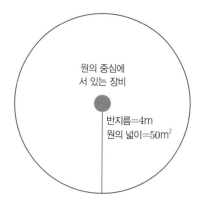

원의 중심에 서 있는 장비

반지름=4m
원의 넓이=50m²

원의 넓이가 (3.14)×(반지름)×(반지름)이므로 장비가 사용하는 창의 사정권은 약 (3.14)×4×4≒50m²이다

그렇다면 적군들이 장비에게 한꺼번에 달려들면 어떻게 될까? 적군들이 한꺼번에 달려들어 장비와 싸우려면 서로의 칼을 피해야 하므로 서로의 공격권 안에 들어가면 안 된다. 장팔사모의 공격권 경계는 반지름의 길이가 4m인 원의 둘레이므로 $2\pi r=8\pi≒25m$이다.

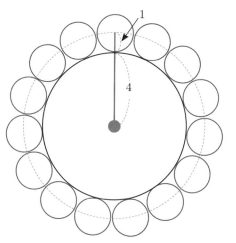

우선 길이가 1m인 칼을 들고 달려드는 경우는 위 그림과 같이 반지름의 길이가 5m인 원에 반지름의 길이가 1m인 원을 몇 개 놓을 수 있는지 구하면 된다. 그런데 $2\pi r=10\pi≒31m$이므로 기껏해야 15명이라는 것을 알 수 있다.

적군의 무기가 장팔사모의 길이와 같은 4m라고 할지라도 장비에게 달려들 수 있는 적군은 6명뿐이다. 적군이 장비와 싸우려면 앞에서와 마찬가지로 서로의 창을 피해야 하므로 서로의 공격권 안에 들어가서는 안 된다. 그래서 서로의 공격권에서 벗어난 채 가장 가깝게 접근하려면 오른쪽 그림과 같이 모두 6개의 원이 만나는 경우뿐이다.

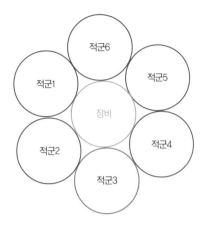

그런데 이렇게 6명이 동시에 장비와 싸우는 것도 쉽지 않다. 장비와 적군들이 모두 창을 휘두르며 다가선다면 원이 겹쳐진다. 원이 겹친다는 것은 잘못하면 장비에게 다가섰던 적군들끼리 서로의 창에 찔려 상처를 입게 된다는 것을 의미한다. 서로의 창과 창이 부딪치지 않고 장비에게 접근할 수 있는 병사는 기껏해야 3명이다. 많아야 3명만이 장비에게 접근할 수 있는데, 장비의 싸움 실력으로 3명쯤은 한꺼번에 너끈히 물리쳤을 것이다.

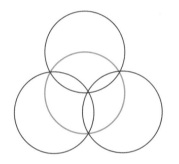

가운데 원을 장비라고 가정하고 적군 3명이 동시에 공격한다면 장비의 창이 군졸에게 상처를 입힐 것이다. 더 가까이 접근하면 군졸들끼리 서로의 창에 다칠 것이다.

『삼국지』와 수학

관도대전에 필요한 식량

『삼국지』의 유명한 전투 중 원소와 조조가 맞붙은 관도대전이 있다. 이 전투에서 원소는 70만 대군을 이끌고 관도로 진군했다. 과연 원소의 그 많은 대군이 관도에 가서 싸움을 하려면 얼마나 많은 식량이 필요했을까? 한 사람이 하루에 소비하는 식량을 500g이라고 가정하면, 70만 명이 하루에 소비하는 식량은 350,000kg, 즉 350톤이다. 만약 이동과 전투를 하는 데 걸리는 기간이 30일이라면 무려 10,500톤의 식량이 필요하다.

옛날에는 지금의 트럭과 같이 많은 짐을 실을 수 있는 운송 수단이 없었다. 마차 하나에 500kg 정도까지 실을 수 있다고 가정하면 병사들의 식량을 나르기 위해 모두 21,000대의 마차가 필요하다. 그리고 이 마차를 끌 말이나 소도 21,000마리가 필요하다. 또한 기마병들이 타는 말도 따로 있었을 테니 기마병이 10만 명이라면 말과 소는 모두 121,000마리가 필요하다. 게다가 121,000마리가 먹어치우는 먹이도 사람이 하루에 먹는 양과는 비교할 수 없을 만큼 많아야 할 것이다.

유비 대군의 길이

『삼국지』에는 70만 대군이 진군하는 또 다른 장면도 있다. 바로 유비가 관우의 원수를 갚기 위해 손권을 공격하는 장면이다. 유비는 촉의 수도인 성도에 제갈량을 남겨놓고 자신이 직접 군사를 몰아 순식간에 오의 성들을 차례로 공격했다. 유비의 군대는 70여만 명으로 구성된 대부대였으므로 가는 곳마다 승리하며 손권이 머무는 건업성 가까이 접근했다. 이에 다급해진 손권은 육손이라는 젊은 장수를 도독으로 임명하고 유비를 막게 했다.

육손은 유비의 군대가 몰려오면 적당히 싸우다가 후퇴하기를 반복했다. 어느덧 유비는 후퇴하는 육손을 뒤쫓아 오의 땅 깊숙이 진격하게 됐다. 유비는 마지막으로 손권을 총공격하기 위해 장강을 끼고서 길게 영채를 세워 공격 준비를 했다. 장강을 따라 약 300km에 걸쳐 40여 곳에 나누어 주둔하고 있었던 유비군은 주둔부대의 맨 뒤에 있었던 유비가 직접 지휘했다. 여기에서 알 수 있듯이 70만 대군을 길게는 약 300km까지 펼칠 수 있다. 그렇다면 짧게는 어느 정도일까? 군졸 1명이 창이나 칼, 그리고 방패를 들고 1m 간격으로 줄지어 서 있다고 가정해 보자. 한 줄로 섰을 경우는 700,000m=700km이고, 4명씩 서서 진군한다면 175km이며, 10명씩 서서 진군한다고 해도 70km가 된다. 2010년 통계청 자료에 의하면 제주도 인구가 약 53만 명이므로 제주도민보다 훨씬 많은 사람들이 한꺼번에 이동한 셈이다.

14

로마의 영광을 되살린 유스티니아누스 황제

성 소피아 성당의 돔

6세기 비잔티움 제국

비잔티움 제국,
천 년을 이어가다

로마제국이 동서로 나뉜 뒤 동로마인 비잔티움 제국은 유스티니아누스 황제
때 전성기를 누렸고, 천 년 동안 전제군주제를 유지하며 동양과 서양의 완충
지대 역할을 하다가 15세기에 오스만튀르크에게 멸망당한다.

프랑크 족
서고트 족
콘스탄티노플
로마
비잔티움 제국
흑해
사산조
페르시아
지중해
예루살렘
알렉산드리아
홍해

■ 유스티니아누스 황제 이전의 영토
■ 유스티니아누스 황제의 영토 확장

로마제국의 부활을 꿈꾼 유스티니아누스 황제는 영토를 확장
하여 다시 지중해를 비잔티움 제국의 호수로 만들었다. 이때
콘스탄티노플은 100만 명이 넘는 사람들이 모여 사는 대도시
가 됐고, 길바닥은 돌로 매끈하게 포장할 정도로 큰 번영을 누
렸다.

로마제국은 쇠퇴하여 395년에 동쪽과 서쪽의 로
마로 분열된다. 서로마제국의 수도인 로마는 이후
게르만족의 대이동으로 세 번이나 불타는 수난을
겪었다. 결국 서로마제국은 476년에 멸망했고 서
고트왕국, 동고트왕국, 반달왕국, 부르군트왕국, 프
랑크왕국, 룸바르드왕국 등 수많은 게르만 왕국이
건국됐다. 그러나 이런 왕국들은 오래가지 못했다.
프랑스 북부에 세운 프랑크왕국만이 오랜 기간 존
속하여 서유럽의 역사에 큰 발자취를 남겼다.

세계사에서 일찍 사라진 서로마에 비해 동로마는
1453년에 오스만튀르크에게 멸망할 때까지 존속
했는데, 이 제국을 비잔티움 제국이라 한다. 서로
마와 함께 로마제국을 양분한 동로마의 수도는 현
재 터키의 이스탄불인 콘스탄티노플이었다. 동로마제국은 306년경부터 1453년에 멸망할 때까지 중세 유
럽에서 가장 막강한 전제군주제 국가였다. 서로마가 멸망한 뒤 유스티니아누스 황제 때는 옛 로마제국의
영토를 거의 되찾을 정도로 지중해 세계의 중심지 역할을 했다.

그러나 비잔티움 제국은 11세기에 접어들어 권력을 가진 몇몇 사람들이 거의 대부분의 토지를 소유하게
되면서 자영농이 대폭 줄어들고 군사력이 와해되어 몰락의 길을 걷기 시작했다. 여러 번의 외부 침입과
내부 문제로 시달리다가 1204년에 제4차 십자군이 콘스탄티노플을 점령하여 제국의 수도가 그리스인과
라틴인의 각축장이 되면서 결정적인 타격을 입었다. 그리고 14세기의 내전으로 비잔티움 제국은 국력을
소진하여 결국 15세기에 오스만튀르크의 침공을 받아 역사 속으로 사라졌다.

비잔티움 제국의 전성기를 만든 유스티니아누스 황제

비잔티움 제국은 6세기 중엽 유스티니아누스 황제 치하에서 전성기를 누렸다. 황제인 삼촌이 무식하고 나라를 다스릴 능력이 부족하여 일찍부터 조카인 유스티니아누스를 양자로 삼아 제국을 같이 다스리게 했다. 유스티니아누스는 삼촌과 달리 학식이 깊었고 옛 로마의 영광을 재현하기 위해 노력했다.

유스티니아누스 황제는 먼저 넓은 영토와 많은 민족을 거느리는 비잔티움 제국의 내부를 하나로 통합하여 안정시키기 위해 기존 로마법을 집대성하고 재정비하여 새로운 법전을 편찬했다. 이때 만들어진 법이 '로마법 대전'인 '유스티니아누스 법전'으로 유럽의 여러 나라에 영향을 주었다. 이 법전에는 다음과 같은 독특한 내용들도 들어 있다.

- 바다와 바닷가는 모든 사람의 소유이다. 제국의 모든 사람은 누구나 마음대로 바닷가에 갈 수 있다. 누구도 바닷가를 자기 땅이라고 주장하거나 다른 사람에게 나가라고 할 수 없다.
- 강은 모든 사람의 소유이다. 제국의 모든 사람은 누구나 강에서 물고기를 잡을 수 있다. 아무도 그것을 막을 수 없다.

- 파도에 밀려온 보석이나 값진 재물은 바닷가에서 그것을 발견한 사람이 가져도 된다.
- 노예를 소유하면 급여를 주지 않고 부려먹어도 된다. 하지만 노예가 주인에게 덤비지 않는 한 노예를 때리거나 학대할 수 없다.

제국의 내실을 다지고 안정시킨 뒤 유스티니아누스 황제는 바깥 세계로 눈을 돌려 해외 영토 정복에 나섰다. 비잔티움 제국은 곧 지중해 연안, 이탈리아 반도, 소아시아, 아프리카에 이르는 옛 로마제국의 영토를 대부분 되찾았다.

유스티니아누스는 황제가 되기 전에 테오도라라는 여자와 결혼했는데, 그녀는 미천한 신분 출신이었다. 테오도라의 아버지는 콘스탄티노플

서로마제국을 멸망에 이르게 한 흉노의 이동

서로마제국은 게르만족이 남쪽으로 이동하여 멸망했다. 게르만족은 동쪽에서 훈족이 쳐들어오면서 자기 땅을 잃고 쫓겨나 로마제국 곳곳을 휩쓸 수밖에 없었다. 유목민인 훈족의 유럽 진출은 도미노처럼 여러 민족들의 대이동을 낳아 결국 서로마제국의 멸망에까지 이른 것이다. 훈족은 중국의 서진도 멸망시켰다.

훈족은 게르만족이 부르던 이름으로 흉노의 한 갈래이다. 흉노는 몽골 및 중국 북부 지방에서 생활하던 유목민으로 쉼 없이 중국 땅으로 들어가 식량을 약탈했다. 흔히 가을을 천고마비天高馬肥의 계절이라 부른다. 흉노는 자신들이 이동 수단으로 이용하는 말이 통통하게 살찌는 가을이면 어김없이 중국 땅으로 쳐들어갔기 때문에 중국인에게는 가을이 공포와 두려움의 계절이었다. 진시황제가 대대적으로 만리장성을 쌓은 것도 흉노의 침입을 방지하기 위해서였다.

우리 역사에 자주 등장하는 돌궐도 흉노의 한 갈래로 그 후손이라고 한다. 돌궐은 튀르크를 가차假借, 어떤 뜻을 나타내는 한자가 없을 때 그 단어의 발음에 부합하는 다른 문자를 원래의 뜻과는 관계없이 빌려 쓰는 방법)한 말로 같은 민족을 일컫는다. 튀르크의 일파인 셀주크튀르크와 오스만튀르크는 역사상 대제국을 이루기도 했는데, 현재 비잔티움 제국의 주요 지역을 차지하고 있는 터키 국민들은 자신들이 튀르크, 즉 돌궐의 후예라고 말한다.

의 전차 경기장에서 서커스단 조련사로 일했고, 테오도라도 어린 시절부터 경기장의 광대로 일하다가 나중에는 무희가 됐다고 한다. 그런데 당시 비잔티움 제국은 법적으로 귀족과 천민의 결혼을 허가하지 않았다. 그러나 사랑에 빠진 유스티니아누스는 황제인 삼촌을 설득하여 법을 개정하고 결국 테오도라와의 결혼을 성사시켰다. 귀족들은 황후의 집안과 직업 때문에 처음에는 편견을 가졌지만, 테오도라는 특유의 총명함과 활력으로 귀족들의 선입견을 불식하고 유스티니아누스 황제에게 현명한 조언을 하여 제국의 정책에 많은 영향을 미쳤다.

유스티니아누스가 황제에 오른 지 몇 년 되지 않았을 때 반란이 일어나서 귀족들 마음대로 새 황제를 선출하고 콘스탄티노플을 파괴하며 궁전까지 불태웠다. 겁

유스티니아누스 1세와 테오도라 황후
이탈리아 아드리아해 연안에 있는 옛 도시 산 비탈레 성당에 있는 모자이크에 황제와 황후가 형상화되어 있다.

성 소피아 성당
훗날 콘스탄티노플을 점령한 오스만제국의 술탄 무하마드 2세는 성 소피아 성당을 이슬람의 모스크로 바꿨다. 우상 숭배를 철저히 금지하는 이슬람교의 원칙에 따라 성당 내부의 모자이크를 다 지워야 했지만, 그 아름다움에 반한 무하마드 2세는 모자이크를 없애는 대신 석회를 발라서 덮어버렸다. 덕분에 비잔티움 제국의 모자이크화를 지금도 볼 수 있다.

에 질린 유스티니아누스는 콘스탄티노플을 버리고 도망가려 했다. 그런데 테오도라 황후가 '황제는 황제답게 죽어야 한다'면서 당당히 맞서라고 설득했고, 이에 용기를 얻은 유스티니아누스는 장군들을 불러서 반란을 진압하게 했다. 유스티니아누스는 평생 테오도라 황후에 대한 고마움과 사랑을 버리지 않았다.

유스티니아누스는 반란의 위기를 타개하고 반란으로 불타버린 콘스탄티노플을 재건했다. 이때 소실되어 거의 폐허가 되어버린 성 소피아 성당도 다시 지었다. 성 소피아 성당은 비잔티움 건축을 대표하는 건축물로, 유스티니아누스가 수도 콘스탄티노플의 권위를 높이기 위해 만든 성당답게 웅장하고 화려하여 종교적인 위엄을 드러낸다. 정사각형 벽 위에 원형 돔을 올려놓은 장대한 건축물 내부에는 성인들의 모습을 화려한 모자이크로 장식했다. 비잔티움 건축의 최고봉이라고 말해도 결코 과언이 아니다.

트랄레스의 안테미오스와 밀레토스의 이시도로스가 성 소피아 성당을 설계했는데, 100명의 감독관과 1만 명의 일꾼이 5년 10개월에 걸쳐서야 완성할 만큼 대공사였다. 이 성당이 완성된 후 537년 12월 헌당식에 참석한 유스티니아누스는 감격하여 "오, 솔로몬이여! 나, 그대에게 이겼노라!"고 외쳤다고 한다. 유대왕국의 최고 전성기를 이룬 솔로몬 왕은 야훼의 지시에 따라 금과 보석으로 화려하게 장식한 성전을 지어 봉헌했는데, 그 솔로몬의 성전보다 더 아름답고 찬란하다는 뜻이다.

성 소피아 성당의 내부 모습
비잔티움 제국이 오스만제국에 정복당한 뒤 성당은 이슬람교 사원이 되었다. 이슬람 예배 모습을 그린 이 그림은 1852년에 그려졌다.

성 소피아 성당의 돔 설계 원리

성 소피아 성당의 가장 큰 특징은 지름이 약 33m인 대형 돔과 그 돔을 받치고 있는 4개의 기둥이다. 그런데 4개의 기둥은 그 사이가 다시 돔과 같은 크기의 원형으로 이루어져 있다. 즉 4개의 기둥은 각각 정사각형의 꼭짓점이고 돔의 지름은 이 정사각형의 한 변의 길이와 같다. 이런 사실로부터 성 소피아 성당의 돔을 어떻게 설계했는지 알아보자.

① 먼저 한 변의 길이가 33m인 정사각형을 그린다. 그다음 이 정사각형의 각 변을 지름으로 하는 원을, 정사각형을 포함한 평면과 수직이 되도록 그린다. 건물이 완성됐을 때 정사각형의 꼭짓점들에는 기둥이 받치고 있게 된다.

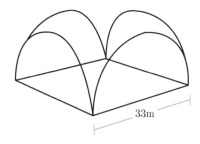

33m

② 지름이 정사각형의 대각선 길이와 같은 큰 반구를 정사각형 위에 덮는다. 그러면 이 큰 반구의 지름은 피타고라스의 정리에 의해 $33\sqrt{2}$ m이고, 정사각형의 각 변에 수직이 되도록 그려진 반원과 꼭 한 점에서만 접하게 된다.

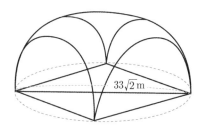

③ 큰 반구와 4개의 반원이 접하는 점을 지나는 작은 반구를 큰 반구 위에 덮는다. 이때 작은 반구의 지름은 정사각형의 한 변의 길이와 같다. 즉 수직으로 세워진 반원과 지름이 같다.

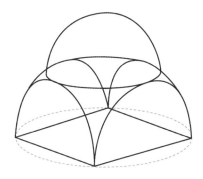

④ 큰 반구 위에 작은 반구를 정확하게 중앙에 위치하도록 덮은 이 입체도형이 바로 성 소피아 성당의 대형 돔이다. 이 입체도형의 높이는 작은 반구의 지름과 같은 33m이다. 그리고 바닥부터 돔의 가장 높은 곳까지의 높이가 약 56m이므로 돔을 받치는 기둥의 높이는 약 23m이다. 실제로 성 소피아 성당의 돔은 다음 그림과 같은 모양임을 알 수 있다.

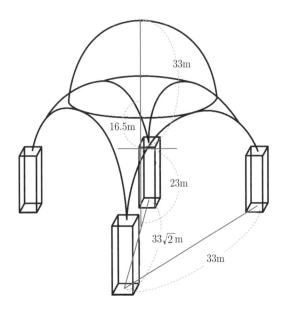

그런데 여기에서 재미있는 사실을 발견할 수 있다. 우선 기둥의 높이가 23m이고 돔 윗부분의 높이는 33m이므로 기둥 높이와 돔 높이의 비는 약 1 : 1.4이다. 물론 1천 500년의 세월이 지나면서 자연재해와 공해로 인해 돔이 약간 변형됐지만, 이 비는 거의 1 : $\sqrt{2}$에 가깝다. 1 : $\sqrt{2}$는 돔을 설계하는 과정에서 살펴봤듯이 작은 돔의 지름 33m와 큰 돔의 지름 33$\sqrt{2}$m의 비이기도 하다. 작은 돔의 반지름 16.5m와 기둥의 높이 23m 사이의 비도 약 1 : $\sqrt{2}$임을 알 수 있다. 우리는 이 비를 '금강비金剛比'라고 하는데, 금강비는 15장에서 더욱 자세히 다루겠다.

한편 기둥 사이가 33m이고 높이가 56m이므로 이 비는 약 1 : 1.69이고 이것은 거의 황금비에 가깝다. 성 소피아 성당을 지을 때 단순히 모자이크로 아름답게 치장하는 데 그치지 않고 수학을 이용하여 기하학적으로도 완벽한 아름다움을 추구하려 했음을 알 수 있다.

웅장한 건축을 가능하게 해주는 **아치와 돔**

유스티니아누스 대제는 성 소피아 성당을 자기 야심에
걸맞도록 가능한 한 크게 만들고 싶어 했다. 그러나 건
물의 크기만큼 커다래지는 지붕의 무게를 감당하는 일
은 쉽지 않았다. 그 문제를 해결하기 위해 그들이 선택
한 것은 바로 아치와 돔 구조이다. 지붕의 무게를 줄
이기 위해 지붕 밑동 내벽에 높은 아치형 창문 40개를
뚫어 전체 무게를 줄이면서 하중을 여러 갈래로 분산

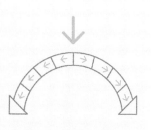

시켜 내려가게 했다. 그 외에도 성 소피아 성당의 곳곳에는 아치와 돔 구조가 사용됐다.
아치는 오른쪽 그림과 같이 쐐기 형태의 돌을 반원형으로 이어 붙인 구조를 말한다. 쐐기 형
태의 돌은 사선 방향으로 서로를 밀어내느라고 아래로 떨어지지 않으며, 위에서부터 무게가
실리면 서로를 밀어내는 힘이 더욱 긴밀해져서 오히려 강도가 더해진다. 아치를 둥글게 회
전시키면 돔이 된다. 역시 쐐기의 원리로, 위에서 가해지는 무게를 받치는 힘이 강하다는 점
은 아치와 같다.
성 소피아 성당은 웅장한 규모에 천장도 굉장히 높아서 그 건물이 모두 돌로 되어 있다는 사
실이 믿기지 않을 정도이다. 하지만 아치와 돔은 불가능해 보이는 것을 가능하게 해준다

15

당 현종이 매료된 양귀비의 미모

금강비와 황금비

8세기 중국 당

유목민의 열린 마음으로
국제적인 나라를 만든 당

남북조를 통일한 수에 이어 당이 들어섰다. 당은 영토를 확장하고 유연한 문화
정책을 펼쳐서 강하고 화려한 나라를 만들었으나 현종 이후 기울어갔다.

당을 세운 고조 이연의 초상이다.

수*는 589년에 분열됐던 남북조를 통일했지만 금방 멸망하고 당*
이 들어섰다. 수와 당 왕조를 세운 지배층은 대부분 북조에서 활약
했고 유목 민족의 피를 물려받았다. 수 왕조를 창업한 문제 양견은
북조의 외척이었는데 강제로 왕위를 빼앗아 새로운 왕조를 세웠다.
그러고는 남조의 마지막 왕조인 진*을 멸망시키고 남북조를 통일했
다. 이에 따라 한족과 맞섰던 많은 이민족들이 중국의 왕실과 역사
로 대거 들어왔다.

수 양제는 당시 동북아시아의 강대국으로 많은 유목 민족들에게 영
향력을 행사했던 고구려에 세 차례나 쳐들어갔지만 번번이 패배했
다. 또한 중국 남쪽의 양쯔 강과 북쪽의 황허 강을 연결하는 대운하
공사를 벌였는데 과도한 토목공사에 시달린 백성들은 수 왕조를 등
졌다. 결국 각지에서 일어난 반란으로 황제가 피살되고, 618년에 수
왕실의 인척인 이연이 나라를 빼앗아 당을 세웠다.

40년 만에 멸망한 수와 달리 당은 300년 가까이 지속되면서 드넓
은 영토와 화려한 문화를 자랑했다. 이 시기는 중국의 여러 왕조들
중에서도 강력한 시대로 손꼽힌다. 태종과 현종 때를 각각 '정관의
치'와 '개원의 치'라고 칭찬할 정도로 두 황제는 내부적으로는 나라
의 내정을 정비하고 외부적으로는 동돌궐과 토번을 복속시켜 중앙아시아까지 차지했으며, 우리나라의 고
구려와 백제도 멸망시켰다.

하지만 성군으로 칭송받았던 현종이 양귀비에게 빠져 국사를 망치다가 말기에 안사의 난(755년)이 일어났
다. 이후 당은 급격히 쇠퇴하여 황소의 난(875~884년)으로 다시 심각한 타격을 받았고, 결국 907년에 절
도사 주전충에게 나라를 빼앗겼다.

당은 귀족 사회였다. 귀족들이 관직을 독점하고 특권을 누리며 화려한 귀족 문화를 꽃피웠다. 수도인 장안
(지금의 산시성 시안)과 대도시 낙양(지금의 허난성 뤄양)은 세계 각지에서 방문한 외국인들로 넘쳐났고, 이백
과 두보 같은 시인들의 주옥같은 시는 아직도 많은 사람들이 입에 올린다.

성군으로 칭송받은 현종과 절세미인 양귀비

당 왕실은 유목 민족의 후예로 유목 민족의 피와 기질에다 한족의 뛰어난 문화와 제도까지 흡수하여 중국의 여러 왕조들 중에서도 탄탄하고 강력한 나라를 만들었다. 뛰어난 황제로 손꼽히는 태종이 "오랑캐 역시 사람이다. 그 감정은 중화와 다르지 않다. (…) 모두 중화만 귀하게 여기고 오랑캐는 천하게 생각했지만, 짐은 그들을 하나처럼 사랑했더니 모두 짐을 부모처럼 의지하게 됐다"고 말했듯이 당은 어떤 문물이나 관습에도 개방적이었고 이민족에 대한 편견도 적었다. 당을 세운 고조 이연은 자기 딸 19명 가운데 절반 이상을 이민족에게 시집보낼 정도였다. 수와 당 이전에 유목 민족이 세운 북조와 한족이 세운 남조가 중국 땅에 같이 존립하면서 서로 영향을 주고받은 과정이 당에 의해 커다란 흐름으로 모아진 것이다. 당은 열린 자세로 다른 문화를 다 받아들여 국제적인 문화를 만들어냈다.

당의 토지제도는 균전제였는데, 중국 한족의 역사에서 이상적인 시대로 존중받는 주의 정전제 정신을 이어받은 것이다. 이는 천하의 모든 땅은 개인의 소유가 아니라 천자로 대표되는 모두의 소유이고, 경작할 토지는 똑같이 나누어 가짐으로써 왕족과 귀족이 너무 많은 토지를 소유하지 못하게 하는 것이다. 이런 균전제가 잘 운영될 때는 나라도 안정적이었지만 시간이 흐를수록 왕족과 귀족이 넓은 토지를 차지하게 되면서 나라는 불안정하게 흔들려갔다.

유목 민족의 후예답게 당은 활발하게 정복 활동을 벌였다. 당이 가장 공략하고 싶었던 나라는 고구려였다. 당에 앞서 수가 세 차례나 고구려를 침공했지만 실패로 끝났고 결국 수가 멸망하기에 이르렀다. 태종은 먼저 고구려와 친밀한 돌궐을 공격하여 복속시켰고, 내친김에 중앙아시아로 가는 길목까지 차지했다. 또한 오늘날 티베트인 토번도 복속시켰다. 이로 인해 인도와 페르시아 문화가 당에 많이 유입됐는데, 이때 이슬람교도 처음 중국에 들어왔다. 주변이 정리됐다고 판단한 태종은 직접 대군을 이끌고 고구려 정복에 나섰다. 여러 차례 고구려를 침략했지만 번번이 실패했고, 그로 인해 태종은 병을 얻어 죽었다. 하지만 그 뒤를 이은

북주, 수, 당 왕조를 세운 사람은 같은 동네 사람들

남북조시대 마지막 왕조를 세운 북주의 우문태, 수 문제의 아버지인 양충, 당 고조의 할아버지인 이호는 모두 무천진이라는 마을의 한동네 사람들이었다. 중국의 한 학자는 "주, 수, 당 세 나라는 모두 무천에서 나왔다"고 말한다. 무천진은 지금 중국의 가장 북쪽에 있는 내몽고자치구의 인산陰山 산맥 너머 초원에 자리 잡은 작은 마을이다. 이곳은 북위 초기부터 북방의 유연족을 방어하는 군사 마을이었다. 북주, 수, 당을 세운 우문씨, 양씨, 이씨는 이 마을 출신의 장군들이었던 것이다.

또한 그들은 혼인 관계로도 이리저리 얽혀 있었다. 북주 명제의 황후, 수 문제의 황후, 당 고조의 모후는 모두 자매였다. 그러다 보니 수 문제는 외손자에게서 나라를 빼앗고, 당 고조는 이종사촌에게서 나라를 빼앗는, 다시 말해 친인척 간의 왕조 탈취가 되어버렸다.

북주 우문씨는 흉노족 아니면 선비족 계열의 유목 민족이었고, 수 양씨는 한족과 선비족의 혼혈이었으며, 당 이씨도 선비족의 혈통을 이었다고 한다. 수와 당이 중국의 어느 왕조보다도 다른 민족과 문화에 대해 개방적이었던 것은 중국 땅에서 유목 민족으로 한족과 그 문화를 수용해야 했기 때문일 것이다.

고종이 신라와 손잡고 고구려와 백제까지 멸망시켰다.

당 태종은 우리나라의 입장에서는 침략자이지만 중국의 입장에서는 역사상 뛰어난 황제로 그의 치세를 '정관[貞觀]의 치'라고 일컬으며 칭송한다. 태종과 더불어 선정을 펼쳐서 칭송받는 황제가 한 사람 더 있는데, 그가 바로 현종이다. '개원[開元]의 치'라고 일컬어지는 현종의 정치는 문화와 경제의 번영을 이끌었다. 그런데 아이러니하게도 당이 기울게 된 것도 현종 때문이었다. 여기에서 양귀비가 등장한다.

당 궁궐 대명궁의 모형
당의 수도였던 장안. 현재의 서안에 있다. 장안은 당시 크고 화려한 국제 도시였다. 대명궁은 당 태종이 더위를 피하는 임시 거처로 지었다가 고종 때부터 황제들이 주요 거소가 되었다. 현재 대명궁 복원 작업을 하고 있다.

당 현종의 초상

현종은 자신이 나라를 다스리는 동안 태평성세가 지속되자 점차 거만해지고 판단력이 흐려져 충신을 내치고 간신을 가까이했다. 그러던 중에 가장 사랑하는 무혜비가 세상을 떠나자 현종은 상심하여 자기 마음에 드는 여인을 찾았다. 무혜비가 낳은 자기 아들 수왕의 비가 절세미인이라는 소문을 듣고 그녀를 봤는데 한눈에 반해버렸다.

본명이 양옥환인 양귀비는 열여섯 살에 수왕의 비가 됐는데 시와 노래에 뛰어나고 총명했다. 아들의 여자를 자기 여자로 맞고 싶었던 현종은 먼저 도교 사원으로 양귀비를 출가시켜 아들과의 인연이 끊어지게 했다. 그리고 아들에게는 새로운 여자를 아내로 들이게 하고, 양옥환을 자기 궁으로 다시 불러들여 황후 바로 아래인 귀비로 삼았다. 이때 현종은 예순두 살, 양귀비는 스물일곱 살이었다. 양귀비는 귀비 양씨인 셈인데 보통 양귀비라고 부른다.

늙고 지친 현종은 젊고 예쁜 양귀비한테 푹 빠져서 정치에는 도통 관심을 가지지 않았다. 양귀비는 황후와 맞먹는 권한을 누리면서 자기 자매들을 국부인으로 책봉했으며, 능력 없고 품행 나쁜 사촌 오빠 양국충은 재상의 자리에 올랐다. 그러다가 양귀비는 돌궐족 출신의 젊은 장군 안녹산을 양자로 들였는데 실제로는 연인 사이였다는 소문도 있다.

안녹산은 양귀비를 등에 업고 당 전체 군사력의 3분의 1에 해당하는 통수권을 행사하기에 이르렀다. 안녹산의 힘이 커지자 자기 권세가 약해

질까 봐 두려워한 양국충은 현종에게 안녹산을 모함했다. 하지만 양귀비가 적극적으로 싸고돌아 안녹산은 무사할 수 있었다. 변방으로 돌아간 안녹산은 '양국충 타도'를 주장하면서 부하인 사사명과 함께 반란을 일으켜 수도인 장안으로 쳐들어왔다.

현종은 양귀비, 양국충 등과 함께 옛날 촉의 땅으로 도망갔다. 그러나 그동안 양씨 일가의 횡포에 지긋지긋하게 시달렸던 황제의 호위 군사들이 양국충과 양귀비의 언니를 죽이고는 현종에게 양귀비도 죽이라고 요

며느리를 후궁으로 맞이한 현종, 도덕적으로 고민했을까?

며느리인 양귀비를 후궁으로 맞이한 당 현종에 대해 우리는 도덕적, 정서적으로 납득하기 힘들다. 하지만 유목 민족에게는 특이한 혼인 제도가 있었다. 형이 죽으면 동생이 형수와 결혼하거나, 아버지가 죽은 뒤에는 아들이 아버지의 부인들 중 자신을 낳은 어머니를 제외한 여인들을 아내로 맞아들인다. 이런 풍습을 형사취수, 수계혼이라고 한다.

유목 민족은 정착 생활을 하는 것이 아니라 가축을 방목하기 위해 목초지를 찾아서 이동 하고 그 과정에서 적들과 만나면 싸워야 한다. 형이 죽은 뒤 형수가 형의 재산을 물려받고서 다른 사람과 결혼하게 되면 그 재산은 맥없이 바깥으로 새어 나가는 셈이다. 게다가 여자인 형수와 조카들만으로는 이동과 전투가 잦은 유목 생활을 버텨내기 힘들다. 그러므로 형사취수와 수계혼은 집안의 재산과 인력을 오롯이 보호하고 부양하기 위한 방책으로 생겨난 풍습이라 할 수 있다.

흉노의 왕에게 시집간 왕소군도 그 왕이 죽은 후 왕의 첫째 부인에서 태어난 아들이 왕위에 오르자 유목 민족인 흉노 관습법에 따라 아들뻘인 새 왕과 다시 결혼해야 했다. 우리나라에서도 유목 민족 계열인 부여와 고구려에 이런 풍습이 있었다. 실례로 고국천왕의 왕비인 우씨가 고국천왕이 죽은 뒤에 시동생인 산상왕과 결혼했다.

당연히 유목 민족의 피가 흐르는 당 왕실에도 이런 관습의 흔적은 남아 있었다. 중국 유일의 여황제인 측천무후는 원래 당 태종의 후궁이었지만 태종이 죽은 뒤에 그 아들인 고종의 비가 됐다. 물론 아버지의 여자가 아니라 아들의 여자를 아내로 맞은 것은 엄연히 다르지만, 현종은 현대 사람들이 생각하는 도덕적인 갈등은 겪지 않았을 것이다. 대신 아내를 빼앗긴 아들을 달래는 방법을 고민했을 것이다. 현종은 아들에게서 양귀비를 데려오는 대신 다른 여자를 아내로 골라줬다. 형사취수나 수계혼의 혼인 풍습은 유교와 기독교의 규범이 퍼지면서 많이 사라졌다.

구했다. 현종은 처음에 이를 거절했지만 무기를 든 채 기세등등한 군사들에게 아무런 힘도 쓸 수 없었다. 결국 양귀비에게 자결하라고 명령했고, 양귀비는 목을 매어 자살했다. 이때 양귀비의 나이가 서른여덟이었다. 당의 시인 백거이는 양귀비의 죽음을 「장한가」라는 시에서 이렇게 묘사한다. 중국은 「장한가」를 뮤지컬로 만들어 양귀비가 머물던 궁궐과 함께 주요 관광자원으로 이용하고 있다.

> 서쪽으로 도성 문 백여 리를 나오더니
> 어찌하리오! 호위하던 여섯 군대 모두 멈추어 서네.
> 아름다운 미녀 굴러 떨어져 말 앞에서 죽으니
> 꽃비녀 땅에 떨어져도 줍는 이 아무도 없고
> 비취 깃털, 공작 비녀, 옥비녀마저도.
> 황제는 차마 보지 못해 얼굴을 가리고
> 돌아보니 피눈물이 흘러내리네.

이 시에서 현종은 자신이 사랑하는 여인이 죽어가는데도 이를 외면한 채 피눈물만 흘려야 하는 힘없는 남자가 되어버렸다.

양귀비를 비롯한 양씨 일가를 모조리 죽인 병사들은 현종을 강제로 퇴위시키고 황태자를 황제로 옹립했다. 안녹산과 사사명의 반란은 부하 장군들의 배반과 위구르의 지원 등으로 9년 만에 진압됐다. 하지만 장안과 낙양 같은 대도시는 처참하게 파괴됐고, 위구르는 지원 대가로 거액의 공물을 요구하다가 급기야 침입했으며, 군대를 거느린 절도사들은 중앙정부에서 벗어나 따로 움직이는 등 강력하고 화려했던 당이 쇠퇴하는 결정적 계기가 됐다.

양귀비 일가가 무소불위한 권력을 마음대로 휘두르며 부정부패를 일삼는 바람에 당은 내리막길을 걷게 됐지만, 절세미인 양귀비의 존재감은 여전히 남아 있다. 양귀비는 서시, 왕소군, 초선과 더불어 중국의 4대 미인으로 손꼽힌다. 중국 역사책도 양귀비가 절세의 풍만한 미인인 데다가 노래와 춤에 뛰어났고 왕의 마음을 끌어당기는 총명함까지 지녔다고 기록하고 있다.

절세미인 양귀비의 금강비 얼굴

성군으로 칭송받던 현종의 마음을 빼앗아 강대한 당을 몰락시킨 양귀비는 얼마나 예뻤을까? 중국 정부가 공식적으로 인정하고 있는 양귀비의 초상화로 미루어 짐작해 보자.

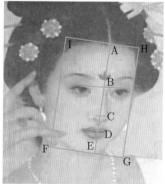

양귀비가 살았던 중국 황제의 별장인 당화청궁에 걸려 있는 양귀비의 공식 초상화이다. 중국 역사책의 기록처럼 풍만한 미인형으로 그려졌다. 오른쪽은 얼굴 부분을 확대한 것이다.

얼굴을 확대한 아래 그림을 꼼꼼히 살펴보자. 양귀비의 얼굴은 약간 옆으로 돌아가 있지만 전체적으로 직사각형 FGHI 안에 들어간다. 그리고 이 직사각형에서 가로와 세로의 비는 약 1 : 1.4($\overline{FG}$: $\overline{GH}$≒1 : 1.4)이고, 양귀비의 이마가 시작되는 점 A에서 미간의 점 B까지가 1이면 점 B에서 턱의 끝부분인 점 E까지는 약 1.4($\overline{AB}$: $\overline{BE}$≒1 : 1.4)이다. 또한 점 B에서 콧등 위의 점 C까지가 1이라면 점 C에서 점 E까지는 약 1.4($\overline{BC}$: $\overline{CE}$≒1 : 1.4)이다. 마지막으로 점 C에서 입술 한가운데인 점 D까지가 1이면 점 D에서 점 E까지는 약 1.4($\overline{CD}$: $\overline{DE}$≒1 : 1.4)이다. 이들의 공통점은 그 비율이 모두 약 1 : 1.4라는 것이다.

그런데 요즘 미인들과 비교하면 양귀비의 얼굴이 어딘가 다르다는 것을 느낄 것이다. 만일 양귀비가 지금 태어나 대단한 미인이라는 소리를 들으려면 그 얼굴에서 가로와 세로의 비는 아마도 1 : 1.6이어야 할 것이다. 물론 앞에서 구해본 이마에서 눈까지, 그리고 눈에서 턱까지의 비율도 약 1 : 1.6일 것이다.

원래 1 : 1.6의 비를 '황금비'라고 하는데, 더 정확하게는 1 : ϕ이다. 여기서 ϕ=1.618…로 무리수이다. 황금비를 나타내는 기호 ϕ는 조각에 황금비를 이용했던 고대 그리스 조각가 페이디아스의 그리스 이름 Φειδίας에서 머리글자를 따온 것이다. 수학적으로 황금비는 다음 그림과 같이 선분 AC를 1 : ϕ로 내분하는 점 B에 대하여 $\overline{AB}$: $\overline{BC}$=$\overline{BC}$: $\overline{AC}$를 만족한다. 즉 1 : ϕ=ϕ : 1+ϕ이다. 이 식을 정리하면 $\phi^2-\phi-1=0$이고, 근의 공식을 이용하여 이 이차방정식의 해를 구하면 $\phi=\dfrac{1\pm\sqrt{5}}{2}$이다. 두 해 중에서 양의 값을 택하면 ϕ=1.618…이다.

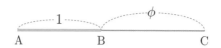

황금비의 역사는 고대 그리스 이전으로 거슬러 올라간다. 기원전 1650년경 이집트의 『린드 파피루스』는 기원전 4700년에 기자의 대피라미드를 건설

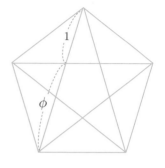

하는 데 이 수를 '신성한 비율'로 사용했다고 전한다. 실제로 피라미드 밑면의 중심에서 밑면의 모서리까지, 그리고 경사면까지 거의 정확하게 황금비를 이룬다. 『린드 파피루스』가 작성됐던 같은 시기의 바빌로니아인은 이 비율에 특별한 성질이 있다고 생

각했고, 피타고라스학파도 그렇게 생각했다. 피타고라스학파는 이 비율을 이용하여 그들의 상징인 정오각형 안에 별을 그려 넣었는데, 정오각형의 각 꼭짓점을 잇는 직선들이 만나는 비율들이 모두 황금비였기 때문이다.

　고대인들이 찾아낸 이후 지금까지 황금비는 각종 건축물과 예술품, 그리고 실생활용품에 이르기까지 다양하게 이용되고 있다. 우리 신체에서

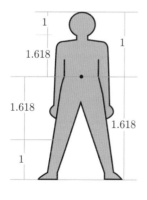

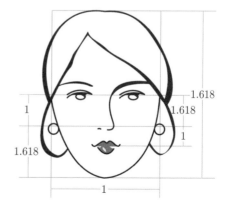

도 황금비를 찾을 수 있다. 209쪽 그림에서 보듯이 8등신인 사람의 경우 보통 배꼽은 전신을 황금비로 나눈다. 또한 목은 상체, 무릎은 하체를 황금비로 나누고 얼굴에서도 황금비를 찾을 수 있다.

그러나 이런 황금비를 가지고 있는 사람은 거의 대부분 서양 사람들이고, 동양 사람들에게서 황금비를 찾는 것은 쉽지 않다. 동양에서는 사람뿐만 아니라 건축물이나 예술품에서도 약 1 : 1.6보다는 1 : 1.4의 비율을 흔히 찾을 수 있다. 이 비율을 '금강비'라고 한다는 것은 이미 앞에서 언급했다. 금강비는 정확하게 1 : $\sqrt{2}$인데 $\sqrt{2}$ = 1.414…이므로 1 : $\sqrt{2}$ ≒ 1 : 1.4이다.

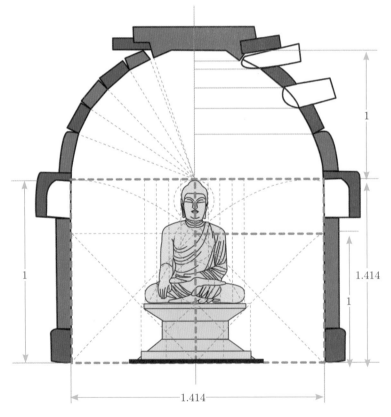

우리나라에서 금강비를 사용한 건축물이나 예술품을 찾는 것은 그리 어려운 일이 아니다. 그 가운데 신라 시대의 석굴암은 금강비로 만들어진 가장 대표적인 건축물이다. 석굴암의 구조를 나타낸 212쪽 그림에서 알 수 있듯이 석굴암 전체의 높이와 본존불의 높이의 비가 약 1 : 1.4이고, 본존불이 놓여 있는 공간도 세로와 가로의 비가 약 1 : 1.4이다. 특히 본존불의 높이는 합장하고 있는 부처님의 손을 기준으로 금강비를 이루고 있다.

정수의 비로 나타내면 5 : 7인 금강비는 중국뿐만 아니라 우리나라와 일본 등 동양에서는 황금비보다 더 아름다운 비로 여겨졌다. 그래서 당나라의 현종은 얼굴이 금강비로 이루어진 양귀비를 절세미인으로 바라봤을 것이다.

| 타지마할의 황금비

황금비는 파르테논 신전, 타지마할, 수많은 명화 등 건축과 예술품 곳곳에서 발견된다. 타지마할은 인도의 대표적 이슬람 건축으로 무굴제국 황제였던 샤 자한이 왕비 뭄타즈 마할을 추모하기 위해 지은 건축물이다. 유네스코 세계문화유산이다.

1 : √2 금강비인 **A4 용지**

학교나 사무실 등 일상생활에서 가장 자주 접하는 종이는 A4 규격이다. 인쇄를 할 때도, 복사를 할 때도, 리포트나 각종 서류를 작성할 때도 우리는 거의 A4 용지를 사용하고 있다. 이렇게 A4 용지가 우리 곁에 자리 잡게 된 것은 결코 우연이 아니다. 거기에는 경제학 원리와 수학적 비밀이 숨어 있다.

종이를 대량으로 생산하기 위해서는 거대한 종이를 반으로 자르고, 다시 반으로 자르고, 또다시 반으로 자르는 과정을 반복한다. 예를 들어 300×200mm의 종이를 반으로 자르면 200×150mm가 된다. 그런데 크기가 300×200mm인 종이의 경우 가로와 세로의 비는 1 : 1.5인데, 이 종이를 반으로 자른 200×150mm인 종이의 경우 가로와 세로의 비는 1 : 1.33이 된다. 1 : 1.33의 비를 가진 종이는 처음과 다르게 뭉툭해 보인다. 그래서 이 종이를 1 : 1.5의 비로 만들기 위해 또 다른 공정 과정을 거쳐야 한다. 즉 원래의 규격과 다른 크기의 종이가 되는 일이 생길뿐더러 아까운 종이와 펄프만 낭비하게 되는 것이다.

그래서 1922년에 독일공업규격DIN 위원회에서는 큰 종이를 잘라 작은 종이로 만드는 과정에서 종이의 낭비를 최소화할 수 있는 크기와 형태의 종이를 도입했다.

큰 종이의 가로와 세로의 비를 1 : x라고 가정하면 그 종이를 반으로 자른 종이의 비율은 1 : $\frac{x}{2}$라고 할 수 있다. 두 직사각형은 닮음이므로 1 : $x = \frac{x}{2}$: 1이 돼야 한다. 이것으로부터 x의 값을 구하면 $x = \sqrt{2}$가 된다. 즉 가로 : 세로=1 : $\sqrt{2}$인 종이는 반으로 잘라도 그 비가 처음 종이와 같아지는 것이다.

그래서 A 시리즈의 종이 중 가장 큰 크기인 A0 용지의 넓이를 1m²로 정한 다음 가로와 세로의 길이가 1 : $\sqrt{2}$가 되도록 구하니 841×1189mm이다. A0 용지를 반으로 접어서 자르면 A1 용지가 되고, A1 용지를 반으로 접어서 자르면 A2 용지가 된다. 이런 방식으로 A4 용지는 A0 용지를 가로와 세로로 각각 4등분한 가로 210mm×세로 297mm의 크기가 된 것이다.

16

우정을 지킨 오마르 하이얌

삼차방정식의
근의 공식

11세기 셀주크튀르크

이슬람 문화를 만든 아바스 왕조와 유목민 셀주크튀르크

무함마드가 창시한 이슬람교는 아라비아 반도 너머로 확장되어 이슬람 왕조인 옴미아드 왕조와 아바스 왕조가 세워졌고, 중앙아시아에서 이동해 온 튀르크 민족도 이슬람교를 받아들이고 셀주크 왕조를 세웠다.

셀주크 제국의 술탄 산자르의 묘
투크르메니스탄의 메르브에 있는 셀주크 제국의 마지막 왕 아흐메드 산자르의 묘이다. 메르브는 중앙아시아 실크로드 위에 있는 오아시스 도시였다.

6세기 중엽 아라비아 반도의 메카는 동양과 서양을 잇는 교통의 요지로 번성한 도시였다. 메카의 귀족 가문에서 태어난 무함마드는 그의 나이 마흔 살인 610년에 동굴에서 명상을 하다가 가브리엘 천사의 계시를 받고 알라를 유일신으로 모시는 이슬람교를 창시했다.

무함마드가 죽은 뒤 아랍인들은 그의 후계자로서 칼리프를 뽑았다. 칼리프는 종교 지도자이면서도 정치적, 군사적 권력까지 모두 거머쥐었다. 선거를 통해 칼리프를 선출한 1대 칼리프 아부 바크르부터 4대 칼리프 시아 알리까지를 정통 칼리프 시대(632~661년)라고 한다. 이 시기에 아랍인의 이슬람교는 교세를 확장하여 사산 왕조 페르시아, 북아프리카, 이집트를 정복하고 제국을 만들었다.

무함마드의 사촌이자 사위인 4대 칼리프 시아 알리가 암살된 후 시리아 총독인 무아위야가 군대를 동원하여 칼리프 자리를 차지하고 옴미아드 왕조(661~750년)를 열었다. 무아위야가 칼리프 자리를 아들에게 물려주어 이때부터 칼리프는 세습됐다. 무아위야의 정통성을 인정하지 않고 4대 칼리프 시아 알리를 따르던 이슬람교도들은 시아파가 됐다.

옴미아드 왕조가 아랍인 중심의 통치를 하자 무함마드의 친족인 아바스 가문이 시아파, 이란인들과 함께 반란을 일으켜 아바스 왕조(750~1258년)를 열고 수도를 바그다드로 정했다. 아바스 왕조는 어떤 민족이든 이슬람교도라면 대등하게 대했고 아랍인이 아닌 사람들도 높은 관직에 오르게 하는 등 이슬람법을 따르면 모두가 평등하다는 생각으로 통치했다. 아바스 왕조부터 진정한 의미의 이슬람 문화가 형성된 것이다.

한편 옴미아드 왕조의 일족은 이베리아 반도로 도망가서 코르도바를 수도로 정하고 後옴미아드 왕조(756~1031년)를 열었다. 9세기 중반 이후 아바스 왕조가 약화되어 여러 곳에 이슬람 나라가 세워졌다. 그러면서 아바스 왕조의 칼리프도 종교적인 권위만 남은 힘없는 존재가 됐고, 정치와 군사를 지배하는 자는 따로 술탄(Sultan, 이슬람 세계의 정치 권력자로 왕, 혹은 황제를 일컫는다)이라 불렸다.

중앙아시아에 살던 유목 민족인 튀르크인은 9세기부터 서아시아로 이동하여 큰 활약을 펼쳤다. 그중에서 셀주크튀르크인은 1055년에 바그다드를 점령하고 칼리프에게 술탄의 칭호를 받았다. 이후 셀주크 왕조는 이슬람 세계의 중심 국가로 십자군 전쟁을 치렀다.

셀주크튀르크의 재상 니잠과 깊은 우정을 나눈
수학자 오마르 하이얌

셀주크 왕조의 전성기는 2대 알프 아르슬란과 3대 말리크샤가 술탄으로 있던 때인데, 이는 당시 재상이었던 니잠 알 물크의 공이 크다. 술탄 알프 아르슬란은 자신이 다른 나라를 정복하는 데 온 힘을 기울이는 동안 나라 안의 모든 일을 니잠에게 맡

긴다. 알프 아르슬란은 전쟁터에서 죽으면서 열세 살짜리 어린 아들 말리크샤를 후계자로 지명하고 니잠에게 아들을 보호해 달라고 부탁했다. 니잠은 알프 아르슬란의 유언에 따라 말리크샤를 술탄에 앉히고는 재상으로서 왕을 보좌하며 죽을 때까지 셀주크제국을 실질적으로 관리했다.

셀주크 제국의 창시자 투그릴 베그
투르크메니스탄의 지폐에 그려진 그림이다. 투크르메니스탄은 셀주크튀르크를 자신들의 선조로 여기고 있다.

술탄 말리크샤는 수도 이스파한에 화려한 사원을 짓고 수학자

인 오마르 하이얌에게 새로운 역법을 만들게 하는 등 중요한 업적을 남겼다. 그런데 하산 이븐 알 사바흐가 이끄는 암살단이 정통파 이슬람교도를 상대로 테러 활동을 벌여 니잠을 살해했다. 설상가상으로 말리크샤도 갑작스레 죽음을 맞자 셀주크제국은 왕실 내부의 싸움으로 쪼개졌다.

그런데 재상 니잠, 암살자 하산, 수학자 오마르는 친구 사이였다. 그들은 가장 위대한 현인으로 불리던 니샤푸르의 이맘(뛰어난 이슬람 학자나 지도자를 일컫는 호칭)에게 함께 배웠다. 세 사람은 모두 뛰어난 인물이었기에 적어도 한 명은 반드시 성공하리라고 확신했다. 그래서 그들은 누가 먼저 성공하든지 나머지 두 사람을 도와주자고 맹세했다.

얼마 지나지 않아 니잠은 술탄의 신임을 받는 신하가 되어 친구들과의 약속을 지켰다. 하산은 제국의 관리가 되길 원했기 때문에 니잠이 술탄에게 그를 천거했다. 하지만 이기적이고 은혜를 몰랐던 하산은 니잠을 몰아내려다가 오히려 자신이 술탄의 신임을 잃고 쫓겨났다. 그 뒤 하산은 비밀 암살 조직인 아사신파Assassins를 만들어 칼리프뿐만 아니라 아

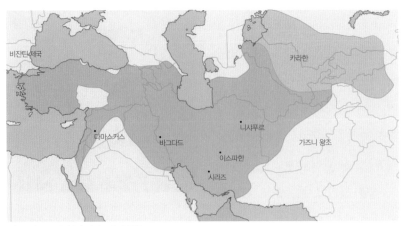

셀주크튀르크 전성기인 말리크샤 때 영역

바스 왕조의 장군과 정치가들을 암살했다. 하산은 함께 공부했던 친구이자 자신을 관리로 추천했던 니잠에게도 암살단원을 보냈고, 니잠은 암살단원이 찌른 단검에 목숨을 잃었다. 아사신은 영어로 '암살'을 뜻하는 assassination의 어원이 됐다.

한편 오마르는 관리로 출세하는 대신 니잠의 보호 아래 과학과 수학을 널리 알리고 친구인 니잠의 장수와 성공을 기원하면서 살 수 있길 바랐다. 니잠은 친구의 겸손함과 순수함에 감명받아 오마르에게 죽을 때까지 급료를 주기로 했다. 오마르는 고향 니샤푸르에서 과학과 수학 교육을 받은 후 사마르칸트로 가서 대수학에 관한 주요 논문을 완성했다. 그는 매우 뛰어나서 니잠뿐만 아니라 말리크샤의 인정도 받았다.

말리크샤는 오마르에게 달력의 개정을 맡기고는 이를 위해 천문대를 운영하고 관측하게 했다. 오마르는 '자라르력'이라는 새 달력을 고안했는데 놀랍도록 정교하다. 친구인 니잠이 하산에게 암살당하자 오마르는 메카로 순례 여행을 떠났다가 니샤푸르로 돌아와서는 앞으로 일어날 사건

멀리서 온 **셀주크튀르크**

셀주크튀르크는 중앙아시아에서 유목 생활을 하던 튀르크 민족의 한 분파이다. 10세기 말, 족장 셀주크가 부족을 이끌고 아랄 해의 북동쪽 해안으로 이주한 후 수니파 이슬람교를 받아들였다. 셀주크의 손자인 투그릴이 나라를 세우고 셀주크라는 이름을 지었다. 이슬람교 지도자 칼리프가 투그릴에게 술탄의 지위를 넘겨주면서 중앙아시아 출신의 튀르크족이 이슬람 세계의 새로운 지도자로 등극했다.

터키는 자신들의 뿌리가 튀르크라고 말한다. 552년을 터키의 건국 원년으로 삼는데, 이는 돌궐(튀르크)이 다른 유목 민족인 유연을 멸망시키고 최초로 튀르크의 나라를 세운 해이기 때문이다. 이때 건국된 튀르그 제국은 몽골 초원 일대의 동튀르그와 중앙아시아 지역의 서튀르그로 나뉘었다가 멸망했다. 서튀르그의 여러 부족들은 아바스 왕조의 영향을 받았고, 셀주크튀르크를 비롯한 일부 부족들이 서쪽으로 계속 이동한 것이다.

들을 가끔 예보하는 등 궁정을 위해 조용히 봉사했다.

오마르는 중세 최고의 수학자들 가운데 한 사람으로, 대수학 분야에서는 이슬람인 중에서 으뜸으로 손꼽혔다. 이차방정식의 해법을 연구했을 뿐만 아니라 방정식에 대해서도 괄목할 만한 분류를 하여 열세 종류의 삼차방정식을 알아냈으며 그 해법을 시도했다. 그리고 그 대부분에 대해 부분적인 기하학적 해법을 확립했다.

오마르는 수학과 천문학은 물론 철학, 법학, 역사, 의학 등 거의 모든 분야에 통달했지만 그의 산문은 별로 남아 있지 않다. 대신 짬짬이 썼던 시집 『루바이야트』가 전해진다. 1859년에 아일랜드 시인이자 번역가인 에드워드 피츠제럴드가 이 시집을 영어로 편역하여 출간했는데 오마르의 시는 당시 유럽의 세기말 분위기와 맞아떨어져 엄청난 인기를 끌었다.

오마르 하이얌의 동상

오마르는 1123년경에 니샤푸르에서 죽었는데 장미꽃과 관련된 일화들이 전해진다. 오마르는 죽기 전에 자기 제자인 니자미와 함께 정원을 산책하면서 북풍에 흩날린 장미 꽃잎이 자기 무덤 위를 덮을 수 있는 지점에 묻히고 싶다고 말하곤 했다. 그 후 니자미는 스승

시인으로 사랑받는 수학자 오마르 하이얌의 시집 『루바이야트』

루바이야트는 페르시아어로 사행시를 뜻하는 단어 '루바이'의 복수형이다. 오마르 하이얌은 모두 1천 편에 이르는 사행시를 썼다고 한다. 『루바이야트』에는 삶의 허무가 짙게 배어 있는데, 오마르는 대수학자인 자신조차 비웃는다. 하지만 현재를 비관하지 않는 긍정도 동시에 지니고 있다. 처음 유럽에 소개됐을 때 폭발적인 인기를 얻었을 뿐만 아니라 현재까지도 영문학사에서 중요한 자리를 차지하며 많은 사람들의 사랑을 받는다.

루바이 27
젊었을 적에 내 스스로 박사와 성인들을 부지런히
찾아다니며 이런저런 위대한 논쟁들을 들었지만
들어갈 때와 같은 문으로 나왔을 뿐
나 자신이 변한 것은 없었네.

루바이 57
흐르는 세월을 헤아릴 수 있음도
내 수학적 계산 덕분이라 하지만
별것 아닐세, 태어나지 않은 내일과
사라진 어제를 달력에서 찾았을 뿐.

피츠제럴드가 그린 영문판 삽화

의 곁을 떠나게 됐고, 오마르가 죽은 지 한참 뒤에야 니샤푸르로 돌아왔다. 니자미는 정원 바깥에 수많은 장미꽃들로 뒤덮인 채 숨겨져 있는 오마르의 무덤을 발견했다.

1884년에 『일러스트레이티드 런던 뉴스^{The Illustrated London News}』라는 잡지의 화가인 W. 심프슨은 니샤푸르르를 방문하여 오마르의 무덤 위에서 자라는 장미 씨앗을 영국으로 가져와서 장미꽃을 피워냈다. 그리고 1893년에 오마르의 시를 편역했던 피츠제럴드의 무덤에 그 장미 씨앗을 다시 심었다. 시인 오마르와 그의 시를 펴낸 피츠제럴드는 수백 년을 뛰어넘어 무덤에 같은 장미를 덮고 있다.

삼차방정식의 근의 공식

오마르는 양의 실근을 갖는 모든 형태의 삼차방정식을 기하학적으로 풀었다. 보통 세 실수 a, b, c에 대하여 이차방정식 $ax^2+bx+c=0$ $(a\neq0)$의 근은 다음과 같은 근의 공식으로 구할 수 있다.

$$x=\frac{-b\pm\sqrt{b^2-4ac}}{2a}$$

그러나 삼차방정식은 이와 같이 간단하게 구할 수 없다. 삼차방정식의 근의 공식은 한참 후에 발견됐는데 상당히 복잡하고 어렵다. 삼차방정식의 근의 공식은 많이 소개되지 않아 잘 모르는 사람들이 많을 것이다. 그래서 다소 복잡해도 여기에서 소개할까 한다. 그 내용을 반드시 이해할 필요는 없지만 꾹 참고 읽어보길 바란다.

세 실수 p, q, r에 대하여 삼차방정식 $y^3+py^2+qy+r=0$에서 $y=\left(y-\dfrac{p}{3}\right)$ 라 하고 대입하여 정리하면 $y^3+\dfrac{1}{3}(3q-p^2)y+\dfrac{1}{27}(2p^3-9pq+27r)=0$ 이 된다. 이것을 간단한 식으로 만들기 위해 $a=\dfrac{1}{3}(3q-p^2)$, $b=\dfrac{1}{27}(2p^3-9pq+27r)$로 두면 $x^3+ax+b=0$과 같이 2차항이 사라진 방정식으로 나타낼 수 있다. 다음으로 $x=A+B$로 두어 정리하면 $A^3+B^3+b=0$, $a+3AB=0$이다. 이 식에서 A와 B를 구해서 $x=A+B$에 대입하면 된다. 구해진 $A=\sqrt[3]{-\dfrac{b}{2}+\sqrt{\dfrac{b^2}{4}+\dfrac{a^3}{27}}}$, $B=\sqrt[3]{-\dfrac{b}{2}-\sqrt{\dfrac{b^2}{4}+\dfrac{a^3}{27}}}$ 이므로, $x=\sqrt[3]{-\dfrac{b}{2}+\sqrt{\dfrac{b^2}{4}+\dfrac{a^3}{27}}}+\sqrt[3]{-\dfrac{b}{2}-\sqrt{\dfrac{b^2}{4}+\dfrac{a^3}{27}}}$ 이 구해진다. 그러면 허수 단위 $i=\sqrt{-1}$에 대하여 삼차방정식의 표준형 $x^3+ax+b=0$에서 3개의 근 x_1, x_2, x_3는 각각 다음과 같다.

$$x_1 = A + B, \; x_2, \; x_3 = -\frac{1}{2}(A+B) \pm \frac{i\sqrt{3}}{2}(A-B)$$

이렇게 복잡한 삼차방정식의 해법을 오마르는 기하학적인 방법으로 해결했다. 이제 세 실수 a, b, c에 대하여 삼차방정식 $x^3 - cx^2 + b^2x + a^3 = 0$에 대한 오마르의 기하학적인 해법을 알아보자. 물론 이 방법도 쉽지 않지만 가끔은 어려운 수학도 알아두면 좋을 때가 있다. 사실은 식만 복잡할 뿐 그리 어렵지는 않다. 그냥 주어진 차례대로 확인만 하면 된다.

어쨌든 주어진 삼차방정식 $x^3 - cx^2 + b^2x + a^3 = 0$은 $x^3 + b^2x + a^3 = cx^2$와 같으므로 $x^3 + b^2x + a^3 = cx^2$의 해를 구하면 된다.

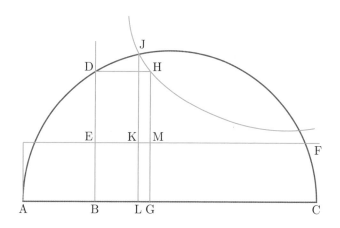

위 그림과 같이 세 실수 a, b, c에 대하여 $\overline{AB} = \dfrac{a^3}{b^2}$와 $\overline{BC} = c$인 세 점 A, B, C를 한 직선 위에 잡은 후 $\overline{AC}$를 지름으로 하는 반원을 그린다. 점 B에서 $\overparen{AC}$로 수선을 올렸을 때 만나는 점을 D라고 하자.

$\overline{BD}$ 위에 $\overline{BE} = b$인 점 E를 표시하고, 점 E를 지나면서 $\overline{AC}$와 평행인 직선 EF를 그린다. 이때 $(\overline{BG})(\overline{DE}) = (\overline{BE})(\overline{AB})$인 $\overline{BC}$ 위의 점 G를 구

하여 직사각형 DBGH를 만든다.

또 H를 지나면서 $\overline{EF}$와 $\overline{ED}$를 각각 점근선으로 가지는 쌍곡선을 그린다. 즉 H를 지나면서 $\overline{EF}$와 $\overline{ED}$를 각각 x-축과 y-축으로 생각했을 때 그 방정식이 '$xy=$(상수)'인 쌍곡선을 그린다.

이 쌍곡선이 반원과 만나는 점을 J라고 하자. 또 점 J를 지나면서 $\overline{DE}$와 평행한 직선이 $\overline{EF}$와 만나는 점을 K라 하고 $\overline{BC}$와 만나는 점을 L이라고 하자. $\overline{GH}$와 $\overline{EF}$가 만나는 점은 M이라 하자.

그러면 다음과 같은 차례로 $\overline{BL}$이 주어진 삼차방정식의 근임을 보일 수 있다.

① J와 H가 쌍곡선 위에 있으므로 $\overline{EK} : \overline{EM} = \overline{KJ} : \overline{MH}$이므로

$$(\overline{EK})(\overline{HM}) = (\overline{EM})(\overline{KJ})$$

② $\overline{DE} : \overline{BE} = \overline{AB} : \overline{BG}$이므로

$$(\overline{BG})(\overline{DE}) = (\overline{BE})(\overline{AB})$$

③ $\overline{EM} = \overline{BG}$이고 $\overline{HM} = \overline{DE}$이므로 $(\overline{EM})(\overline{MH}) = (\overline{BG})(\overline{DE})$이다. 따라서 ①과 ②로부터

$$(\overline{EK})(\overline{KJ}) = (\overline{EM})(\overline{MH}) = (\overline{BG})(\overline{DE}) = (\overline{BE})(\overline{AB})$$

④ $\overline{BL} = \overline{EK}$이고 $\overline{LJ} = \overline{LK} + \overline{KJ}$에서 $\overline{LK} = \overline{BE}$이므로

$$(\overline{BL})(\overline{LJ}) = (\overline{EK})(\overline{BE} + \overline{KJ})$$
$$= (\overline{EK})(\overline{BE}) + (\overline{EK})(\overline{KJ})$$

⑤ ③에서 $(\overline{EK})(\overline{KJ})=(\overline{BE})(\overline{AB})=(\overline{AB})(\overline{BE})$이고 $\overline{EK}+\overline{AB}=\overline{AL}$이므로

$$(\overline{EK})(\overline{BE})+(\overline{EK})(\overline{KJ})=(\overline{EK})(\overline{BE})+(\overline{AB})(\overline{BE})$$
$$=(\overline{BE})(\overline{EK}+\overline{AB})$$
$$=(\overline{BE})(\overline{AL})$$

⑥ ④에서 $(\overline{EK})(\overline{BE})+(\overline{EK})(\overline{KJ})=(\overline{BL})(\overline{LJ})$이므로 ⑤로부터

$$(\overline{BL})^2(\overline{LJ})^2=(\overline{BE})^2(\overline{AL})^2$$

⑦ 원의 성질로부터 $(\overline{LJ})^2=(\overline{AL})(\overline{LC})$이므로 ⑥으로부터

$$(\overline{BL})^2(\overline{LJ})^2=(\overline{BL})^2(\overline{AL})(\overline{LC})=(\overline{BE})^2(\overline{AL})^2$$
$$\therefore\ (\overline{BL})^2(\overline{AL})=(\overline{BL})^2(\overline{LC})$$

⑧ $(\overline{BL})^2(\overline{AL})=(\overline{BL})^2(\overline{LC})$, $\overline{LC}=\overline{BC}-\overline{BL}$, $\overline{AL}=\overline{BL}+\overline{AB}$이므로 ⑦로부터

$$(\overline{BE})^2(\overline{BL}+\overline{AB})=(\overline{BL})^2(\overline{BC}-\overline{BL})$$

⑨ ⑧에서 얻은 식에 $\overline{BE}=b$, $\overline{AB}=\dfrac{a^3}{b^2}$, $\overline{BC}=c$를 대입하면 다음 방정식을 얻는다.

$$b^2(\overline{BL}+\frac{a^3}{b^2})=(\overline{BL})^2(c-\overline{BL})$$

⑩ ⑨의 방정식을 전개하면 $b^2(\overline{BL})+a^3=c(\overline{BL})^2-(\overline{BL})^3$이고, 우변의 $(\overline{BL})^3$을 좌변으로 이항하면

$$(\overline{BL})^3+b^2(\overline{BL})+a^3=c(\overline{BL})^2$$

이 식에서 $(\overline{BL})=x$가 삼차방정식 $x^3+b^2x+a^3=cx^2$의 근이다.

예를 들어 $a=2$, $b=\sqrt{2}$, $c=5$라면 삼차방정식은 $x^3+2x+8=5x^2$이고 이 삼차방정식의 세 근 2, 4, –1을 찾을 수 있다. 그런데 $\overline{BL}$은 길이이므로 음수가 될 수 없다. 따라서 이 삼차방정식의 한 근 –1은 오마르의 기하학적 방법으로는 구할 수 없게 된다. 사실 오마르 시대에는 음수를 근으로 인정하지 않았다.

근의 공식

일차방정식 $ax+b=0$, $ax=-b$ 양변을 $a(a\neq0)$로 나누면

$$\therefore \; x=-\frac{b}{a}$$

이차방정식 $ax^2+bx+c=0$ 양변을 $a(a\neq0)$로 나누면

$x^2+\dfrac{b}{a}x+\dfrac{c}{a}=0$ 양변에 $\left(\dfrac{b}{2a}\right)^2$을 더하면

$$x^2+\frac{b}{a}x+\left(\frac{b}{2a}\right)^2+\frac{c}{a}=\left(\frac{b}{2a}\right)^2$$

$$\left(x+\frac{b}{2a}\right)^2=\frac{b^2}{a^2}-\frac{c}{a}$$

$$\left(x+\frac{b}{2a}\right)^2=\frac{b^2-4ac}{4a^2}$$

$$x+\frac{b}{2a}=\pm\sqrt{\frac{b^2-4ac}{4a^2}}$$

$$x=-\frac{b}{2a}=\pm\sqrt{\frac{b^2-4ac}{4a^2}}$$

$$\therefore \; x=\frac{-b\pm\sqrt{b^2-4ac}}{2a}$$

17

중세 유럽의 꽃 기사

토너먼트

11세기 중세 유럽

모험과 낭만을 이끈
중세 유럽의 기사

로마제국 이후 중세 유럽은 그리스도교, 봉건제, 장원제를 특징으로 하는데, 주군에게 봉토를 받고 계약에 따라 충성을 다하는 기사가 봉건제의 중추 역할을 했다.

흐라븐스틴 성
벨기에 겐트에 있는 성이며, 흐라븐스틴은 독일어로 '성 중의 성'이라는 뜻이다. 성은 중세 유럽 영주들의 저택이자 방어시설이며 비상시 백성들의 피난처였다.

유럽의 중세는 서로마제국이 멸망하고(476년) 게르만족이 대이동했던 5세기부터 동로마제국인 비잔티움 제국이 멸망하고(1453년) 르네상스가 일어났던 15세기까지를 일컫는다. 중세 유럽을 특징짓는 것은 바로 그리스도교, 봉건제, 장원제이다.

로마제국의 국교인 그리스도교는 로마제국의 영향력 아래에 있었던 지역과 민족으로 퍼져 나가 중세 유럽에 이르러서는 그리스도교의 교리와 가치관이 철저하게 지배했다. 모든 사람들이 하나님을 믿었으며, 교회의 최고 수장인 교황의 권위와 힘은 그야말로 막강했다. 이 시기에는 세상의 모든 것이 신을 위해 존재한다고 생각했기 때문에 신을 배제한 인간과 자연에 대한 어떤 해석도 허용되지 않았고, 인간의 본성이나 개성에 대한 이해와 계발은 무시됐다. 그 결과 신학은 크게 발전한 반면 수학을 비롯한 건축, 미술, 문학 등은 그렇지 못했다.

한편 서로마제국이 멸망한 뒤에 들어선 여러 왕국들은 이합집산을 계속했고 이슬람 세력, 노르만족, 마자르족 등 이민족들이 사방에서 침략해 들어오는 혼란스럽고 무질서한 상황이 계속 이어졌다. 이런 위기와 혼란 속에서 자신의 생명과 재산을 지키기 위해 봉건제가 생겨났다. 각 지역의 힘 있는 사람(주군)은 싸움을 잘하는 사람들(기사)을 모아 그들에게 토지(봉토)를 내주며 보호했고, 대신 그들은 충성을 바치며 그를 위해 싸움에 나섰다. 이때 보호해 주는 사람을 주군, 충성을 바치는 사람을 봉신이라고 한다. 주군과 봉신은 계약에 따라 각자의 권리와 의무를 다했고 어느 한쪽이라도 의무를 이행하지 않으면 그 계약은 무효가 됐다.

봉신이 받은 토지를 봉토라고 하는데, 봉토는 장원으로 구성된다. 장원의 주인은 영주이고, 장원에서 일하는 농민은 농노였다. 장원은 보통 영주의 성과 교회가 그 땅의 한가운데에 위치했고, 주변으로 경작지를 비롯한 농노와 대장간의 집들이 늘어서 있었다. 농노는 평생 장원에 묶여 살며 영주의 땅을 경작해 주고 각종 세금을 물품이나 노동력으로 바쳤다.

주군과 주종 관계를 맺고 전쟁을 하는 기사들은 기마 시합이나 사냥과 모험에 정진하며 무예를 닦았고 무용武勇을 존중했다. 이런 기사들의 사랑과 모험 이야기를 다룬 기사도 문학이 유행하며 인기를 끌었는데 『니벨룽겐의 노래』, 『롤랑의 노래』, 『아서 왕 이야기』 등이 대표적이다.

기사로 살아간다는 것

중세 유럽에서 농노의 자식은 농노가 됐고 기사의 자식은 기사가 됐다. 기사 제도가 가장 성행했던 11세기부터 12세기까지 기사들은 영주에게서 토지를 받는 대신 영주를 위해 싸움터에 나가는 전사였다. 기사가 되는 과정은 거의 일정했다. 기사가 되고 싶은 소년은 일곱 살 전후로 훈련을 받기 시작했으며, 열두 살쯤에는 군사 수업뿐만 아니라 세상을 살아가는 방법에 대해 더 많은 수련을 쌓기 위해 영주의 성에서 일했다. 이런 소년들을 다무아조damoiseau 또는 발레valet라고 불렀다. 그들은 영주를 따라 전장에 나가 방패를 들거나 심부름을 하는 에퀴예ecuyer로 일했으며 무기를 들고 다녔다. 그러다가 능력을 인정받고 기사가 갖춰야 할 장비를 살 돈을 마련하면 기사 작위를 받았다.

기사 제도가 발전하면서 그리스도교도로서 이상적인 기사의 상이 만들어졌다. 기사는 단순히 말을 타고 싸우는 전사가 아니라 자기 힘을 통해 신에게 봉사하는 존재이기 때문에 여자, 가난한 자, 과부나 고아처럼 힘없는 사람을 보호해야 했다. 또한 정의를 위해서만 칼을 뽑아야 했고 주군에게는 절대적으로 복종해야 했다. 기사는 난폭해도 비겁해도 안 됐고, 1명의 적에게 2명이 한꺼번에 달려들어도 안 됐고, 승리한 후 자신에게 패배한 적을 조롱해도 안 됐다. 이렇게 이상적인 기사의 상에 따라 행동하는 태도를 가리켜 기사도라고 한다.

기사는 여인을 사랑하면 그 여인의 명예를 기리기 위해 싸움을 했으며 온갖 위험을 감수하고 자신의 간절한 마음을 알리려 했다. 기사는 경외심을 지닌 채 여인에게 다가가야 했고 그녀의 명령이라면 어떤 일도 마다해서는 안 됐다. 미겔 데 세르반테스의 『돈키호테』에는 이런 기사의 태도가 우스꽝스럽게 그려진다.

그러나 11세기 후반부터 13세기 중반에는 봉건영주와 기사 사이의 관계가 변하기 시작했다. 처음에 영주들은 기사들에게 토지를 내주고 해마다 40일 동안 군역 의무를 지웠는데, 그 정도만 해도 왕의 영토를 지키고 봉사 의무를 수행하기에 충분했다. 그러나 십자군 전쟁과 백년전쟁 같은 장기 전쟁이나 장거리 해외 원정을 치르기에는 전쟁 수행 기간이 짧아 국왕이 토지 소유자들에게 기사가 되라고 강요하는 일이 점차 늘어났다. 또한 돈을 받고 싸우는 용병들이 군대에 점점 많아졌으므로 기사들은 일종

성대하고 엄숙한 기사 임명식

제대로 법도를 익히고 훈련받은 종자는 스물한 살이 되면 정식 기사가 되는 의식을 치른다. 의식을 치르기 전에 먼저 영주의 성에 있는 예배당에 가서 밤새 기도를 드린다. 그리고 다음 날 아침이면 깨끗한 마음을 나타내는 흰 셔츠와 갑옷 위에 두를, 전쟁터에서 흘리게 될 피를 나타내는 빨간 망토, 그리고 죽어 묻힐 땅을 나타내는 갈색 바지까지 세 가지 색깔의 옷을 차려입고 의식에 참여한다. 증인 두 사람 사이에 무릎을 꿇고서 교회와 영주에게 충성을 다하겠다는 맹세를 하면 영주가 칼을 높여 종자의 어깨와 등을 한 번씩 두드린 다음 "기사에 임명한다"고 선언한다. 이 선언이 끝나면 다시 일어서는데, 이때부터 정식 기사가 되어 자기 종자를 거느릴 수도, 다른 사람을 기사로 임명할 수도 있게 된다. 사람들이 칼과 투구와 방패를 들려주면 기사는 화려하게 장식된 투구를 쓰고 빨간 망토를 휘날리면서 말에 올라타 자신이 기사임을 한껏 뽐내며 돌아다닌다.

의 장교가 되어버렸다.

중세 유럽 기사들의 주된 임무는 전쟁이었지만, 기사들은 평화로운 시기에도 마상 무술 시합을 벌여 용기와 솜씨를 겨뤘다. 마상 시합은 여러 출전자들이 말을 타고 창으로 겨루어 최후의 승자 한 사람을 가리는 대회로 대개 수백 명씩 참여했다. 기사들은 대회장에다 각자의 천막을 치고 시종의 도움을 받아 갑옷을 입으며 출전을 준비한다. 출전할 때는 눈 부위에만 가느다란 틈이 있는 투구로 얼굴을 온통 가리고 자신만의 문장이 새겨진 방패를 든다. 대회장에서 심판이 신호하면 기사들은 양쪽

백년전쟁 때 싸우는 기사들
영국과 프랑스의 기사들이 크레시에서 전투를 하는 장면
이다. 약 1415년경의 그림으로 추정한다.

기사들의 마상시합

기사들은 많은 관중이 지켜보는 가운데 무구를 갖추고 말을 달려 긴 창으로 상대와 겨뤘다.

끝에서 말을 타고 달려 나가 상대에게 창을 겨누어 떨어뜨린다.

이런 기사들의 마상 시합을 '토너먼트tournament'라고 하는데 지금은 시합 방식을 가리키는 말로 쓰인다. 토너먼트는 참가자 전원이 돌아가며 경기를 벌이는 리그league와 달리 횟수를 거듭할 때마다 패자는 탈락하고, 최후에 남는 두 사람 또는 두 팀으로 하여금 우승을 결정하게 하는 시합 방식이다.

마상 시합은 처음에는 실전처럼 진행됐는데, 기사들로 이루어진 두 집단이 단체로 상대편에게 달려들어 말에서 1명이라도 더 많이 상대편을 떨어뜨리는 쪽이 승리했다. 이긴 쪽은 진 쪽으로부터 무기, 갑옷, 말 등을 빼앗거나 포로로 잡고 나중에 몸값을 받기도 했다. 그래서 이런 마상 시합만 전문으로 하는 기사도 등장했다. 하지만 시합 도중에 부상을 입거나 죽는 기사들이 많았기 때문에 그 나라의 왕자는 원칙적으로 시합에 참가하는 것이 금지되기도 했다.

마상 시합은 점차 기사 대 기사가 일전을 펼치는 일대일 시합으로 바뀌었으며 무기도 인체에 손상을 주지 않는 것으로 변했다. 그리하여 15세기 이후가 되면 국왕이나 명문가 귀부인들 앞에서 기사들이 화려한 갑옷으로 무장한 채 무용을 자랑하는 경기가 됐고, 여기에서 우승을 거머쥐는 것은 기사 최대의 명예였다.

중세 기사들의 마상 시합과 토너먼트

중세 기사들이 마상 시합에서 우승자가 되는 과정을 수학적으로 알아보자.

먼저 기사 2명이 마상 시합에 출전했다면 한 번의 결투로 승자가 결정된다. 만일 기사 3명이 마상 시합에 출전했다면 우선 3명 중 2명이 결투하여 승리한 기사가 남아 있는 1명의 기사와 다시 결투해야 최종 승자를 가릴 수 있다. 따라서 모두 두 번의 결투를 해야 승자를 정할 수 있다. 기사 4명이 마상 시합에 출전했다면 2명씩 결투하여 승자를 정한 후 2명의 승자가 마지막에 결투하여 최종 승자를 가리게 된다.

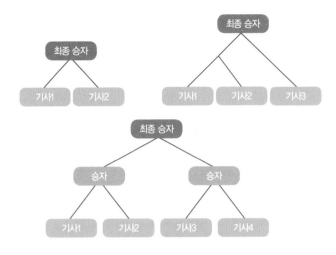

기사들의 마상 시합인 토너먼트를 위 그림과 같이 나타낼 때 '기사'나 '승자'를 모두 글자로 써넣으려면 번거롭기 때문에 시합에 출전할 때 처음 출전한 기사는 ●로, 결투에서 이긴 승자는 ◐로, 최종 승자는 ●로 표시하자. 그러면 위에서 복잡하게 그렸던 토너먼트를 아래와 같이 간단하게 그릴 수 있으며, 여기에서 가장 오른쪽 그림은 5명의 기사가 마상 시합에 참가했을 경우를 그린 것이다.

그런데 4명 또는 5명이 참가하는 경우는 다음 그림과 같이 위와는 다른 방법으로도 그릴 수 있다.

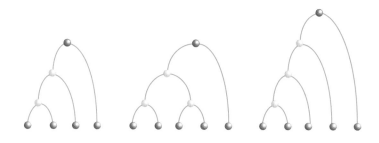

위 그림을 살펴보면 토너먼트 방법에 관계없이 4명이 참가했을 때는 반드시 세 번, 5명이 참가했을 때는 반드시 네 번의 결투 후에야 최종 승자가 정해진다는 것을 알 수 있다. 만약 10명의 기사가 토너먼트에 참가했다면 모두 아홉 번의 결투 후에야 최종 승자가 가려진다. 일반적으로 n명의 기사가 토너먼트에 참가했다면 $(n-1)$번의 결투가 있어야 최종 승자가 결정된다.

그런데 위 그림들은 우리가 이미 12장에서 한번 본 적이 있는 수형도이다. 지금 소개하는 수형도가 앞에서 소개했던 수형도와 다른 점은 최종 승자를 맨 위에 그렸다는 것이다. 이와 같이 수형도에서 ●처럼 특별히 표시 나게 정한 한 꼭짓점을 '뿌리'라고 하며, 뿌리가 있는 수형도를 '유근수형도'라고 한다. 일반적으로 뿌리는 가장 위에 그려지므로 유근수형도에서는 꼭짓점 사이에 상하 관계가 존재한다.

수형도의 두 꼭짓점 사이에 존재하는 경로의 길이를 그 '두 점 사이의 거리'라고 한다. 유근수형도의 어떤 꼭짓점 x에서 아래로 거리가 i인 점을 'x의 i세손'이라고 하는데 1세손은 자녀라고도 한다. 유근수형도에서 '단말점(●로 표시된 점)'도 아니고 '뿌리(●로 표시된 점)'도 아닌 점을 '중간점(●로 표시된 점)'이라 하고, 뿌리에서 단말점까지 거리의 최댓값을 그

'유근수형도의 높이'라고 한다. 또한 단말점이 아닌 각 점이 m개의 자녀를 가지는 수형도를 'm진수형도'라고 한다. 따라서 우리가 그린 유근수형도는 각 점이 2개의 자녀를 가지므로 이진수형도이다.

예를 들어 아래 그림 ①과 그림 ②는 꼭짓점 7개 중에서 단말점이 4개인 이진수형도이고 그림 ③, 그림 ④, 그림 ⑤는 꼭짓점 9개 중에서 단말점이 5개인 이진수형도이다. 높이 2인 경우와 높이 3인 경우 토너먼트에 참가한 기사들이 더 공정하다고 생각하는 결투 방법은 높이 2인 경우일 것이다. 즉 이진수형도의 높이가 낮을수록 토너먼트에 참가한 기사들의 결투는 더욱 공정하게 이루어진다. 따라서 이진수형도의 높이를 최소화하는 토너먼트 방식을 만들어야 한다.

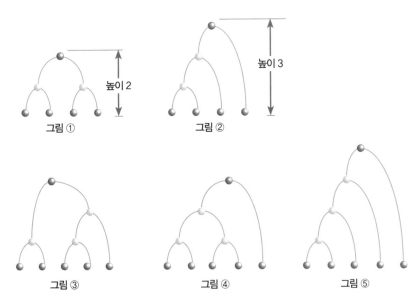

일반적으로 단말점의 수가 t, 높이가 h인 이진수형도에 대하여 $t \le 2^h$가 성립한다. 예를 들어 4명의 기사가 토너먼트에 참가했다면 $t = 4$이고

$4\leq2^h$이어야 하므로 $h=2$이다. 즉 높이가 2인 이진수형도가 가장 적절하다는 것이다. 만일 5명의 기사가 토너먼트에 참가했다면 $t=5$이고 $5\leq2^h$이어야 하므로 $h=3$이다. 즉 높이가 3인 이진수형도가 가장 적절하다. 따라서 4명의 기사가 토너먼트에 참가한 경우는 그림 ①과 같은 대진표를 이용하는 것이 가장 좋다. 그림 ③, 그림 ④, 그림 ⑤의 높이는 각각 3, 3, 4이므로 5명의 기사가 참가한 경우는 그림 ③이나 그림 ④와 같은 대진표를 이용하는 것이 좋다. 그런데 그림 ③이 그림 ④보다 비교적 합리적이므로 5명의 기사가 참가한 경우는 그림 ③과 같은 대진표를 이용하는 것이 가장 좋겠다.

리그전의 **결투 횟수**

5명의 기사가 토너먼트로 결투한다면 모두 5-1=4번의 결투가 이루어진다. 결투 방식을 바꿔서 리그전으로 치른다면 모두 몇 번 결투해야 할까?

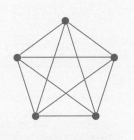

리그는 경기에 참가한 사람이 모든 사람들과 한 번씩 경기를 치른 후 우승자를 가리는 방식이다. 경기에 참가한 5명의 기사는 나머지 기사들과 모두 한 번씩 경기해야 하므로 기사 1명당 총 네 번씩 결투를 벌이는데, 기사가 전부 5명이므로 모두 5×4=20번의 결투를 하게 된다. 그런데 오른쪽 그림과 같이 결투를 한 번 할 때는 2명의 기사가 참가하는 것이므로 결투 횟수는 5×4÷2=10번이다. 토너먼트와 달리 리그에서는 n명의 기사가 참가했을 때 $n\times(n-1)\div2$번의 결투가 있어야 최종 승자가 정해지는 것이다.

월드컵의 **경기 방식**

세계인의 축제인 월드컵에서는 모두 몇 번의 경기를 할까? 월드컵 본선은 다음과 같은 방식으로 진행된다.

각 나라별로 1팀씩 총 32개 팀이 출전하고, 4개 팀씩 8개 조로 나누어 각 조에서 리그 방식으로 경기하여 16강을 가려낸다. 각 조의 1, 2위 팀이 16강에 진출하는 것이다. 16강에 올라간 팀은 토너먼트 방식으로 4개 팀이 남을 때까지 경기한다. 그리고 4개 팀이 남았을 때 2개 팀끼리 경기하여 여기에서 승리한 2개 팀은 결승전을 치러 우승과 준우승을 가리고, 패배한 2개 팀은 3, 4위전을 치러 3위와 4위를 가린다.

우선 4개 팀씩 8개 조가 리그 방식으로 경기하므로 $4 \times 3 \div 3 = 6$경기씩 6(경기)×8(조)=48번의 경기를 한다. 그렇게 해서 16강이 된 16개 팀은 4개 팀이 남을 때까지 토너먼트로 경기하므로 모두 16−4=12번의 경기를 한다. 마지막으로 4개 팀이 남았을 때 리그전으로 4−1=3번의 경기를 하고 3, 4위전을 치르기 위해 1번 더 경기한다. 따라서 월드컵 본선에서는 모두 48+12+3+1=64번의 경기를 한다.

18

서유럽 십자군의 이슬람 세계 원정

로마 주판과
인도-아라비아 숫자

12세기 유럽

이슬람에 대한
그리스도교의 200년 대원정

서유럽은 로마 교황이 주도하여 예루살렘을 탈환하자면서 이슬람 지역으로 200년간 십자군 대원정을 일으켰지만 실패했다. 그 결과 중세 유럽은 정치적, 경제적, 문화적으로 큰 변화가 시작된다.

11세기에 유럽과 소아시아 지역은 그리스도교 세력인 로마 가톨릭의 서유럽, 동방정교회의 비잔티움 제국, 이슬람교 세력인 셀주크제국으로 크게 나뉘어 있었다. 그때 셀주크제국이 예루살렘을 지배하고 있었다. 예루살렘은 유대인, 그리스도인, 이슬람인이 모두 성지로 여겼다. 다윗 왕과 솔로몬 왕의 수도이고, 예수가 하나님의 교리를 전하다가 십자가형을 받았던 도시이며, 무함마드가 승천한 도시이기 때문이다.

■ 로마 가톨릭교 세력권
■ 그리스정교 세력권
■ 이슬람교 세력권

서로 맞닿아 있던 셀주크제국과 비잔티움 제국은 크고 작은 충돌과 갈등을 계속하고 있었다. 비잔티움 제국의 부흥을 꾀하던 알렉시우스 1세는 셀주크제국이 점령한 지역을 되찾기 위해 같은 그리스도교인 로마 교황 우르바노 2세에게 지원을 요청했다. 비잔티움 제국에까지 영향력을 확대할 좋은 기회로 여긴 우르바노 2세는 1095년에 종교회의를 열어 이슬람교도에게 빼앗긴 예루살렘을 탈환하자고 공개적으로 제안했다. 교황의 성전(聖戰) 독려는 서유럽 국가 전체로 번져 나가 군주, 기사, 상인, 평민까지 가담하여 전쟁을 하러 떠났다.

처음 출발한 지 3년 만인 1099년, 십자군 원정대는 예루살렘에 도착하여 치열한 전투 끝에 예루살렘 왕국을 재건하고 개선했다. 그러나 예루살렘은 다시 이슬람교도의 손아귀에 들어갔고, 교황은 계속 십자군을 파병하여 200여 년간 모두 여덟 차례의 대규모 원정이 이루어졌다. 성지 탈환이라는 명분을 달성한 것은 1차 원정뿐이었고, 나머지 원정은 애초의 명분에서 탈선하여 십자군 원정대의 이익을 위한 약탈과 살인을 일삼았다. 심지어 4차 원정에서는 같은 그리스도교 국가인 비잔티움 제국을 점령하여 라틴제국을 세우고 영토를 나눠 가졌다. 서유럽 그리스도인의 대대적인 원정에 맞서 셀주크제국은 물론 여러 이슬람 국가들도 동참함에 따라 십자군 전쟁은 그리스도인과 이슬람인의 대충돌이 되어버렸다.

십자군 원정은 결국 실패로 끝나고 말았지만 유럽의 정치, 경제, 문화에 지대한 영향을 끼쳐 새로운 시대를 만들어갔다. 로마 교황의 권위는 추락했고, 원정에 열성을 다한 봉건 제후와 기사들이 몰락한 대신 국왕의 힘이 강해졌으며, 비잔티움 제국은 쇠퇴해 갔다. 또한 이탈리아 상인들이 지중해 무역을 장악하여 막대한 부를 쌓았다. 한편 서유럽은 십자군 원정을 통해 그동안 제대로 몰랐던 이슬람과 비잔티움의 문물을 접하면서 문화적인 충격과 자극을 받았다.

십자군 전쟁 시기의 상인 출신 수학자 피보나치

십자군 원정을 치르기 위해서는 수많은 병력뿐만 아니라 무기와 식량을 수송해야 했다. 그래서 수송 기지 역할을 한 이탈리아의 여러 항구들이 발전했는데 베네치아, 제노바, 피사가 그 대표적인 도시이다. 이 도시의 상인들은 십자군 원정에 필요한 군수품을 수송하거나 십자군을 따라 지중해를 누비며 동방과 유럽의 특산물을 교환하는 무역을 장악하여 부를 쌓아갔다.

십자군이 이슬람과 전쟁을 치르고 있는데도 상인과 학자들은 종교인, 정치인들과 달리 이슬람의 새롭고 뛰어난 문물에 대해 거부감을 가지지 않았다. 오히려 그들은 필요하면 받아들였고 훌륭하면 배웠다. 그리하여 그동안 교류가 별로 없었던 비잔티움 제국과 이슬람권의 문화가 서유럽 사회로 전해졌다.

그중 하나가 지금 우리가 쓰고 있는 '아라비아숫자'이다. 이를 소개한 사람은 '피보나치수열'로 유명한 레오나르도 피보나치이다. 피보나치는 1170년경 이탈리아 피사에서 태어났다. 피보나치의 아버지는 무역과 상업에 관한 일을 했다. 그는 피사의 상무장관을 지내다가 북아프리카 해안가의 부기아에 있는 세관의 피사 측 책임자가 됐다.

신을 위한 십자군 전쟁, 실제로는 인간의 이익과 만행

"근동의 그리스도교 국가(비잔티움 제국)가 구원을 요청하고 있으니 (…) 젖과 꿀이 흐르는 땅은 신이 그대들에게 내린 토지이다. 그리고 그곳을 불신의 무리로부터 해방시켜 우리들의 것으로 하지 않겠는가? 이 땅에서 불행한 자와 가난한 자는 그 땅에서 번영할 것이다."

클레르몽 공회의에서 십자군의 궐기를 부추긴 로마 교황 우르바노 2세는 영리한 선동가였다. 서유럽 사람들이라면 아무도 거절할 수 없는 성지 회복을 내걸면서 그리스도교인이라면 누구나 갈망하는 종교적인 사면까지 교황의 권한으로 약속했다. 그리고 이 전쟁에 참가하는 사람들은 빈곤에서 벗어나 번영하리라고 말하면서 사람들의 현실적인 이기심을 부추기는 것도 잊지 않았다.

결국 십자군 원정은 예루살렘 성지를 탈환한다는 표면적인 명분을 내걸었지만 이 전쟁에 참가하는 각자의 속셈은 다 달랐다. 교황은 비잔티움 제국은 물론 소아시아까지 자신의 지배력 아래에 두고자 했고, 왕과 제후들은 동방으로 진출하여 더 넓은 영토를 확보하고자 했으며, 기사들은 용맹하게 전투에 뛰어드는 모험으로 자기 위상을 높이고자 했다. 상인들은 비잔티움 제국과 이슬람 제국들이 가지고 있는 동지중해 상권을 빼앗을 속셈이었고, 농민들은 십자군 원정에 참여하는 것으로 봉건제의 각종 사슬에서 벗어나 새로운 삶을 얻고자 했다.

이익에 혈안이 된 십자군 원정대는 그들을 가로막는 모든 것에 가차 없이 잔혹했다. 옷의 가슴과 어깨 부분에 십자가 표지를 붙이고 1096년에 1차 십자군이 예루살렘으로 진군했는데, 그들이 지나가는 길목마다 이슬람교도가 그들의 눈에 띄기라도 하면 남녀노소를 불문하고 모조리 죽였다. 예루살렘에 도착하여 6주간 치열한 전투를 벌인 끝에 도시를 점령한 뒤에는 그리스도교인이 아니라면 이슬람 군인은 물론 민간인, 유대인까지 가리지 않고 무자비하게 살육했다. 어떤 그리스도교 역사가는 예루살렘의 참상을 가리켜 솔로몬 신전의 내부와 복도에 피가 무릎까지 찼다고 기록할 정도였다. 심지어 같은 그리스도교 국가인 비잔티움 제국을 점령하기도 했으니 두말할 필요가 없을 것이다. 뒤통수를 맞은 비잔티움 제국은 니케아에 망명국을 세웠다가 뒷날 겨우 제국을 탈환했다.

장 콜롱브가 1475년에 그린 클레르몽 공회 모습

그래서 십자군 전쟁은 종교의 이름으로 치른 전쟁 중에 가장 이기적이고 참혹하다고 말한다. 2001년에 교황 요한 바오로 2세는 옛날에 비잔티움 제국의 땅이었던 그리스를 방문했을 때 과거 십자군이 저지른 침략, 학살, 약탈 행위 등에 대해 정식으로 사과했다.

십 대에 아버지가 일하는 부기아로 따라간 피보나치는 그리스, 터키, 시리아, 이집트, 시칠리아 등의 비잔티움 제국과 이슬람권의 여러 도시들을 돌아다니면서 동방의 다양한 문화와 학문을 접했다. 또한 자신도 아버지처럼 상인이 되기 위해 계약법, 환전법, 계산법 등도 배웠다.

피보나치는 이슬람, 고대 그리스, 인도의 수학까지 접하고 배웠는데, 아라비아 상인들이 당시의 유럽 사람들보다 뛰어난 수 체계를 사용하고 있음을 알았다. 그는 수에 대한 천재적인 예민함과 상인이라는 직업의식을 발휘하여 동방의 수 체계가 가지고 있는 편리성과 실용성을 간파했다.

피보나치는 자신이 습득한 새롭고 풍부한 수학에 관해 정리하여 1202년에 손으로 작성한 '셈을 하는 판자에 관한 책'을 피사에서 발표했다. 그 책이 바로 『산반서』이다. 피보나치의 수학적 지식은 날로 발전하여 1228년에 『산반서』의 일부 내용을 빼거나 더하여 개정판을 발행했다. 현재 초판은 남아 있지 않고 이 개정판이 전해진다. 『산반서』는 인도-아라비아 수 체계와 그것을 어떻게 사용하는지를 유럽에 전했다는 점에서 중요하다. 피보나치는 자신이 소개한 새로운 수를 '힌두Hindu'라고 했는데, 우리는 이것을 현재 '인도-아라비아 수' 또는 '아라비아 수'라고 부른다.

유럽 사람들에게 주판 없이도 계산이 가능하다는 것을 소개한 『산반서』는 다음과 같이 시작한다.

인도인들의 숫자 9개는 다음과 같다.
9 8 7 6 5 4 3 2 1
이 9개의 숫자와 기호 0을 가지고
다음에 설명하는 것과 같이 어떤 수든지 쓸 수 있다.

이 책에 의하면 수는 단위들과 단위들의 그룹이 무한히 올라가며 만들어진다. 첫번째 그룹은 단위 수로 1부터 10까지이다. 그다음은 10부터 100, 그다음으로는 각각 100, 1000, 10000 등이고 각 그룹은 오른쪽에서 시작하여 왼쪽에서 끝난다. 만일 오른쪽에서 세 번째 자리에 1이 있는 숫자라면 그 1은 100을 나타내고, 그 수가 2라면 200을 나타낸다. 오른쪽에서 네 번째 자리는 1000을 나타내고 다섯 번째 자리는 10000을 나타낸다.

예를 들면 숫자 3과 7로 37을 만들 수도 있고 73을 만들 수도 있다. 0은 그 자리에 해당하는 수가 없음을 나타낸다. 즉 70에서 0은 단위 수 그룹의 수가 없음을 나타내고, 7은 10 그룹의 개수를 나타내는 것이다. 500에서 0은 단위 수와 10의 자리에 수가 없고 100이 5개 있다는 것을 의미

십자군 원정으로 유럽에 전해진 것들

예루살렘 탈환이라는 목표를 달성하지는 못했지만 비잔티움 제국의 미술과 그곳에 보존된 그리스와 로마의 고전, 이슬람의 철학·의학·화학·수학·천문학 등이 지중해 무역로를 따라 전해지면서 서유럽 문화는 많은 영향을 받았다. 이것들은 훗날 르네상스라는 새로운 시대를 여는 주요 고리가 되어준다.

로마제국이 동과 서로 나뉜 뒤 서로마제국의 영토 위에 들어선 게르만족의 서유럽권과 달리 동로마제국인 비잔티움은 헬레니즘 문화를 보존한 채 1천 년 가까이 지속됐다. 또한 이슬람 제국들도 그리스의 철학과 사상을 깊이 파고들어 원전을 아랍어로 번역하고 풍부한 연구서들을 만들어냈다.

중세 유럽은 그리스도교 하나로 모든 것을 모으고 굳혀서 '문화의 암흑기'라고 불린다. 이렇게 유럽에서는 소멸되고 잊혔던 고대 그리스의 철학과 사상을 담은 문헌들이 정복을 하려던 동방 지역에서 쏟아졌던 것이다. 그중에서 플라톤의 제자이자 알렉산드로스 대왕의 스승이었던 아리스토텔레스가 두드러졌다. 합리적인 세계관과 학문의 엄격성을 지녔던 아리스토텔레스는, 맹목적인 신앙과 합리적인 이성의 관계를 연구하던 스콜라 철학자들에게 큰 관심과 인기를 끌었는데, 이때 아랍어로 된 아리스토텔레스의 저서들이 라틴어로 번역되어 유럽에 널리 퍼졌다.

한다. 290에서 0은 단위 수의 개수, 9는 10의 개수, 2는 100의 개수를 나타낸다.

총 15장으로 구성된 『산반서』의 몇몇 장은 재미있는 수학 문제를 해결하는 새로운 계산 방법을 보여주고 수준 높은 응용문제도 제시한다. 그중에는 이런 문제가 있다.

로마로 가는 길에 늙은 여자 일곱 명이 있다.

여자들은 각각 노새 일곱 마리를 가지고 있다.

노새들은 각각 부대 일곱 개를 운반한다.

부대에는 각각 빵이 일곱 덩어리씩 담겨 있다.

빵 덩어리들에는 각각 칼이 일곱 자루씩 같이 있다.

피보나치의 〈산반서〉

연산과 기초 대수에 관한 책이다. 인도-아라비아 숫자를 읽고 쓰는 법, 정수와 분수의 계산법, 제곱근과 세제곱근을 구하는 법 등을 설명하고 있다.

칼들은 각각 일곱 개의 칼집 속에 들어 있다.

여자, 노새, 부대, 빵 덩어리, 칼, 칼집을 모두 합하여

얼마나 많은 것이 로마로 가는 길에 있느냐?

이 문제는 공비수열의 합으로 해답은 다음과 같다.

$$7+7^2+7^3+7^4+7^5+7^6$$
$$=7+49+343+2401+16807+117649$$
$$=137256$$

황제의 수학 문제 시합에 출전한 피보나치

수학을 좋아한 독일의 신성로마제국 황제 프리드리히 2세는 피보나치에게 자기 궁전에서 열리는 수학 문제 시합에 참여해 달라고 요청했다. 피보나치는 당시에 저명한 수학자로 인정받았다. 피보나치와 다른 유명한 수학자들에게는 어려운 수학 문제 3개가 출제됐다. 이 시합에서 피보나치만 세 문제를 모두 정확하게 해결했다. 그 세 문제 중 가장 쉬운 문제를 하나 소개한다.

"3명이 저축한 돈을 나눠 가진 다음 첫번째 사람은 자신이 가진 돈의 $\frac{1}{2}$을 내고, 두 번째 사람은 $\frac{1}{3}$을 내고, 세 번째 사람은 $\frac{1}{6}$을 내서 돈을 다시 모았다. 이렇게 모은 돈을 다시 똑같이 3등분해서 가졌더니 첫번째 사람은 처음 저축액의 $\frac{1}{2}$이 됐고, 두 번째 사람은 처음 저축액의 $\frac{1}{3}$이 됐으며, 세 번째 사람은 처음 저축액의 $\frac{1}{6}$이 됐다. 그렇다면 처음 저축액은 모두 얼마이며, 이 세 사람이 처음에 가져간 돈은 각각 얼마씩일까?"

피노나치는 그때 다음과 같이 풀이했다.

"먼저 생각할 것은, 만일 당신이 어떤 것의 반을 제거하면 반이 남고 당신이 $\frac{1}{3}$을 제거하면 $\frac{2}{3}$가 남는데 그것의 반은 $\frac{1}{3}$이다. 만일 당신이 $\frac{1}{6}$을 제거하면 $\frac{5}{6}$가 남는데 그 $\frac{5}{6}$의 $\frac{1}{5}$은 $\frac{1}{6}$이다. 세 사람은 그들의 돈을 규칙대로 내어 합했고, 합한 돈을 세 사람이 다시 똑같이 나눠 가졌다. 이때 세 사람이 똑같이 받은 돈의 액수를 res라고 하자(res는 피보나치가 미지수를 나타내는 기호

이다). 그러면 돈을 돌려받기 전에 첫번째 사람은 처음 저축액의 반에서 res를 뺀 만큼 가지고 있다. 두 번째 사람은 처음 저축액의 $\frac{1}{3}$에서 res를 뺀 만큼 가지고 있고, 세 번째 사람은 처음 저축액의 $\frac{1}{6}$에서 res를 뺀 만큼 가지고 있다.

첫번째 사람은 그가 원래 가진 돈의 반을 냈으므로 나머지 반을 가지고 있다. 그러면 그가 가지고 있는 돈의 반은 처음 저축액의 반에서 res를 뺀 것과 같다. 다시 말하면 그는 처음 저축액에서 res의 2배를 뺀 것과 같은 돈을 가지고 있다.

두 번째 사람은 그가 가진 돈의 $\frac{1}{3}$을 냈다. 그런데 그것은 그가 가지고 있는 돈의 $\frac{2}{3}$의 반과 같고, 처음 저축액의 $\frac{1}{3}$에서 res를 뺀 것과 같다. 그래서 절반 더하기 $\frac{1}{6}$ 또는 줄어서 $\frac{2}{3}$는 처음 저축액의 $\frac{1}{3}$에서 res를 뺀 것과 같다. 다시 말하면 두 번째 사람의 총액은 처음 저축액의 절반에서 res의 $1\frac{1}{2}$을 뺀 것과 같다.

세 번째 사람은 그가 가진 돈의 $\frac{1}{6}$을 냈다. 그것은 그가 가지고 있던 돈의 $\frac{5}{6}$의 $\frac{1}{5}$이고, 그에게 남아 있는 돈은 처음 저축액의 $\frac{1}{6}$에서 res를 뺀 것과 같다. 다시 말하면 세 번째 사람은 처음 저축액의 $\frac{1}{5}$에서 res의 $1\frac{1}{5}$을 뺀 것만큼 가지고 있다.

따라서 만일 당신이 세 사람의 돈을 모두 더하면 처음 저축액을 구할 수 있다. 첫번째 사람이 가지고 있던 돈인 처음 저축액에서 res의 2배를 뺀 것에, 두 번째 사람이 가지고 있던 돈인 처음 저축액의 절반에서 res의 $1\frac{1}{2}$을 뺀 것을 더한다. 전체 액수는 여기에 세 번째 사람의 돈을 더하면 되는데, 세 번째 사람은 전체의 $\frac{1}{5}$에서 res의 $1\frac{1}{5}$을 가지고 있다.

그러므로 처음 저축액은 처음 저축액의 $1\frac{7}{10}$에서 res의 $4\frac{7}{10}$을 빼면 된다. 그런 다음 처음 저축액 $1\frac{7}{10}$에 10을 곱하고 res $4\frac{7}{10}$에 10을 곱하면 처음 저축액의 7배는 res의 47배와 같아진다. 그래서 res가 7이라면 처음 저축액은 470이 된다.

그런데 첫번째 사람은 처음 저축액에서 res의 2배를 뺀 것만큼 가지고 있으므로 47 빼기 2배의 res, 즉 14를 빼면 330이고 이 돈은 첫번째 사람이 받은 돈이다. 두 번째 사람은 처음 저축액의 절반에서 res의 $1\frac{1}{2}$을 뺀 만큼 가지고 있으므로 $23\frac{1}{2}$에서 $10\frac{1}{2}$을 빼면 130이 된다. 이것이 두 번째 사람이 가진 돈이다. 세 번째 사람은 전체의 $\frac{1}{5}$에서 res의 $1\frac{1}{5}$을 뺀 만큼 가지고 있으므로 $9\frac{2}{5}$에서 $8\frac{2}{5}$를 뺀 것과 같다. 그러면 10이고 이것이 마지막 사람이 가지고 있는 돈이다.

마지막으로 첫번째 사람의 33 더하기 두 번째 사람의 13 더하기 세 번째 사람의 1을 하면 470이 되고 이것이 처음 저축액이다."

『산반서』는 중세 유럽에 큰 영향을 끼쳐서 사업가, 과학자, 관료, 교사들은 계산을 하거나 기록을 할 때 피보나치가 소개한 인도-아라비아 숫자를 사용하기 시작했고, 13세기 말쯤에는 대부분의 유럽 국가들이 새로운 수 체계를 받아들였다. 이로써 당시 유럽에서 사용됐던 로마숫자의 불편함은 완전히 사라졌다.

중세 유럽인이 로마숫자로 계산하는 방법

우리는 아라비아 수 체계에 이미 익숙하여 쉽게 이해할 수 있지만 중세 유럽 사람들에게는 쉽지 않았다. 피보나치는 『산반서』에서 로마숫자를 새로운 숫자로 변환시키는 몇 가지 예를 들었다. 하지만 피보나치 자신조차 새로운 수를 충분히 인식했는데도 로마 수 체계로 문제를 푸는 경우가 자주 있었다.

당시 유럽 사람들은 무역을 할 때 어떤 방법으로 물건 값과 이자를 계산하고 장부를 정리했을까?

그때 서유럽의 실생활이나 무역에서 사용하던 숫자는 로마숫자였다. 로마숫자는 '막대기 숫자'로 1, 2, 3을 Ⅰ, Ⅱ, Ⅲ과 같이 표기했고 5는 Ⅴ로, 10은 Ⅹ로, 50은 L로, 100은 C로, 500은 D로, 1000은 M으로 표기했다. 로마의 수 체계는 기호 7개만 배우면 되기 때문에 단순하다는 장점이 있다. 예를 들면 2341+1134=3475를 다음과 같이 계산했다.

	MM	CCC	XXXX	I
+	M	C	XXX	IIII
	MMM	CCCC	XXXXXXX	IIIII

그리고 계산한 결과에서 5개의 XXXXX은 하나의 L로, 5개의 IIIII은 1개의 V로 바꿔 쓰는 것이 필요했다. 즉 3475=MMMCCCCLXXV가 된다. 덧셈과 뺄셈은 막대기를 첨가하고 제거하는 것과 같이 단순했지만 곱셈과 나눗셈은 어렵고 지루한 일이었다. 또한 일정한 크기 이상의 숫자들은 계산이 불가능했다. 실제로 로마숫자로 곱셈과 나눗셈을 하기 위해서는 다른 방법이 필요했던 것이다.

그래서 당시 유럽 사람들은 계산을 위한 다른 방법을 생각해 냈는데, 그것은 바로 주판이었다.

주판은 고대 로마에서도 사용됐다. 처음에 로마 사람들은 금속판에 평행한 홈을 낸 후 그 위에 조약돌을 올려놓고 계산했다. 그러다가 점차 한 줄의 홈을 둘로 나누어서 위에는 5를 나타내는 조약돌 1개를 놓고 아래에는 1을 나타내는 조약돌 4개를 놓았다. 그러면 1부터 9까지의 수를 모두 나타낼 수 있게 된다.

인도-아라비아 숫자와 로마 주판의 계산 대결
그레고르 라이쉬가 1503년에 그렸다. 로마 주판과 인도-아라비아 숫자로 계산 대결을 하는 장면이다.

계산 과정에서 10을 넘게 되면 조약돌을 옮겨놓았다.

로마 주판은 오랫동안 사용되어 중세까지 이어졌다. 주판은 로마의 수 체계에 부족했던 '자릿값'이라는 기본적인 요소를 보충해 줬다. 이것은 각 숫자가 놓여 있는 자리에 따라 그 수의 크기가 결정되는 것으로, 현재 우리가 사용하는 십진기수법도 자릿값에 의한 수 체계이다.

우리가 777이라고 쓰면 각 자리의 같은 수 7은 각기 다른 크기를 나타낸다. 즉 7백 7십 7로 첫번째 7은 100의 자리, 두 번째 7은 10의 자리, 그리고 마지막 7은 1의 자리를 나타낸다. 로마의 수 체계에는 자릿값이라는 개념이 없었던 것이다.

로마의 수 체계에 자릿값이 필요하지 않았던 이유는 주판이 있었기 때문이다. 주판은 원시적인 도구에서 유래한다. 그 시초는 평평한 판에 모래를 뿌린 후 손가락으로 부신(符信)을 만드는 것이었다. 그러다가 나무판의 줄을 세로로 나누는 놀라운 아이디어를 생각했다. 그 줄은 각각 1단위와 10단위, 100단위, 그리고 1000단위를 표시하는 것이었다. 좀더 편리하게 사용하기 위해 계산용 조약돌이나 뼈를 첨가하여 그것들이 움직이지 않도록 줄로 고정했다. 결국 로마 사람들은 주판을 발전시켰다.

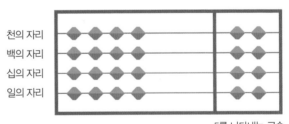

천의 자리
백의 자리
십의 자리
일의 자리

5를 나타내는 구슬

로마 주판에서 가운데가 나누어진 수평 줄의 왼쪽에는 4개의 구슬이 있고 오른쪽에는 1~2개의 구슬이 있었다. 여기에서 왼쪽의 각 구슬은 1을 나타내고 오른쪽의 구슬은 5를 나타낸다. 맨 밑줄의 구슬들은 1의 자리이고, 두 번째 줄은 10의 자리, 세 번째 줄은 100의 자리, 그리고 네 번째 줄은 1000의 자리를 나타낸다. 이것을 이용한 덧셈이나 뺄셈은 몇 가지 '수적인 사실'만 알면 아주 쉽게 계산할 수 있었다.

예를 들어 4463에 1358을 더하려면 로마숫자로는 MMMMCC CCLXIII과 MCCCLVIII을 쓰고, 주판으로 표시하면 첫번째 수를 그 수의 크기에 맞게 구슬들을 움직여 다음 그림과 같이 나타냈다.

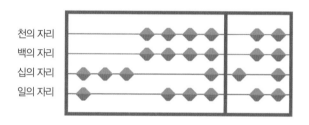

그런 다음 두 번째 수를 더하면 다음과 같다.

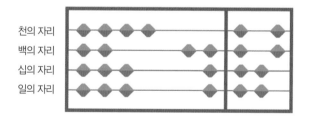

1000의 자리 줄에 있는 왼쪽 구슬 4개에 1개를 더하는 것은 5000을 나타내는 구슬 1개를 왼쪽으로 움직이고 1000을 나타내는 구슬 4개를 왼쪽으로 움직이는 것과 같다. 100의 자리 줄에서 왼쪽 구슬의 수 4에 3을 더

하는 것은 3=5−2이므로 500을 나타내는 줄에서 구슬 1개를 왼쪽으로 움직이고 1의 자리 줄에서 2개를 덜면 된다. 10과 1의 자리 줄에서도 마찬가지 방법으로 움직인 후에 그 결과를 다시 표시하면 다음 그림과 같다.

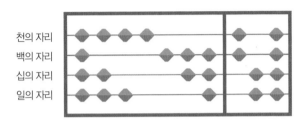

1의 자리 줄에서 2개의 5는 1개의 10이 되고 100의 자리 줄에서 2개의 50은 1개의 100이 되어 그 결과는 5821이 된다.

빼기는 덧셈을 하는 과정을 역으로 하면 된다. 이를테면 4463에서 1358을 빼기 위해 먼저 큰 수를 주판의 줄에 표시한다.

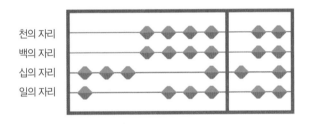

그런 다음 작은 수에 해당하는 구슬을 적당히 움직이면 된다. 1000의 자리에서 처음 1을 움직이면 3이 남고, 100의 자리에서 3을 움직이면 1이 남는다. 10의 자리 6에서 5를 빼는 것은 50을 나타내는 구슬을 오른쪽으로 움직이면 된다. 그런데 1의 자리 3에서 8을 빼는 것은 10의 자리에서 하나를 빌려와야 하고, 10에서 8을 빼면 2가 남는데 이것은 1의 자리에 포함시킨다. 1의 자리에 이미 3이 있으므로 2를 더하기 위해서는 3개의 구슬을 왼쪽으로 움직이고 5를 나타내는 구슬 1개를 왼쪽으로 움직이면 된다. 그러면 그 결과는 다음과 같이 3105이다.

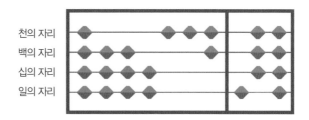

로마나 지중해 상인들은 이 같은 방법을 이용하여 로마숫자로 덧셈과 뺄셈을 했다. 그리고 주판은 그 계산을 정확하고 신속하게 할 수 있도록 도와줬다.

로마숫자를 이용한 곱셈과 나눗셈은 덧셈과 뺄셈의 지루한 반복이었다. 24에 3을 곱하는 것은 24를 3번 더하는 것이고, 3으로 나누는 것은 24에서 남은 수가 없을 때까지 3을 뺀 다음 뺀 횟수를 세는 것이다. 이것은 지루하고 고되기 그지없는 일이었지만, 중세 유럽 사람들은 이런 식으로 곱셈과 나눗셈을 해왔던 것이다.

피보나치의 『산반서』는 여러 세기 동안 유럽의 수학 기본서로 쓰였고, 유럽 사람들도 점차 불편한 로마숫자 대신 아라비아숫자와 그것의 수 체계에 익숙해져 갔다.

수에도 이름이 있다

인도-아라비아 수의 기수법과 지수 표기법을 사용하면 큰 수든 작은 수든 어렵지 않게 수를 쓸 수 있다. 그러나 1을 '일', 2를 '이', 10을 '십', 100을 '백', 3004556을 '삼백만사천오백오십육'이라고 읽듯이 수를 읽으려면 수에 이름이 있어야 한다.

이렇게 수에 이름을 붙이는 방법을 명수법命數法이라고 하는데, 명수법은 당연히 나라마다 언어마다 다르다. 명수법이 있으려면 먼저 수를 부르는 이름이 있어야 한다. 그 수의 이름을 수사數詞라고 한다. 한 수사가 나타내는 수는 명수법에 따라 달라진다.

우리가 속한 동아시아 문화권에서는 오래전부터 매우 풍요로운 수사를 확보하고 있었다. 일, 십, 백, 천, 만, 억, 조, 경, 해, 자, 양, 구, 간, 정, 재…… 등이다.

일(一)	만(萬)	억(億)	조(兆)	경(京)	해(垓)	자(秭)	양(穰)	구(溝)
1	10^4	10^8	10^{12}	10^{16}	10^{20}	10^{24}	10^{28}	10^{32}
간(澗)	정(正)	재(載)	극(極)	항하사(恒河沙)	아승기(阿僧祇)	나유타(那由他)	불가사의(不可思議)	무량수(無量數)
10^{36}	10^{40}	10^{44}	10^{48}	10^{52}	10^{56}	10^{60}	10^{64}	10^{68}

르네상스와 원근법

수열

14세기 이탈리아

인간과 자연을 다시 바라보는 르네상스

14세기 이후 유럽에서는 신^神 중심에서 벗어나 고대 그리스•로마 시대의 인간 중심 문화를 되살리려는 르네상스 운동이 일어났는데 이탈리아에서 시작하여 유럽 각지로 퍼져 나갔다.

보티첼리가 그린 '비너스의 탄생'
메디치 가의 의뢰를 받아 1485년경에 그린 것으로 추정한다. 조형적인 아름다움과 복잡한 상징, 시각적 은유들이 당대 인문주의자들의 취향을 잘 보여준다.

십자군 전쟁 이후 지중해 무역을 독점한 이탈리아의 여러 도시들은 빠르게 성장했고, 그런 도시의 시민들은 생활 형편이 좋아지면서 현실을 판단하고 자기 능력을 깨닫는 인간으로서의 자각에 눈뜨게 됐다. 그리하여 중세의 그리스도교적인 세계관에서 벗어나 새로운 정신 운동과 문화 운동이 일어나 유럽 각지로 퍼져 나갔다.

14세기부터 16세기까지 서유럽의 여러 나라에서 일어난 이 운동을 르네상스라고 한다. 르네상스 Renaissance라는 말은 프랑스어로 '부활, 재생'을 뜻하는데, 고대 그리스와 로마의 찬란한 문화가 다시 부활했다는 의미이다.

르네상스는 몇 가지 특징을 가지고 있다. 먼저 자유로운 인간으로서 개인이 등장했다는 점이다. 그전에 인간은 단지 신의 피조물에 불과하다고 여겨졌는데, 종교의 굴레에서 벗어난 인간으로서 개인을 되찾았다는 것은 놀라운 일이었다. 그리고 자유인인 개인이 높은 교양과 여러 분야의 지식과 재능을 갖추면 '만능인, 세계인'이라고 불리면서 존경받았다. 레오나르도 다빈치와 부오나로티 미켈란젤로 같은 사람들이 대표적인 '세계인'이다.

또 하나는 바로 '휴머니즘'을 들 수 있다. 이는 인간의 가치와 자유로운 정신을 추구하는 것이다. 처음에는 고대 그리스•로마 시대의 문화와 고전을 수집하고 연구하는 것을 의미했지만, 점차 어떤 것에도 구애받지 않는 자유로운 인간성을 탐구하는 것으로 이어졌다. 세상과 자연을 있는 그대로 바라보고 즐기려 했다. 이런 태도는 자연과학을 발달시켜 로마 교황청이 주장하는 천동설을 뒤엎고 지동설을 주장하는 등 과학의 시대로 들어서는 계기가 됐다.

르네상스는 신 대신 인간과 자연으로 돌아가는 획기적인 정신을 제창했고, 이로 인해 유럽은 중세 시대의 막을 내리고 근세 시대로 접어들었다. 르네상스는 이탈리아에서 시작됐으며 지중해 연안과 프랑스, 네덜란드, 영국, 독일, 스페인 등지로 퍼져 나갔지만 스칸디나비아 반도의 나라들은 거의 영향을 받지 않았다.

르네상스를 여는 사람들

르네상스는 이탈리아에서 시작됐는데 여기에는 여러 가지 이유가 있다. 이탈리아에는 고대 로마의 유산이 많이 남아 있었을뿐더러 비잔티움 제국이 오스만튀르크에게 멸망당한 뒤에는 동로마제국의 그리스 사람들이 대거 이탈리아로 이주해 왔다. 이탈리아 사람들은 마음만 먹으면 찬란한 고대 문화를 새로운 시각으로 생생하게 다시 바라볼 수 있는 곳에 살았던 것이다. 또한 이탈리아는 유럽의 다른 지역들보다 상업 도시가 일찍 발달하여 비잔티움과 이슬람을 비롯한 다른 문화와의 교류가 활발했고 중세 봉건제의 영향이 적었다. 게다가 지중해 무역을 독점하여 큰 돈을 모은 대상인들이 예술과 문화를 후원했는데, 그들은 중세풍과 다른 그리스·로마풍을 원했다.

이탈리아의 여러 도시들 가운데 피렌체는 베네치아와 함께 국제적인 상업 도시로 성장했다. 피렌체에서 최고의 부를 자랑하는 가문은 금융업을 하는 메디치 가문이었다. 메디치 가문은 어마어마한 재력을 바탕으로 13세기부터 17세기까지 막대한 영향력을 끼치면서 봉건제가 사라진 피렌체에서 왕실과 다를 바 없는 권세를 누렸다. 메디치 가문은 그 엄청난 힘을 학문과 예술에 아낌없이 투자하여 피렌체를 풍요로운 예술과 문화

피렌체 시와 로렌초 메디치
피렌체는 이탈리아 르네상스의 중심
도시였으며, 메디치 가는 피렌체를
다스린 가문이었다.

의 도시로 만들었고, 그런 우호적인 환경에서 르네상스를 여는 천재들이 쏟아져 나왔다.

초기 르네상스를 온몸으로 실현한 사람은 피렌체 출신의 알리기에리 단테이다. 그는 정적에게 추방당하여 유랑 생활을 하는 중에 대표작 『신곡』을 완성했다. 로마 시인 베르길리우스가 지옥의 안내자로 등장하는 『신곡』은 영혼의 정화를 통해 천국으로 승천할 수 있다는 내용으로 고전문학과 그리스도교를 조화시킨 대서사시이다. 프란체스코 페트라르카, 조반니 보카치오 같은 작가들도 고대 로마를 동경하고 인간의 감정과 인생을 솔직히 드러내는 작품들을 써냈다.

르네상스 정신은 미술 영역으로 계승되어 더욱 빛나는 성과를 거뒀다. 중세에는 교회의 건축이 중심이었고 그림 역시 독립적인 예술로 인정받지 못한 채 교회의 장식물로 신을 찬양하고 경배하는 도구에 지나지 않았다. 그러나 르네상스 시대에 이르면 미술이 독자적인 예술로 자리 잡기 시작한다.

미술에서 최초의 르네상스인으로 평가받는 사람은 디본도네 조토인데, 그의 작품들은 100여 년 후에 번성한 르네상스 미술 양식의 기초가 됐다. 역시 피렌체 출신인 조토는 당시에 이미 유명세를 탔다. 14세기에 리코발도 페라레제는 세계사를 다룬 책에서 미술가로 조토를 넣었고, 시인 체코 다스콜리는 자기 시에서 조토가 '최고의 그림'과 동의어가 된 예를 보여줬다.

조토의 생애와 명성에 대한 기록은 풍부하지만, 조토의 그림으로 확증할 만한 작품에 대해서는 논란이 많다. 그런데도 의심할 여지없이 확실한 조토의 진품으로 인정받는 그림이 이탈리아 파도바에 있는 스크로

부, 권력, 그리고 문화의 메디치 가문

무역과 금융으로 부를 쌓은 메디치 가문은 교황청의 재산을 관리했으며 유럽에 16개 지점을 두었고, 한때 피렌체 세금의 65%를 납부할 만큼 시 전체의 경제를 좌지우지했다. 유럽의 다른 귀족들처럼 피렌체에서 절대 권력을 누린 메디치 가문은 교황만 세 사람을 배출하고, 프랑스 왕비도 카트린 드 메디치를 비롯하여 두 사람이나 배출하여 가히 유럽의 다른 왕족들과 어깨를 견줄 만한 세력을 자랑했다.

최초로 정권을 장악한 코시모 데 메디치는 그래도 민주정치의 형태를 유지했지만, 손자인 로렌초 데 메디치는 전제군주와 다를 바 없었다. 하지만 로렌초의 시대에 메디치 가문은 최고의 번영을 누렸고, 동시에 피렌체는 가장 평화롭고 문화적으로 융성했다. 로렌초는 예술가와 학자들을 육성하는 데 엄청난 재물을 썼는데, 재능 있는 젊은이가 있다는 이야기를 들으면 당장 자기 집으로 불러들여 교육을 받게 했다. 메디치 가문에는 연장자나 신분 높은 사람이 상석에 앉아야 한다는 식사 예법이 없었다. 아무리 나이 어린 화가라도 먼저 오면 로렌초의 옆에 앉았고, 외교관이라도 늦게 오면 아래쪽에 앉아야 했다.

베니(아레나) 예배당에 예수의 일생을 그린 프레스코 벽화이다.

조토는 이 프레스코화들을 통해 종래의 비잔틴 전통에서 탈피하여 르네상스를 이끈 미술사의 새로운 장을 열었다고 평가받는다. 정면에서 벗어나 측면과 후면을 묘사하는 등 이전에는 볼 수 없었던 공간감을 만들어냈고 단축법, 투시법, 명암을 이용하여 평면에 입체감을 부여했다. 또한 배경에 구체적인 풍경과 건물들을 그려 넣어 회화에 배경이라는 요소를 최초로 도입했고, 인물의 감정과 동작을 역동적으로 표현했다. 이전까지는 단순히 사실을 기록하기 위한 도구였던 회화를, 조토가 그림을 보는 사람들에게 화가 개인의 감정을 전달하는 매체로 바꿔놓았다고 할 수 있다. 스크로베니 예배당의 프레스코화 「애도」는 이를 가장 잘 보여주는 작품으로 역동적인 성 요한의 팔 동작, 그림의 전면에서 등을 돌린 채 뒤돌아보고 있는 인물들, 그림의 배경에 그려진 산과 나무, 각기 다른 인물들의 생생한 표정을 통해 확인할 수 있다.

미술 용어에서 역사 용어가 된 '르네상스'

르네상스라는 말은 처음에는 르네상스 운동이 시작된 지 100년이 지난 뒤에 미술 용어로 사용되기 시작했다. 1550년, 이탈리아 화가이자 역사가인 조르조 바사리가 『이탈리아 미술가 열전』에서 '미술의 재생'이라고 언급하면서 이탈리아어로 '리나시타^{rinascita}'라는 표현을 썼다. 그는 고대 미술이 야만족의 침입과 중세의 우상 파괴 운동으로 쇠퇴하고, 그 후 거친 고트인에 의해 '독일 양식', 즉 고딕이나 딱딱한 비잔틴 양식이 풍미했는데, 13세기 후반 화가 치마부에와 조토 및 조각가 피사노와 디 캄비오 등이 배출되어 뛰어난 고대 미술의 전통을 부활(리나시타)했다고 말했다.

이후 1697년에 프랑스 철학자 피에르 벨이 『역사비평사전』에서 이탈리아어 '리나시타'를 프랑스어 '르네상스^{Renaissance}'로 번역하면서 '문예 르네상스'라는 항목을 수록했다. 1701년에는 프랑스 문학자 앙투안 퓌르티에르가 『보편적 사전』에서 '미술 르네상스'라는 항목을 수록했다. 그러다가 1855년에 프랑스 역사가 쥘 미슐레가 『프랑스사』 7권에 '르네상스'라는 이름을 붙여 최초의 학문적인 관심을 불러일으켰고, 1860년에 스위스 역사가 야코프 부르크하르트가 『이탈리아 르네상스의 문화』에서 르네상스의 개념을 확립하여 오늘날에 이르고 있다.

조토를 뒤이어 많은 화가들이 나왔는데, 1435년에 르네상스 화가들의 교과서라고 불리는 『회화론』을 쓴 레온 바티스타 알베르티는 패널이나 벽면의 이차원 평면 위에 삼차원 장면을 그리는 방법인 원근법을 처음으로 설명했다. 이 책은 즉시 이탈리아 예술에 깊은 영향을 끼쳤다. 알베르티는 그의 책에서 이렇게 주장했다.

"나는 화가에게 가능한 한 모든 학문과 예술 분야를 고루 섭렵하라고 권하고 싶다. 그러나 다른 무엇보다도 기하학을 먼저 배워야 한다. 화가는 무슨 수를 써서라도 기하학을 공부해야 한다."

알베르티 이후 산드로 보티첼리 같은 르네상스 화가들은 좀더 사실적인 그림을 그리기 위해 알베르티가 주장한 대로 유클리드 기하학을 연구했고, 그 결과로 등장한 것이 원근법이다. 원근법은 말 그대로 인간의 눈으로 볼 수 있는 삼차원에 존재하는 사물의 멀고 가까움을 구분하여 이차원 평면 위에 묘사적으로 표현하는 회화 기법을 말한다. 중세 시대에는 인간인 화가의 시선이 중요하지 않았다. 주로 종교적인 목적으로 그려진 성화에서는 예수나 성모 마리아처럼 종교적으로 중요한 인물은 커다랗게, 나머지 사람들은 조그맣게 그려 넣었다. 르네상스 시대에 원근법으로 그림을 그렸다는 것은 인간의 시선을 중시하는 관점으로 변하고 있음을 뜻한다.

원근법의 발견과 수열

수학적인 비례에 의한 완벽한 원근법을 투시화법이라고 하는데, 투시화법을 최초로 발견한 사람은 교회 건물을 스케치하다가 소실점을 발견한 피렌체 건축가 필리포 브루넬레스키였다. 소실점이란 평행한 두 직선이 계속 나아가다가 멀리 지평선 또는 수평선에서 없어지는 지점을 말한다.

어느 고속도로를 찍은 사진에서 고속도로의 양 끝이 평행한 두 직선

이라고 한다면, 이 두 직
선은 앞으로 계속 나아
가다가 지평선의 한 점
에서 모이게 되고 이 점
에서 고속도로가 사라지

는 것처럼 보인다. 즉 지평선 너머로 고속도로가 사라지는 바로 그 점을
소실점이라고 한다. 결국 소실점은 모든 것이 없어지는 점이 아니라 그
곳으로 모이는 점이고, 이런 소실점을 수학적으로 나타낼 수 있다. 그런
데 그러기 위해서는 먼저 수열을 알아야 한다.

1부터 시작하여 바로 앞의 수에 −2를 곱하여 얻어진 수를 순서대로
나열하면 1, −2, 4, −8, 16, …이다. 또 자연수를 1부터 차례대로 제곱한
수를 순서대로 나열하면 1, 4, 9, 16, …이다. 이와 같이 어떤 규칙에 따라
차례로 나열된 수의 열을 '수열'이라고 하며, 수열을 이루는 각 수를 수
열의 '항'이라고 한다. 수열의 각 항을 앞에서부터 첫째 항, 둘째 항, 셋째
항, …, n째 항 또는 제1항, 제2항, 제3항, …, 제n항이라고 한다.

4개의 수 2, 4, 6, 8로 이루어진 수열에서 항의 개수는 유한개이다. 반
면 자연수의 수열 1, 2, 3, 4, …처럼 항이 무한히 계속되는 수열도 있다. 이
와 같이 항의 개수가 유한개인 수열을 '유한수열', 무한개인 수열을 '무한
수열'이라고 한다. 일반적으로 수열을 나타낼 때는 각 항의 번호를 붙여
$a_1, a_2, a_3, …, a_n, …$과 같이 나타내고, 이 수열을 간단히 기호로 $\{a_n\}$으로
나타낸다. 이때 제n항 a_n을 이 수열의 '일반항'이라고 한다.

이제 고속도로 사진과 같은 소실점을 만들어내는 수열에 대해 알아보자.
먼저 각 항이 $1, \dfrac{1}{2}, \dfrac{1}{3}, …, \dfrac{1}{n}, …$과 같이 차례로 작아지는 수열 $\left\{\dfrac{1}{n}\right\}$을

생각해 보자. 이 수열은 일반항이 $a_n = \dfrac{1}{n}$인 무한수열이다. 즉 $a_1 = 1$, $a_2 = \dfrac{1}{2}$, $a_3 = \dfrac{1}{3}$이고 이것을 그래프로 나타내면 다음과 같다.

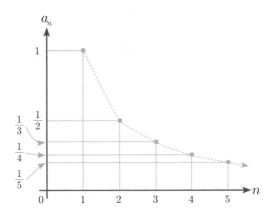

위 그래프에서는 제5항까지만 구했는데, 제1000항이나 제10000항을 구하면 $a_{1000} = \dfrac{1}{1000} = 0.001$, $a_{10000} = \dfrac{1}{10000} = 0.0001$이다. 또 제1000000항은 $a_{1000000} = \dfrac{1}{1000000} = 0.000001$이다. 이와 같이 수열 $\left\{\dfrac{1}{n}\right\}$은 n이 점점 커짐에 따라 일반항 a_n의 값은 점점 작아진다.

이 수열은 n이 아무리 커져도 $\dfrac{1}{n}$은 0보다 크기 때문에 이 수열의 모든 항은 0보다 크다. 그런데 n이 커지면 커질수록 $\dfrac{1}{n}$은 0보다 약간 큰 값이지만 0에 아주 가깝게 접근한다. 결국 n이 한없이 커지면 $\dfrac{1}{n}$은 한없이 0에 가까워질 것이다. 이것을 간단히 기호로 나타내면 $\displaystyle\lim_{n\to\infty}\dfrac{1}{n} = 0$이다. 이 표현에서 등호 '='은 우리가 보통 알고 있는 '양변이 같다'라기보다 'n이 한없이 커질 때 $\dfrac{1}{n}$은 0에 한없이 접근한다'는 뜻이다.

이와 같이 무한수열 $\{a_n\}$에서 n이 한없이 커짐에 따라 수열의 일반항 a_n의 값이 일정한 값 α에 한없이 가까워지면 '수열 $\{a_n\}$은 α에 수렴한다'고 하고, 이때 α를 수열 $\{a_n\}$의 '극한값' 또는 '극한'이라고 한다. 이것을 기호로 $\displaystyle\lim_{n \to \infty} a_n = \alpha$와 같이 나타낸다. 이때 ∞는 한없이 커지는 상태를 나타내는 기호로 '무한대'라고 읽는다.

또 다른 무한수열 $\{a_n\}$의 일반항이 $a_n = 1 + \dfrac{(-1)^n}{n}$ 이라면 $\{a_n\}$은 차례대로

$$a_1 = 1 + \frac{(-1)^1}{1} = 1 - 1 = 0$$

$$a_2 = 1 + \frac{(-1)^2}{2} = 1 + \frac{1}{2} = \frac{3}{2}$$

$$a_3 = 1 + \frac{(-1)^3}{3} = 1 - \frac{1}{3} = \frac{2}{3}$$

$$a_4 = 1 + \frac{(-1)^4}{4} = 1 + \frac{1}{4} = \frac{5}{4}$$

$$a_5 = 1 + \frac{(-1)^5}{5} = 1 - \frac{1}{5} = \frac{4}{5}$$

$$\vdots$$

와 같이 n이 한없이 커짐에 따라 일반항 a_n의 값은 $0, \dfrac{3}{2}, \dfrac{2}{3}, \dfrac{5}{4}, \dfrac{4}{5}, \cdots$와 같이 점점 1에 가까워진다. 이 수열을 그래프로 나타내면 다음과 같고, 수열 $\left\{1 + \dfrac{(-1)^n}{n}\right\}$은 $\displaystyle\lim_{n \to \infty}\left(1 + \dfrac{(-1)^n}{n}\right) = 1$로 나타낼 수 있다.

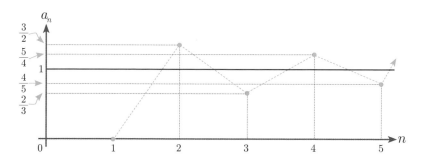

앞에서 두 수열 $\left\{\dfrac{1}{n}\right\}$과 $\left\{1 + \dfrac{(-1)^n}{n}\right\}$은 각각 0과 1이라는 정해진 한 값에 각 항들이 점점 접근한다. 즉 이 두 수열의 소실점은 각각 0과 1이

다. 결국 수렴하는 수열의 각 항이 어떤 값 α에 점점 접근한다는 것은 그림에서 모든 시선이 소실점에 모이는 것과 같다.

한편 수열 $\{n\}$의 각 항은 1, 2, 3, 4, … 이므로 어떤 하나의 값 α에 접근하지 않는다. 즉 $\lim\limits_{n \to \infty} n = \alpha$가 되는 α는 존재하지 않는다. 또 수열 $\left\{ \dfrac{n+(-1)^n n}{n} \right\}$은

$$a_1 = \frac{1-1}{1} = 0$$

$$a_2 = \frac{2+(-1)^2 2}{2} = \frac{2+2}{2} = 2$$

$$a_3 = \frac{3+(-1)^3 3}{3} = \frac{3-3}{3} = 0$$

$$a_4 = \frac{4+(-1)^4 4}{4} = \frac{4-4}{4} = 2$$

$$a_5 = \frac{5+(-1)^5 5}{5} = \frac{5-5}{5} = 0$$

$$\vdots$$

와 같이 한 값에 접근하지 못하고 0과 2를 번갈아 가진다. 두 경우를 그래프로 나타내면 다음과 같다.

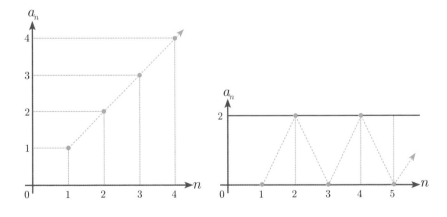

이런 경우 '수열이 발산한다'고 하며, 그림이라면 소실점을 찾을 수 없다. 이를테면 고속도로의 시작과 끝이 똑같은 간격으로 그려진 그림이 되는 것이다. 오른쪽 그림처럼 멀리 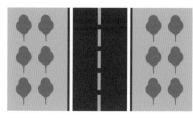 있거나 가까이 있거나 모두 같은 모습으로 그려져서 마치 먼 하늘에서 아래를 내려다보며 그린 것과 같이 현실감이 떨어진다.

소실점의 원리를 알았다면 수학에서 수열의 극한값을 구하는 방법을 생각했다는 것과 같다. 단순한 것처럼 보이는 이런 사실은 인간이 생각하는 사고의 폭이 유한에서 무한으로 넓어졌다는 것을 의미한다. 실제로 이 시기에 수학은 점점 무한의 개념에 대해 고민하기 시작했다. 결국 예술과 수학은 같은 시기에 같은 생각으로 발전하고 있었음을 알 수 있다.

대항해 시대의 탐험가들

원의 둘레와 원주율

15~16세기 유럽

황금의 땅 동방으로 가는
새로운 길을 찾아라

15세기부터 포르투갈과 에스파냐를 시작으로 유럽 각국은 신항로와 신대륙을 찾는 대항해 시대를 맞았다. 이를 계기로 유럽 이외의 다른 대륙이 유럽의 식민지로 전락했다.

15세기 초부터 유럽 사람들은 목숨을 걸고 새로운 바닷길을 찾기 시작했다. 신항로 개척은 비단 몇몇 사람들의 호기심을 넘어 왕실의 후원 아래 국가적인 차원에서 이뤄졌다.

15세기 초부터 17세기 초까지 유럽의 배들이 세계를 돌아다니며 항로를 개척하고 탐험과 무역을 하던 이 시기를 대항해 시대라고 한다. 유럽의 여러 나라들이 드넓은 바다로 나가서 적극적으로 신항로를 찾았던 까닭에는 여러 가지 이유가 있다.

첫째, 동방으로 가는 새로운 무역로를 찾기 위해서였다. 중세 말기 유럽에서는 중국, 인도 등 동양에서 생산되는 상품들을 찾는 사람들이 점점 많아져 높은 인기만큼 그 값이 아주 비쌌다. 후추나 계피 같은 향신료, 비단, 차, 도자기, 커피 등이 그것이었다. 그런데 이탈리아와 이슬람 상인들이 동방 무역을 독점하며 폭리를 취하고 있었던 것이다.

둘째, 종교적인 신념 때문이었다. 당시 유럽에는 아시아와 아프리카에 거대한 그리스도교 국가가 있다는 전설이 떠돌았다. 유럽 사람들은 이 나라를 찾아서 연합하면 소아시아를 지배하고 있던 이슬람 세력을 견제할 수 있다고 생각했다.

셋째, 정치적인 이유가 숨겨져 있었다. 당시 유럽에서는 중앙집권화가 진행되면서 국가 간의 경쟁이 치열했고, 각 나라의 국왕들은 강력한 왕권을 행사하는 절대왕정을 구축하려면 막대한 비용이 들었기 때문에 새로운 수입원을 찾아야 했다. 그래서 부를 약속하는 탐험가들을 적극 지원했다.

넷째, 르네상스의 영향으로 과학이 발달하여 미지의 바다에 대한 공포가 줄어들었다. 넓은 바다를 항해하는 데 필요한 나침반이 실용화됐으며, 고대 그리스의 수학과 천문학이 재발견되어 지구가 둥글다는 지구 구체설에 확신을 가지면서 두려움 없이 먼 바다로 나아갈 용기를 얻었다. 지구가 네모반듯하다고 생각한 이전 사람들은 바다의 끝에 다다르면 폭포에서 떨어져 내리듯 심연으로 떨어진다고 생각했다. 또한 지구의 크기와 경도 및 위도 측정법 등도 알려졌다.

유럽 국가들의 신항로 개척은 포르투갈과 에스파냐를 시작으로 네덜란드, 영국, 프랑스까지 뒤이었다. 그리하여 인도로 가는 신항로를 개척했고, 유럽인으로서는 처음으로 아메리카 대륙을 발견했으며, 대서양과 태평양을 항해하여 지구를 한 바퀴 돌아오기도 했다. 그 결과 유럽 무역의 중심지가 지중해에서 대서양으로 이동하여 이탈리아는 쇠퇴했고 대서양 연안 국가들이 번성했으며 각국의 왕실들은 엄청난 부를 축적했다. 하지만 유럽 국가의 선단들이 거쳐 간 아프리카, 아메리카, 아시아는 이때부터 식민지로 전락하게 된다.

바다를 누비는 탐험가들

신항로 개척에 가장 먼저 나선 나라는 포르투갈과 에스파냐이다. 두 나라는 대서양 연안에 위치하여 이탈리아가 장악한 지중해 무역에 끼어들 수 없었기 때문에 신항로를 개척하는 데 적극적이었다.

신항로 개척의 시대를 처음 연 사람은 포르투갈의 엔리케 왕자이다. 주앙 1세의 셋째 아들로 태어나 왕위를 계승할 가능성이 거의 없었던 엔리케는 바다에 대한 애정이 남달라서 탐험가와 선원을 길러내는 데 시간과 돈을 썼다. 직접 항해 학교를 세워 항해에 필요한 공부를 시키고 기술을 가르쳤다. 엔리케가 파견한 탐험가들은 아프리카 서해안의 베르데 곶까지 이르렀지만, 엔리케가 그토록 염원하던 인도에 가지는 못했다.

당시 유럽 사람들은 지중해와 맞닿아 있는 이집트를 비롯한 아프리카 북쪽 지역에 대해서는 알고 있었지만, 아프리카 대륙 전체를 알지는 못하여 사실 베르데 곶까지도 위험을 감수한 모험이었다. 중세 지도를 살펴보면 아프리카 대륙이 자그마하게 그려져 있을 뿐만 아니라 아프리카 대륙의 최남단까지 가본 사람도 없었다.

엔리케가 죽은 지 20년이 훨씬 지나서야 포르투갈 탐험가 바르톨로뮤 디아스가 아프리카 대륙의 남쪽에 이르러 희망봉을 발견했다(1487년). 그

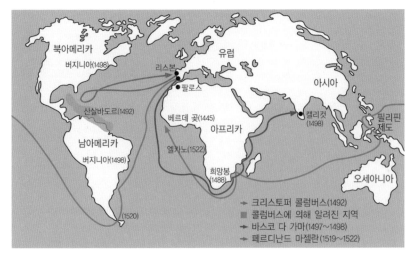

신항로 개척에 나선 유럽 사람들의 항로

로부터 약 10년이 흐른 뒤에 드디어 역시 포르투갈 탐험가인 바스코 다 가마가 희망봉을 돌아 인도 서해안에 도착함으로써(1498년) 수십 년 만에 포르투갈과 엔리케 왕자의 염원이 실현됐다.

이탈리아 제노바의 평민 출신인 크리스토퍼 콜럼버스는 포르투갈 탐험가들과는 다른 항로로 인도에 갈 결심을 했다. 아프리카 대륙을 끼고 돌아가는 항로가 아니라 서쪽으로 대서양을 곧장 가로질러 인도에 가겠다는 계획이었다. 지구가 공처럼 둥글다면 서쪽으로 계속 가기만 해도 언젠가는 반드시 인도의 동쪽 해안에 다다를 것이라고 판단했던 것이다. 콜럼버스는 여러 해 동안 지도들을 연구하고 과학 논문들을 읽고서 자신의 항해 계획에 확신을 가졌다.

그런데 항해를 하려면 선단과 선원, 그리고 오랜 시간 지탱할 음식물과 각종 물품들이 필요했고, 이를 제대로 마련하는 데는 막대한 경비가

이사벨라 여왕과 페르난도 국왕을 만나는 콜럼버스
독일계 미국 역사화가 에마누엘 로이체가 1843년에 그린 그림이다.

들었다. 지금까지 아무도 시도하지 않았던 항로를 새롭게 개척하는 탐험
이라 성공 가능성은 낮고 위험부담은 커서 선뜻 투자할 후원자를 구하는
것이 쉽지 않았다. 콜럼버스는 먼저 항로 개척에 가장 열성적인 포르투
갈 국왕을 찾아갔지만, 콜럼버스의 항해 계획이 실현되기 힘들다는 과학
자들의 판단에 따라 거절당했다. 프랑스와 영국도 거절했다.

마지막으로 콜럼버스는 에스파냐를 공동 통치하고 있던 페르난도 국
왕과 이사벨 여왕을 찾아갔다. 두 사람은 관심을 보였지만 그가 내건 조
건을 받아들이려 하지 않았다. 콜럼버스는 자신에게 기사와 제독의 작위

를 내려주고, 자신이 발견한 땅을 다스리는 부왕(副王)의 지위를 보장하고, 새로운 땅에서 얻은 총수익의 10분의 1을 달라고 요구했다. 당시 탐험가들에게 신천지 발견은 부와 명예를 한꺼번에 얻는 일확천금의 기회였다. 계속 망설이던 에스파냐는 결국 신항로 개척을 두고 경쟁하던 포르투갈을 의식하여 콜럼버스와 항해 계약을 체결했다.

1492년, 콜럼버스는 에스파냐 왕실이 제공한 배 3척과 스스로 지원한 선장이 통솔하는 배 1척, 모두 4척의 배를 이끌고 대서양을 가로지르는 항해를 시작했고 2개월여 만에 육지에 도착했다. 그는 드디어 자신이 생

콜럼버스가 고대어 통역사를 데려간 까닭

크리스토퍼 콜럼버스는 3차 항해에 칼데아 신아람어와 히브리어에 능통한 선원 두 사람을 데려갔다. 항해의 목적지가 아시아이므로 그곳에 사제 왕 요한의 왕국이 있을 터이고, 그 왕국과 닿아 있는 에덴동산의 사람들은 고대어인 이 두 언어를 쓸 가능성이 높다고 생각했기 때문이다. 그들과 소통하려면 고대어 통역사가 꼭 필요했다.

중세 유럽에는 사제 왕 요한(프레스터 존Prester John)에 대한 이야기가 전설처럼 떠돌고 있었다. 유럽의 그리스도교 나라들을 포위하고 있는 이슬람과 온갖 이교도 나라들의 너머 아시아와 아프리카에 거대하고 풍요로운 그리스도교 왕국이 있다는 것이다. 기록에 따라 약간씩 다르지만, 사제 왕 요한은 동방박사 3명 중 한 사람의 후손으로 관대한 마음으로 덕치를 베풀었고, 그의 왕국에는 온갖 신기한 것들로 가득한데 무엇보다 에덴동산과 맞닿아 있다고 전해졌다.

동방을 여행하고 돌아와 『동방견문록』을 쓴 마르코 폴로는 케레이트족의 지도자 토그릴 완 칸을 사제 왕 요한이라고 기록했다. 토그릴 완 칸이 그리스도교를 믿긴 했지만, 전설의 사제 왕 요한은 장엄하고 용맹하며 자애로운 가톨릭 군주로 남아야 했기 때문에 유럽 사람들은 그를 받아들이지 않았다.

그래서 아프리카에서 그리스도교를 믿는 에티오피아가 사제 왕 요한의 나라라는 소문이 돌았다. 대항해 시대에 탐험가들이 아프리카 해안가를 따라 항해한 것은 사제 왕 요한의 나라로 가기 위한 목적도 있었다. 하지만 에티오피아가 이슬람 국가인 오스만튀르크에게 참패하자, 여전히 또 다른 기대만 남긴 채 에티오피아에 대한 환상도 깨지고 말았다.

지금은 사실이 아닌 전설로 판명됐지만, 환상이 모험을 낳는다는 것은 분명한 듯하다.

각한 대로 인도의 동쪽 해안에 도착했다고 여겼지만, 그곳은 당시 유럽 사람들은 전혀 몰랐던 새로운 대륙이었다. 해안가에서 원주민을 발견한 콜럼버스는 그들을 인도 사람이라는 뜻으로 '인디언'이라 불렀다. 진짜 인도 땅에는 몇 년 뒤에 바스코 다 가마가 아프리카를 돌아서 도착했다.

콜럼버스는 첫 항해 이후 세 차례나 더 신대륙으로 항해했지만 자기가 도착한 곳이 인도가 아니라는 사실을 알지 못했다. 훗날 이탈리아 탐험가 아메리고 베스푸치가 신대륙을 탐험한 뒤 이 대륙이 인도와는 전혀 다른 신대륙이라고 여행기에 기록했고, 그의 이름을 따서 아메리카라고 불리게 됐다.

한편 포르투갈 항해가 페르디난드 마젤란은 에스파냐 국왕의 후원을 받아 1519년에 에스파냐를 출발하여 대서양을 가로질러 남아메리카 해안을 따라 남쪽 끝까지 내려갔다. 그리고 남아메리카 최남단의 험한 해협을 지나 태평양에 들어섰다. 지금까지 그토록 커다란 바다를 본 적이 없었는데 그 넓은 바다가 너무나 잔잔했다. 그래서 태평양이라고 이름을 지었다. 배를 동쪽으로 되돌려서 지금껏 왔던 항로로 귀향해도 되지만, 마젤란은 드넓은 바다 위에서 계속 서쪽으로 항해했고 필리핀에 도착했다.

이곳에서 마젤란은 원주민들에게 살해당하고, 남은 선원들이 계속 항해하여 에스파냐로 돌아왔다. 에스파냐를 출발한 지 3년 만이었다. 5척 270명으로 출항한 선단이었는데 반란, 피살, 굶주림, 폭풍우 등 갖은 고생 끝에 1척 18명으로 되돌아왔다. 에스파냐 국왕은 천신만고 끝에 살아 돌아온 선원들에게 문장을 하사했다. 그 문장에 새겨진 지구 모양에는 "너는 처음으로 나를 일주했다"라는 문구가 쓰여 있었다. 이로써 지구가 둥글다는 것이 실제로 입증됐다.

이들 외에도 페드로 알바레스 카브랄, 바스코 발보아, 존 캐벗, 예르마크 티모페예비치, 후안 폰세 데 레온, 빌렘 바런츠, 아벨 얀스존 타스만, 프랜시스 드레이크, 제임스 쿡, 헨리 허드슨 등이 대항해 시대에 탐험가로 이름을 떨쳤고, 무명 탐험가들도 무수히 많았다. 그리고 에르난 코르테스나 프란시스코 피사로처럼 탐험가를 빙자한 잔인한 정복자들도 있었다.

대항해 시대에 콜럼버스처럼 대륙을 착각하는 등 여러 시행착오를 겪었지만 유럽 국가들은 엄청난 부를 획득하여 중앙집권의 절대왕정 시대로 나아간다. 하지만 유럽 밖의 나라들에는 깊은 그늘을 드리웠으므로 대항해 시대라는 용어도 유럽의 관점이라 할 수 있다. 아메리카 같은 신대륙은 유럽 사람들에게는 새로운 기회의 땅이었지만, 이미 그

필리핀에서 살해당하는 마젤란
마젤란 일행은 필리핀 섬들의 추장들에게 기독교 신앙을 전파하고 스페인 왕에게 복종하라고 했다. 이를 거부한 막탄 섬 추장과의 싸움에서 마젤란이 목숨을 잃었다.

곳에서 살고 있던 원주민들은 환란의 시대를 맞을 수밖에 없었다. 신대륙의 원주민들은 무차별적으로 학살당했고 그들의 고유한 문명은 완전히 파괴됐다. 유럽의 식민지가 되어버린 신대륙에서 그들은 노예로 전락했다.

콜럼버스는 지구의 둘레를 잘못 계산했다, 원의 둘레와 원주율

콜럼버스는 기존 탐험가들과는 전혀 다른 항로를 개척하여 '콜럼버스의 달걀'이라는 말까지 만들어냈는데 왜 아메리카 대륙을 인도라고 착각했을까?

콜럼버스는 지구의 둘레를 실제의 $\frac{3}{4}$으로 잘못 계산했기 때문에 아메리카 대륙의 존재를 깨닫지 못한 채 인도에 도착했다고 생각한 것이다. 반지름의 길이가 r인 원의 둘레는 $2\pi r$이므로 $\pi=3.14$라고 하면, 반지름의 길이가 약 6400km인 지구의 둘레는 40192km이다. 이것의 $\frac{3}{4}$이면 30144km이다. 따라서 콜럼버스는 지구의 반지름을 약 4800km로 계산한 것이다. 실제와는 1600km나 차이 나지만, 당시에는 지구가 둥글다고 생각하는 것만으로도 대단한 일이었다.

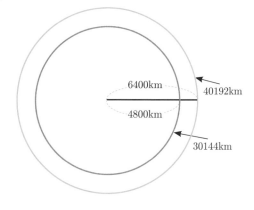

그러나 콜럼버스보다 1천 700여 년 전에 이미 거의 정확하게 지구의 둘레를 측정한 사람이 있었다. 에라토스테네스는 플라톤이 세운 아테네 아카데미와 아리스토텔레스가 세운 리케이온에서 수학과 자연학을 배웠고, 기원전 244년 무렵 프톨레마이오스 3세의 초청을 받아 알렉산드리아로 와서 무제이온의 도서관장을 지냈다. 그는 문헌학과 지리학을 비롯하여 헬레니즘 시대의 학문 다방면에 걸쳐 업적을 남겼지만, 특히 수학과 천문학에서 후세에 길이 남는 업적을 세웠다. 가장 유명한 것은 그가 지구의 둘레를 처음으로 계산한 것과 소수를 찾는 방법을 고안한 것이다.

고대 그리스인은 이미 지역에 따라 북극성의 높이가 다르다는 사실 등을 근거로 지구가 공처럼 둥글다는 것을 알고 있었다. 에라토스테네스

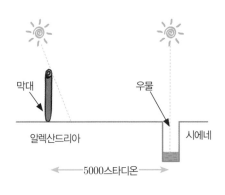

는 하짓날 시에네(지금의 아스완) 에서는 햇빛이 우물의 바닥까지 닿는다는 말을 전해 듣고, 해가 가장 높이 떴을 때 태양 광선과 지표면이 정확히 90°가 된다고 생각했다. 그는 하짓날에 시에네의 북쪽에 있는 알렉산드리아에서 지표면과 수직으로 세워놓은 막대기와 그것의 그림자가 이루는 각이 7° 12′임을 알았다. 그리고 태양 광선은 평행하므로 막대와 그림자가 이루는 각과 두 도시 사이의 거리에 대한 지구의 중심각은 동위각이 된다는 사실을 생각해 내고, 이로부터 지구의 크기를 계산할 수 있다는 사실을 깨달았다.

시에네에서 알렉산드리아까지의 거리는 5000스타디온(924km)이고, 알

렉산드리아에 지표면과 수직으로 세워놓은 막대기와 그것의 그림자가 이루는 각이 $7°12'$이므로 지구 둘레의 길이를 x(km)라고 하여 비례식을 세우면 $7°12' : 924(\text{km})=360° : x(\text{km})$이므로 $x(\text{km}) \times \dfrac{7°12'}{360°} = 924(\text{km})$의 관계가 성립한다. 이 식을 풀면 $x=46200$(km)이다. 그런데 이 값은 오늘날 정밀 검사로 알려진 측정값인 약 40000km보다 약 6000km 정도 더 크게 측정한 것일 뿐이다.

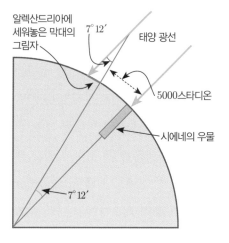

알렉산드리아에 세워놓은 막대의 그림자
$7°12'$
태양 광선
5000스타디온
시에네의 우물
$7°12'$

에라토스테네스의 계산이 실제와 차이 나는 이유는 무엇일까? 그것은 시에네와 알렉산드리아가 같은 경도에 있지 않았기 때문인데, 실제로 알렉산드리아의 경도는 동경 $30°$이고 시에네는 동경 $33°$이다.

다음 그림을 보면 그 이유가 더욱 분명해진다. 이 그림에서 A와 D가 같은 위도에 있고 B와 C가 같은 위도에 있다. 그런데 위도에 따라 그 점을 포함하는 원의 크기가 달

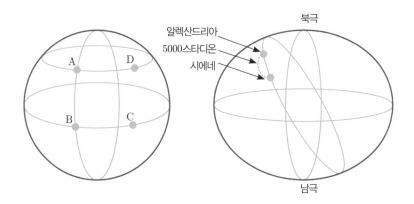

A
D
B
C

북극
알렉산드리아
5000스타디온
시에네
남극

스타디온

스타디온은 고대 이집트 지역에서 거리를 재는 단위였다. 시대마다 약간씩 다르지만, 에라토스테네스가 살던 당시에 1스타디온은 600피트였고, 1피트는 약 30.8cm였다. 하지만 지역에 따라서도 1피트가 29.4cm, 32.7cm, 34.9cm 등으로 각각 달랐다. 1피트를 30.8cm라 하고 5000스타디온을 계산하면 $5000 \times 600 \times 30.8 = 92400000\text{cm} = 924\text{km}$이다.

라진다. 그러나 A와 B는 같은 경도에 있다. 만일 지구가 완전한 구라면 경도가 달라도 그 점을 포함하는 원의 둘레는 항상 같다. 하지만 오른쪽 그림과 같이 지구는 자전과 공전에 의해 약간 찌그러진 타원형이다. 따라서 적도에서 측정한 지구의 둘레가 가장 길고, 북극과 남극을 잇는 지구의 둘레가 가장 짧다. 알렉산드리아와 시에네를 잇는 원의 둘레는 북극과 남극을 잇는 원의 둘레보다 길고 적도의 둘레보다 짧다. 에라토스테네스는 바로 이 길이를 구했기 때문에 실제 지구의 둘레와 다른 값을 얻은 것이다.

하지만 과학적인 장비가 지금과는 비교할 수 없을 만큼 열악했던 그 옛날에 이런 에라토스테네스의 측정 방법은 실로 높이 평가할 수밖에 없다.

국가와 결혼한 엘리자베스 1세와 월터 롤리

케플러의 추측

16세기 에스파냐와 영국

유럽의 최강자 에스파냐 펠리페 2세, 영국 엘리자베스 1세에게 당하다

봉건 영주의 몰락과 신항로 및 식민지 개척으로 유럽은 왕권이 강화되어 경쟁 적으로 국력을 키웠다. 처음에는 에스파냐가 강력한 국력을 자랑했으나 나중 에는 영국이 그 주도권을 장악했다.

16세기부터 18세기까지 유럽에서는 국왕이 어떤 제약도 받지 않는 강력한 권한을 가지고 국가를 다스렸다. 이를 절대주의라고 하는데, 봉건 귀족 중심인 중세에서 시민 계급 중심인 근대로 이행하는 과정에서 나타났다.

십자군 전쟁으로 많은 봉건 기사들이 죽거나 재산을 탕진하여 국왕에게 대항할 만한 세력을 잃은 데다가 유럽 국왕들 위에 군림하던 교황도 십자군 전쟁과 종교개혁으로 예전만큼 힘을 발휘하지 못했다. 게다가 신항로 개척과 신대륙 발견으로 식민지에서 물자가 쏟아져 들어오고 새로운 무역로를 따라 상업과 무역 이 번창하면서 각 나라의 왕실은 엄청난 재력을 가지게 됐다. 이런 호기를 이용하여 유럽 국왕들은, 왕권 은 신에게서 받은 고유한 권한이라는 왕권신수설을 주장하면서 왕을 정점으로 하여 부유하고 강력한 국 가를 목표로 경쟁했다.

유럽에서 가장 먼저 절대왕정을 세운 나라는 신항로 개척의 선두 주자였던 에스파냐였다. 카를로스 1세(신 성로마제국의 카를 5세와 동일 인물)는 즉위하면서 에스파냐, 오스트리아, 네덜란드, 이탈리아 나폴리 등 유 럽 각지의 나라를 상속받은 데다 신대륙에도 엄청난 식민지를 거느리며 유럽 최고의 힘을 과시했다. 그는 죽으면서 오스트리아는 동생에게, 에스파냐를 포함한 다른 모든 영토는 아들 펠리페 2세에게 물려줬다.

펠리페 2세는 에스파냐 최고의 전성기를 이룩한 대표적인 절대군주이다. 바다를 주름잡은 에스파냐의 해 상 함대는 지중해를 장악하고 있던 강국 오스만튀르크를 1571년 레판토 해전에서 물리치고 '무적함대'라 는 이름을 얻었다. 또한 왕위 계승권을 주장하며 포르투갈까지 합병하여 최고의 강대국으로 자부했다.

영국은 헨리 8세 때 절대왕정을 강화하고 엘리자베스 1세 때 전성기를 누리는데 사사건건 에스파냐와 부 딪혔다. 가톨릭 국가인 에스파냐에 반발하여 네덜란드에서 신교도들을 중심으로 독립운동이 일어나자 영 국은 배후에서 그들을 계속 도왔다. 또한 영국 탐험가이자 해적인 프랜시스 드레이크가 에스파냐의 배를 공격하고 약탈해서 펠리페 2세가 그의 처벌을 요청했지만, 엘리자베스 여왕은 오히려 그를 보호하고 귀족 작위까지 내렸다. 물론 드레이크는 에스파냐의 배에서 노략질한 보물을 여왕에게 바쳤고 영국 왕실의 재 정은 튼튼해졌다.

이에 펠리페 2세는 분노했다. 그래도 전쟁 없이 영국을 손에 넣기 위해 엘리자베스 여왕에게 청혼했지만 거절당했다. 그러던 중 엘리자베스 여왕이 가톨릭 신자인 스코틀랜드의 메리 스튜어트 여왕을 처형하자 결국 펠리페 2세는 전쟁을 선포한 후 무적함대를 이끌고 영국으로 향했다. 하지만 칼레 해전에서 펠리페 2세의 무적함대는 참패를 당하고 말았다. 이후 해상권을 영국에 내준 에스파냐는 유럽의 최강자에서 약자 로 전락했고, 영국은 유럽의 실력자로 화려하게 떠올랐다.

남자들을 쥐락펴락한 엘리자베스 1세

에스파냐 펠리페 2세의 청혼을 거절할 때 엘리자베스 1세는 "나는 영국과 결혼했다"고 말했다. 엘리자베스 여왕은 공공연하게 이 말을 입버릇처럼 말하여 영국 국민들이 좋아했다. 그녀는 실제로 평생 독신으로 지내서 '처녀 여왕The Virgin Queen'이라 불렸고, 미국의 주써인 '버지니아'라는 이름에는 엘리자베스 1세에게 바친다는 의미가 담겨 있다.

엘리자베스 1세는 펠리페 2세의 무적함대를 격파하여 해상 국가의 기반을 확고히 했고, 동인도회사를 설립하여 인도 경영에 나섰으며, 모직물 공업 등 여러 국내 산업을 육성하여 국력을 강화했다. 그녀가 다스리는 시기에 예술과 문화도 크게 발달하여 윌리엄 셰익스피어, 에드먼드 스펜서, 프랜시스 베이컨 등이 활약했다. 이처럼 강력한 영국을 만들어 대영제국의 초석을 다졌지만 왕위에 오르기까지 엘리자베스 여왕의 탄생과 성장은 만만치 않았다.

엘리자베스 1세의 아버지는 유명한 헨리 8세이고 어머니는 앤 불린이다. 영국의 절대왕정을 다진 헨리 8세는 웨일스와 아일랜드를 지배했고, 학문과 예술을 중시했으며, 외교와 문화에서 많은 성과를 보였다. 하지만 그는 여섯 번의 결혼과 파혼, 그로 인한 로마 교황청과의 결별, 국왕을 수

정략결혼의 대가 에스파냐, 영국에는 안 통하다

에스파냐가 있는 이베리아 반도에는 이슬람 왕조가 8세기부터 800년간이나 존속하고 있었다. 북쪽에서 내려온 그리스도교인들은 소왕국들을 세운 뒤 세력을 확장하며 자신들끼리 통합해 나갔다. 그리하여 15세기 무렵에는 북부의 그리스도교 왕국인 포르투갈, 아라곤, 카스티야와 남부의 이슬람 왕조인 그라나다가 있었다.

카스티야의 엔리케 왕은 이복 여동생인 이사벨을 포르투갈 왕에게 시집보내 카스티야와 포르투갈의 통합 왕국을 꿈꿨다. 하지만 이사벨은 아라곤의 페르난도 왕자를 점찍은 뒤 그에게 만나자는 편지를 몰래 보냈다. 직접 만난 이사벨과 페르난도는 서로 마음에 들어 비밀 결혼식을 올렸다. 오빠인 엔리케 왕은 펄쩍 뛰었지만 6년 뒤에 죽어버렸고 이사벨은 카스티야의 여왕, 페르난도는 아라곤의 왕으로 두 왕국을 공동 통치하면서 그라나다 왕국을 멸망시켜 포르투갈을 제외한 이베리아 반도 전역을 차지했다. 두 사람은 독실한 가톨릭 부부로 아들 둘, 딸 넷을 낳았는데 막내딸이 영국 헨리 8세의 첫번째 왕비인 캐서린이다.

공동 통치를 받았지만 카스티야와 아라곤은 각각 독립 왕국으로 있다가 이사벨과 페르난도의 외손자인 카를로스 1세(카를 5세) 때 실질적으로 에스파냐 왕국으로 통합된다. 카를로스 1세가 포르투갈의 이사벨라 공주와 결혼하여 펠리페 2세를 낳았기 때문에 훗날 펠리페 2세는 포르투갈 왕위를 차지했고(1580년), 포르투갈이 다시 독립 왕조를 세울 때까지(1640년) 에스파냐 왕은 포르투갈 왕까지 겸했다.

펠리페 2세는 네 번 결혼했는데, 첫번째 왕비는 포르투갈 공주 마리아 마누엘라, 두 번째 왕비는 영국 여왕 메리 1세였다. 메리가 죽은 뒤 엘리자베스 1세에게 청혼했다가 거절당하자 프랑스 앙리 2세의 딸 엘리자베트 드 발루아를 세 번째 왕비로 맞았다. 그런데 엘리자베트는 원래 펠리페 2세의 첫번째 왕비가 낳은 장남, 돈 카를로스의 약혼녀였다. 훗날 이를 소재로 요한 프리드리히 실러와 주세페 베르디가 「돈 카를로스」라는 희곡과 오페라를 만들었다. 네 번째 왕비는 오스트리아의 신성로마황제 막시밀리안 2세의 딸 안나이다.

펠리페 2세는 포르투갈, 영국, 프랑스, 오스트리아의 공주순으로 네 번 결혼했고 네 왕비들은 모두 펠리페 2세보다 먼저 죽었다. 유럽 왕실들은 결혼에 따라 나라를 통째로 얻을 수도 있어서 대부분 정략결혼을 했고, 그 때문에 계보가 복잡하게 얽혀서 왕위 계승 전쟁이 국제전이 되기 일쑤였다. 국제적인 정략결혼에서 펠리페 2세는 영국의 헨리 8세보다 한 수 위라고 할 수 있다. 하지만 펠리페 2세의 탁월한 정략결혼에도 불구하고 에스파냐는 저물어갔고 영국은 떠오르는 해가 되었다. 펠리페 2세는 엘리자베스 1세를 당해내지 못했고 그녀만 한 출중한 자식도 없었다.

장으로 하는 영국국교회 설립, 두 왕비의 처형 등으로 더 많은 입에 오르내린다.

헨리 8세의 첫번째 왕비는 에스파냐 아라곤의 왕 페르난도와 카스티야의 여왕 이사벨 사이에 태어난 캐서린이었다. 캐서린이 딸 메리만 낳고 아들을 낳지 못하자 헨리 8세는 초조해하다가 캐서린의 시녀인 앤 불린에게 빠져들었다. 애인으로만 삼으려 했던 앤 불린이 결혼을 요구하자 헨리 8세는 캐서린과 갈라서기로 결심했다. 로마 교황청에 캐서린과의 결혼이 무효임을 인정해 달라고 요청했지만 당시 신성로마황제 카를 5세의 눈치를 보는 데 급급했던 교황이 이를 허용할 리가 없었다. 캐서린 왕비는 카를 5세의 이모였던 것이다.

무서울 것이 없었던 헨리 8세는 결국 로마 교황청과 결별하고 자신을 수장으로 하는 영국국교회(성공회)를 만들어 앤 불린과 결혼했다. 캐서린은 쫓겨났고 메리는 사생아가 되어버렸다. 우여곡절 끝에 결혼한 앤 불린이 낳은 딸이 엘리자베스 1세이다. 그녀도 엘리자베스 이외에 아들을 두지 못하자 헨리 8세는 앤 불린에게 간통죄를 씌워 참수형에 처했다. 이번에는 엘리자베스가 또 사생아가 되어버렸다. 아버지의 홀대, 어머니의 죽음, 이복언니 메리의 감시와 견제 속에서 엘리자베스는 쉽지 않은 시간을 보내야 했다. 그런 와중에 헨리 8세는 다시 결혼하여 그토록 원하던 아들 에드워드 6세를 얻었지만 이번에는 왕비가 죽어버렸고, 그 뒤에도 세 번이나 더 결혼했다.

아버지 헨리 8세가 죽은 뒤 이복동생 에드워드 6세, 이복언니 메리 1세가 차례로 왕위에 올랐다. 어머니를 따라 독실한 가톨릭 신자였던 메리는 헨리 8세가 단행한 종교개혁을 뒤엎은 데다가 같은 가톨릭 신자인 펠

스코틀랜드와 잉글랜드의 두 여왕, 그리고 지금의 영국

스코틀랜드의 메리 스튜어트 여왕과 잉글랜드의 엘리자베스 여왕은 출생 환경만큼 인생 경로와 정치 행보도 판이하게 달랐다. 당시 스코틀랜드와 잉글랜드는 서로 다른 나라였다. 스코틀랜드 제임스 5세가 메리를 낳은 뒤 6일 만에 죽어버리면서 메리는 태어나자마자 스코틀랜드의 여왕이 됐다. 어린 나이에 프랑스 왕세자 프랑수아 2세와 결혼하여 프랑스로 갔지만 남편 역시 왕위에 오른 지 1년 만에 죽어버려 스코틀랜드로 돌아와서 직접 통치했다. 메리 여왕의 외할머니는 헨리 8세와 남매간이었다. 그래서 메리 여왕은 잉글랜드의 왕위 계승권도 가지고 있었고 서녀 출신인 엘리자베스 1세와 달리 정통 왕녀였다. 독실한 가톨릭 신자인 메리 여왕은 잉글랜드 왕족인 헨리 스튜어트 백작과 재혼했다.

영국국교회에 반대하던 세력들은 가톨릭 신자인 데다가 정통 왕녀인 메리 여왕이 잉글랜드의 왕이 돼야 한다고 여겼다. 엘리자베스 여왕에게는 스코틀랜드의 메리 여왕이 정치적인 숙적이었던 것이다. 그런데 메리 여왕의 남편인 헨리 스튜어트 백작이 스스로 왕이 되려고 획책하다가 다른 귀족들과의 싸움에서 살해당하고 말았다. 이에 현명하게 대처하지 못한 메리 여왕은 인심을 잃고서 귀족들의 반란으로 왕위에서 쫓겨나 유폐됐다. 스코틀랜드 왕위는 겨우 한 살 된 그녀의 아들 제임스가 물려받았다. 메리 여왕은 탈출하여 왕위를 되찾기 위해 군사를 소집하고 반란군과 싸웠지만 패배했다. 급기야 메리 여왕은 도움을 요청하기 위해 엘리자베스 여왕을 찾아갔다.

그러나 엘리자베스 여왕은 메리 여왕의 복위를 도와주지 않고 오히려 성에 감금했으며 18년 뒤에는 반역죄 혐의를 씌워 참수했다. 정통 왕녀로서 세상에 태어나자마자 왕위에 올랐던 메리 여왕이지만 자신과 결혼하여 왕이 되려는 남자들에게 휘둘린 채 정치적인 수완은 제대로 발휘하지도 못하고 처형되어버렸다.

하지만 엘리자베스 여왕이 메리 여왕의 아들이자 스코틀랜드 왕인 제임스 1세(스코틀랜드의 제임스 6세)에게 잉글랜드 왕위를 물려주면서 잉글랜드에서도 스튜어트 왕조가 시작된다. 제임스 1세가 스코틀랜드와 잉글랜드를 공동 통치한 것을 계기로 1700년대 초에 스코틀랜드와 잉글랜드는 두 왕국을 동등하게 합쳐 '그레이트브리튼'이라는 한 나라로 만들었다. 스코틀랜드인들은 여전히 잉글랜드에 합병된 것이 아니라 동등하게 연합됐음을 잊지 않고 있다. 지금의 영국은 '그레이트브리튼 북아일랜드 연합 왕국UK, United Kingdom of Great Britain and Northern Ireland'으로 잉글랜드, 스코틀랜드, 웨일스 및 북아일랜드의 연합국가이다.

리페 2세와 결혼하여 영국 국민들의 반발을 샀다. 그래서 엘리자베스 1세는 왕위에 오를 때 영국 성직자와 국민들의 기대를 한 몸에 받았고, 그녀는 이 기대를 충분히 만족시키는 정치를 펼쳤다. 결혼을 하지 않아 자식이 없었던 엘리자베스 1세는 스코틀랜드 메리 스튜어트 여왕의 아들인 제임스 1세(스코틀랜드의 제임스 6세)에게 왕위를 물려주어 영국에서 스튜어트 왕조가 열리게 된다. 왕권을 지키기 위해 자신의 손으로 처형했던 메리 스튜어트 여왕은 할아버지인 헨리 7세의 자손으로 엘리자베스 여왕의 5촌 조카뻘이었다.

평생 독신으로 지낸 엘리자베스 여왕은 자신의 유일한 연인은 영국이라고 입버릇처럼 말하면서 유럽 왕실들의 구혼을 물리쳤지만, 그렇다고 애인이 없지는 않아서 레스터 백작 로버트 더들리, 월터 롤리 경, 에섹스 경 등이 그녀의 총애를 받았다. 엘리자베스 여왕도 결혼을 생각하긴 했지만 여러 상황을 고려하여 결국 어느 누구와도 결

헨리 8세와 딸 엘리자베스 1세

헨리 8세는 여섯 번이나 결혼하고 이혼했으며, 아내 둘을 처형할 정도로 복잡한 여성 편력을 보였다. 첫 번째 왕비였던 캐서린의 시녀 앤 불린과 결혼해 낳은 딸이 엘리자베스 1세이다. 앤 불린은 결혼 몇 년 뒤 처형되었다.

혼하지 않았다.

그들 가운데 월터 롤리는 진흙탕으로 엉망이 된 길 위에 자신의 값비싼 망토를 펼쳐 엘리자베스 여왕이 밟고 지나가게 했다는 일화로 유명하다. 성격이 활발하고 적극적인 그는 풍운아처럼 살다 갔다. 르네상스의 영향으로 그 시절의 상류층 남자들은 만능인을 지향했는데, 월터 롤리도 군인이자 시인이고 정치가이자 탐험가였다. 그는 여러 차례 식민지 개척을 목적으로 신대륙 탐사에 나섰다. 북아메리카의 동부 해안 지역을 탐사한 뒤 그 땅을 엘리자베스 여왕에게 바치면서 여왕의 별칭을 붙여 '버지니아'라고 명명했다. 버지니아는 최초의 영국 식민지이다.

월터 롤리는 감자와 담배를 영국에 도입한 사람으로도 알려져 있는데 감자는 거의 영국인의 주식이 됐다. 인디언들에게 배워 담배를 피우는 그의 모습을 목격한 시종이 담뱃불에 놀라서 물을 끼얹으며 "불이야!"라고 소리쳤다는 이야기도 전해진다. 한때 엘리자베스 여왕의 근위대장으로 광대한 영지와 상업상 특권을 부여받아 궁정에서 세력을 떨쳤지만, 그는 여왕이 죽은 뒤 내리막길에 들어서게 된다. 제임스 1세에 대한 반역혐의로 런던탑에 갇히기도 했고, 런던탑에서 풀려난 뒤에는 제임스 1세의 명령으로 남아메리카의 전설적인 황금 도시 엘도라도를 찾는 탐험을 떠나야 했다. 하지만 귀국길에 에스파냐 항구를 불태워버리는 바람에 친에스파냐 정책을 펴고 있던 제임스 1세가 그 사건을 빌미로 그에게 사형선고를 내렸다. 그는 처형되기 전에 마지막으로 담배를 피우게 해달라고 요청했는데, 이때부터 사형수들에게 마지막 담배를 허용하는 전통이 만들어졌다고 한다.

월터 롤리의 탐험 대원 수학자 토머스 해리엇과 케플러의 추측

월터 롤리는 당시 많은 영국 귀족들처럼 모든 분야에 능통하고 관심이 많아서 학회를 조직하고 유명한 수학자이자 천문학자인 토머스 해리엇을 가정교사로 삼기도 했다.

1590년대 말, 월터 롤리는 탐험을 위한 항해를 준비하며 짐을 싣다가 탐사대 일원인 토머스 해리엇에게 배에 포탄을 쌓을 때 어떤 모양으로 쌓아야 가장 많이 쌓을 수 있고, 그때 포탄의 개수를 알 수 있는 공식을 만들어보라고 했다. 해리엇은 모든 포탄은 반지름의 길이가 같은 구 모양이므로 정사면체 모양으로 쌓아 올려야 좁은 공간에 가장 많이 쌓을 수 있다고 생각했다. 해리엇이 어떻게 포탄의 개수를 계산했는지 알아보기 위해 다음 그림을 살펴보자.

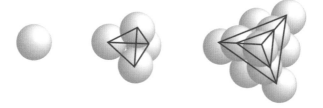

포탄을 2층으로 쌓으려면 밑에 3개의 포탄을 놓고 그 위에 1개의 포탄을 올리면 되므로 모두 4개의 포탄이 필요하다. 포탄을 3층으로 쌓으려면 맨 밑에 6개의 포탄을 놓고 그 위에 3개의 포탄을 얹은 후 마지막으로 꼭대기에 1개의 포탄을 올리면 되므로 모두 10개의 포탄이 필요하다. 마찬가지 방법으로 포탄을 4층으로 쌓으려면 모두 20개가 필요하다. 해리엇은 여기에 일정한 규칙이 있다는 것을 알았다.

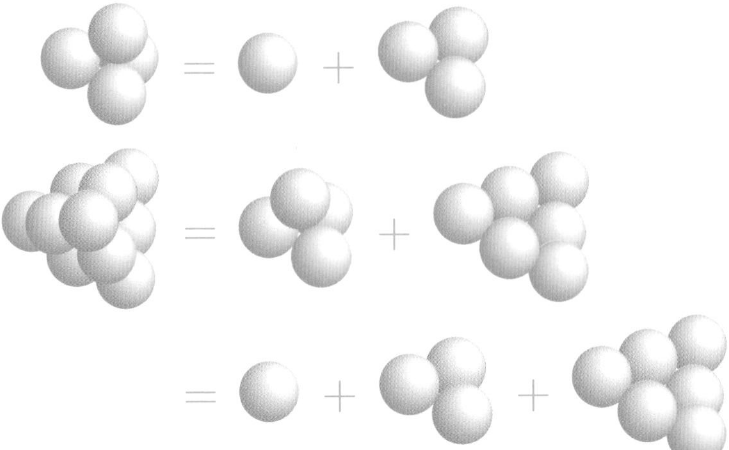

먼저 정사면체 모양으로 포탄을 쌓을 때 가장 위층에 놓이는 포탄의 수는 1개이고, 그 아래층에 놓이는 포탄의 수는 1+2개이며, 다시 그 아래층에 놓이는 포탄의 수는 1+2+3개이다. 이를테면 위 그림에서 알 수 있듯이 1층으로 쌓으려면 1개, 2층으로 쌓으려면 1+2개, 3층으로 쌓으려면 1+2+3개, 4층으로 쌓으려면 1+2+3+4개가 필요하게 된다. 즉 4층으로 쌓을 경우 1층에는 1+2+3+4개, 2층에는 1+2+3개, 3층에는 1+2개, 4층에는 1개의 포탄이 쌓이게 되므로 여기에 필요한 포탄의 개수는 다음과 같다.

$$\begin{array}{l} \quad 1 \\ \quad 1+2 \\ \quad 1+2+3 \\ +1+2+3+4 \\ \hline (4\times1)+(3\times2)+(2\times3)+(1\times4) \end{array}$$

$\therefore$ 20개

그런데 앞의 그림과 같이 포탄을 삼각형 모양으로 늘어놓을 때 사용한 포탄의 개수는 '삼각수$^{三角數, \text{Triangular number}}$'와 같다. 삼각수는 일정한 물건을 삼각형 모양으로 배열했을 때 그 삼각형을 만들기 위해 사용된 물건의 총 개수로 n번째 삼각수를 T_n으로 나타낸다. 즉 다음 그림에서 보듯이 원을 삼각형 모양으로 배열했을 때 각 단계마다 사용된 원의 개수는 $T_1=1$, $T_2=1+2=3$, $T_3=1+2+3=6$, $T_4=1+2+3+4=10$, … 이다. 일반적으로 n번째 삼각수 T_n은 $T_n=1+2+3+\cdots+(n-1)+n$이므로 $T_n=T_{n-1}+n$과 같다.

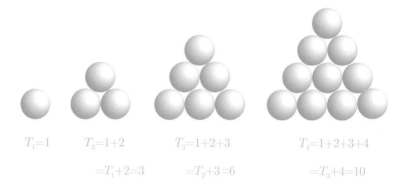

$T_1=1$ $T_2=1+2$ $T_3=1+2+3$ $T_4=1+2+3+4$
$=T_1+2=3$ $=T_2+3=6$ $=T_3+4=10$

이제 T_n의 값을 구하기 위해 다섯 번째 삼각수 T_5를 예로 들어보자. $T_5=1+2+3+4+5$이고 이 덧셈을 거꾸로 쓰면 $T_5=5+4+3+2+1$이다. 2개의 T_5를 더하면 다음과 같이 각 항의 합은 6이고 6을 다섯 번 더하는 것과 같다. 그런데 이것은 T_5를 두 번 더한 것이다.

$$
\begin{aligned}
T_5 &= 1+2+3+4+5 \\
+\quad T_5 &= 5+4+3+2+1 \\
\hline
2T_5 &= 6+6+6+6+6
\end{aligned}
$$

즉 $2T_5=6\times5$이므로 $T_5=\dfrac{(5+1)\times5}{2}$이다. 일반적으로

$$
\begin{aligned}
T_n &= 1 + 2 + 3 + \cdots + (n-2)+(n-1)+n \\
+\quad T_n &= n+(n-1)+(n-2)+\cdots + 3 + 2 + 1 \\
\hline
2T_n &= (n+1)+(n+1)+(n+1)+\cdots+(n+1)+(n+1) \\
&= (n+1)\times n
\end{aligned}
$$

n개

이므로 $T_n=\dfrac{(n+1)\times n}{2}$이고, 처음 몇 개의 삼각수는 차례로 다음과 같다.

$$1, 3, 6, 10, 15, 21, 28, 36, \cdots\cdots$$

포탄을 정사면체 모양의 n층으로 쌓을 때 맨 아래층부터 차례대로 사용된 포탄의 수는 $T_n,\ T_{n-1},\ \cdots,\ T_3,\ T_2,\ T_1$이므로 모두 사용된 포탄의 개수는 $T_1+T_2+\cdots+T_n$이다. 예를 들어 포탄을 정사면체 모양의 6층으로 쌓는다면 모두 사용된 포탄의 개수는 $T_1+T_2+T_3+T_4+T_5+T_6=1+3+6+10+15+21=56$개임을 알 수 있다. 결국 삼각수를 이용하면 포탄이 정사면체 모양으로 쌓여 있을 경우 층수만 알아도 남아 있는 포탄의 개수까지 정확하게 파악할 수 있다.

해리엇은 특정 형태로 쌓여 있는 포탄의 개수를 계산하는 공식을 고안했을 뿐만 아니라, 여기에서 더 나아가 포탄을 최대한 많이 배에 실을 수 있는 방법을 찾으려고 애썼다. 그러나 그는 자신이 생각한 방법이 포탄을 쌓기에 가장 좋은 방법인지는 확신할 수 없었다.

해리엇은 자신이 이 문제를 해결할 수 없다고 생각하여 당시 최고의 수학자이자 천문학자인 요하네스 케플러에게 편지를 보냈다. 하지만 케

플러도 이 문제를 완벽하게 해결할 수는 없어서 아마도 그럴 것이라는 추측만을 남겨놓게 됐다. 그래서 오늘날 이 문제를 '케플러의 추측'이라고 한다.

케플러는 이것과 관련된 문제를 1611년에 『눈의 육각형 결정구조에 관하여』라는 논문에서 처음으로 거론했다. 여기에서 그는 공간이 아닌 평면을 반지름의 길이가 같은 원으로 채우는 문제를 먼저 생각했다. 사실 평면에서는 평면을 완전하게 채울 수 있는 가장 간단한 도형이 정삼각형이라는 사실로부터 이 문제는 쉽게 해결된다.

평면은 합동인 정삼각형으로 덮을 수 있기 때문에 정삼각형 하나만 살펴보면 충분하다. 즉 정삼각형을 원으로 얼마만큼까지 채울 수 있는지를 구하면 된다. 이때 정삼각형에서 원으로 덮인 부분을 전체 정삼각형의 넓이로 나눈 것을 밀도라고 하자. 그러면 밀도가 높을수록 평면의 더 많은 부분을 덮는다는 뜻이므로 이때의 배열이 가장 좋은 방법이라고 할 수 있다.

다음 그림과 같이 원 3개가 모일 때 그 중심을 연결하면 한 변의 길이가 2인 정삼각형이 되고, 피타고라스의 정리를 이용하여 정삼각형의 높이를 구하면 $\sqrt{3}$이므로 정삼각형의 넓이는 $\dfrac{2\sqrt{3}}{2}=\sqrt{3}\approx1.732$이다.

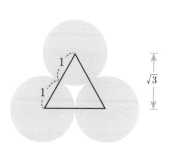
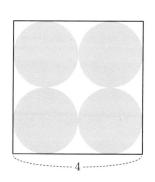

한편 한 원의 $\frac{1}{6}$이 정삼각형에 포함되어 있고 그 부분이 모두 3개이므로 정삼각형에 포함된 원의 일부분의 넓이는 $\frac{3}{6}\pi \approx 1.571$이다. 그래서 원으로 덮인 부분을 전체 삼각형의 넓이로 나누면 밀도$\approx \frac{1.571}{1.732}=0.907$이다. 즉 평면을 원으로 덮을 때 정삼각형 모양을 유지하며 원을 덮는다면 평면의 약 90.7%를 덮을 수 있다는 것이다. 원을 정사각형 모양으로 배열하여 평면을 덮는 경우는 정사각형의 넓이가 16이고 원 4개의 넓이는 약 12.56이므로 밀도는 0.785이다. 즉 평면의 약 78.5%를 덮을 수 있다. 그런데 평면을 덮을 수 있는 도형은 정삼각형, 정사각형, 정육각형뿐이고 정육각형은 6개의 정삼각형과 같다. 따라서 평면을 원으로 덮을 때 가장 좋은 배열은 정삼각형 모양이며, 이 경우 평면의 약 90.7%까지 덮을 수 있다.

케플러는 공간에서도 이 같은 문제를 해결하기 위해 노력했지만 끝내 결론을 내리지 못한 채 추측만을 남겨놓았다. '케플러의 추측'은 400여 년 동안이나 수학자들을 괴롭히다가 결국 1998년에 미시건 대학의 토머스 해일스 교수가 증명했다. 그러나 엄밀한 수학적 방법만 사용한 것이 아니라 상당 부분을 컴퓨터에 의존했다. 세계적인 베스트셀러『페르마의 마지막 정리』의 저자인 사이먼 싱은 '케플러의 추측'을 이렇게 평가했다.

페르마의 마지막 정리를 이을 만한 문제는 그에 못지않은 흥미로움과 매력을 지녀야 한다. '케플러의 추측'이 바로 그와 같은 문제이다. 단순해 보이지만 풀려고 하면 결국 문제의 어려움에 압도당하고 만다.

어떤 모양의 초콜릿이 더 많이 담길까?

2004년 3월 13일, 과학 전문지 『사이언스』에 공간을 공으로 채울 때와 타원체로 채울 때의 밀도를 비교한 연구가 발표되어 눈길을 끌었다. 프린스턴 대학교의 물리학자 폴 채킨 교수의 연구로 빈 용기에 타원형 물체를 채우면 완전한 구형에 비해 밀집도가 높아진다는 내용이었다.

초콜릿 애호가인 채킨 교수가 제자들에게 연구실에 초콜릿이 가득 든 드럼통을 가져다 놓으라는 농담을 던졌고, 드럼통에 초콜릿을 가장 많이 담으려면 초콜릿이 어떤 모양이어야 할까를 생각하다가 이 연구가 시작됐다고 한다.

채킨 교수는 공 모양의 구슬과 타원체인 M&M 초콜릿을 '무작위'로 상자에 넣은 뒤 남는 공간이 얼마나 되는지 조사했다. 구슬은 전체 공간의 64%를 채운 데 반해 초콜릿은 전체 공간의 68%를 채웠다는 실험 결과로 타원체가 공간을 더 빽빽하게 메울 수 있다는 것을 밝혀냈다. 또한 타원형 물체 중에서도 아몬드처럼 중간 부위가 둥근 형태가 더 높은 밀집도(74%)를 나타냈다. 이 연구 결과는 거대한 컨테이너에 약품을 담아 장거리 수송을 하거나, 우주선 재료로 사용되는 높은 밀도의 세라믹 물질을 고안하는 데 이용되는 등 실제적인 활용 가치도 높다고 한다.

22

의회파와 대립한 프랜시스 베이컨

귀납법

17세기 영국

국왕과 의회가 대립하는 영국

엘리자베스 1세 사후 왕위에 오른 제임스 1세와 그 뒤를 이은 찰스 1세는 그동안 쌓아왔던 영국의 의회주의를 무시하며 의회와 대립하여 청교도혁명을 불러일으켰다.

1603년, 영국에서는 엘리자베스 1세가 죽고 스코틀랜드 왕인 제임스 1세가 영국의 왕으로도 즉위했다. 그런데 제임스 1세는 국왕은 신이 부여한 신성하고 절대적인 권한을 가진다는 왕권신수설의 신봉자였을 뿐만 아니라 엘리자베스 여왕만큼 현명하지 못해서 의회와 분쟁을 빚기 시작했다.

제임스 1세는 영국 왕위에 오르기 전인 1598년에 『자유군주제의 진정한 법』이라는 얇은 책을 썼다. 그 책에서 그는 "국왕은 그의 모든 영토를 지배하는 대군주이다. 그는 그 영토 안에 사는 모든 사람들의 주인으로서 그들 모두의 삶과 죽음을 좌우하는 권력을 가지고 있다"고 자신의 왕권신수설을 밝혔다. 영국에서는 1200년대에 이미 '마그나 카르타(Magna Carta, 대헌장)'를 만들었을 정도로 의회가 국왕을 견제하는 역할을 해왔다. 그런데 제임스 1세는 전제 통치를 해온 스코틀랜드 왕이어서 영국 정치에 어두워 의회와 사사건건 대립하게 되었다.

당시 영국은 가톨릭, 영국국교회, 급진적인 개신교인 청교도로 나뉘어 있었다. 영국국교회 신자인 제임스 1세는 가톨릭과 청교도를 억압했다. 게다가 재정 문제를 해결하려고 새로운 조세제도를 만들었는데, 그 제도에 의하면 주로 신흥 중산층(젠트리)과 상공인이 세금을 부담해야 했다. 그들이 과반수 이상을 차지하고 있는 의회의 불만은 높아질 수밖에 없었던 데다가 그들은 대부분 청교도였다. 결국 1620년에 청교도인들의 일부가 메이플라워(Mayflower)호를 타고 북아메리카로 떠났는데, 그것이 영국인의 첫 아메리카 이주였다.

정치, 경제, 종교 등 모든 면에서 인기가 없었던 제임스 1세를 뒤이어 그의 아들인 찰스 1세가 왕위에 올랐다. 찰스 1세도 왕권신수설을 신봉했으며, 급기야 자신이 부과하려던 세금에 반발하는 의회를 해산해 버렸다. 그러다가 영국국교회에 반발하여 스코틀랜드에서 반란이 일어나자 이를 진압하기 위해 11년 만에 의회를 소집했지만, 오랜만에 모인 의원들은 왕의 정책을 비판하다가 왕당파와 의회파, 영국국교회와 청교도로 갈라져 싸움을 벌였다.

이 싸움에서 결국 청교도인 토머스 크롬웰이 이끄는 의회파가 승리하여 찰스 1세를 단두대에 처형하고 공화정을 세웠다. 이를 청교도혁명이라고 한다. 호국경이 된 크롬웰은 영국이 해양 제국으로 거듭나는 토대를 마련했지만, 청교도답게 지나치게 엄격하여 국민의 일상생활까지 통제했다. 일요일에는 극장의 문을 닫게 했고 음주와 도박을 하는 사람들은 처벌했다.

엄숙한 청교도주의와 과격한 통제를 싫어한 영국 국민들은 크롬웰이 죽자 다시 왕정으로 돌아갔으나 찰스 2세와 제임스 2세는 그들의 기대에 못 미쳤다. 그러자 명예혁명을 일으켜 의회와 국민의 권리를 확고히 지킬 것을 약속받은 뒤 메리 2세와 그녀의 남편 윌리엄 공을 왕으로 추대했다. 이후 영국은 대영제국으로 발전해 나갔다.

제임스 1세를 편든 귀납법과 경험론의 대가

프랜시스 베이컨은 근대 철학의 기초를 쌓았는데, 귀납법을 바탕으로 경험과 감각을 중시하는 과학적 방법론을 형성한 철학자로 유명하다. 하지만 베이컨의 삶을 들여다보면 그는 철학자라기보다는 정치가였다. 그것도 뛰어난 군주로 추앙받는 엘리자베스 1세에게는 인정받지 못하고, 의회와 국민의 인심을 잃은 제임스 1세 때 승승장구하며 국왕의 편에 서서 보수 행보를 걸었다.

베이컨은 엘리자베스 여왕의 국새상서(Lord Keeper of the Great Seal, 국왕의 인장을 보관하고 관리하면서 국왕의 명령을 공식화하는 책임을 맡은 최측근)와 대법관을 겸임하는 고위 관료인 니콜라스 베이컨의 막내아들로 1561년에 태어났다. 이모부인 윌리엄 세실도 엘리자베스 여왕의 최측근 정치가였다. 명문가에서 태어난 베이컨과 그의 형제들은 모두 아버지처럼 고위 관료가 되는 코스를 선택했고, 명문대인 케임브리지 대학의 트리니티 칼리지에 입학했다.

케임브리지 시절, 베이컨은 엘리자베스 여왕을 만나게 되는데 여왕은 똑똑한 베이컨에게 '젊은 국새상서'라는 칭찬을 했다. 중세 스콜라 철학이 주도하는 케임브리지와 학풍도 맞지 않고 야심도 컸던 베이컨은 학업을 중단한 뒤 열여섯 살 때 바로 정치계에 뛰어들어 프랑스 주재 영국 대사 수행원이 됐다.

하지만 아버지가 갑작스레 죽음을 맞은 후 막내인 베이컨은 별다른 재산을 물려받지 못했다. 베이컨은 낭비벽이 심하여 항상 1년 치 수입 정도의 빚을 지고 있었기 때문에 더욱 난감했다. 생계와 출세욕으로 베이컨은 유력한 친척들에게 관직을 요청했지만 자신이 원하는 자리가 아니었다.

베이컨은 혼자 공부하여 변호사 자격증을 딴 뒤 스물세 살에 하원의원이 됐다. 하지만 엘리자베스 여왕 치세에 그의 출셋길은 평탄하지 못했다. 「엘리자베스 여왕에게 바치는 진언서」를 썼으나 여왕의 신임을 얻지 못했고, 세금을 늘리기로 결정한 여왕에게 반대하는 연설로 오히려 미움을 샀다. 게다가 자신이 힘들게 공부할 때 도움을 준 여왕의 전 애인 에섹스 백작이 반역 혐의로 고발되자, 그는 백작을 취조하는 데 주도적인 역할을 했고 결국 백작은 참수형을 당했다. 베이컨은 이런 식의 처신을 많이 했는데, 당시 누군가는 "베이컨은 강한 애정을 느낄 수 없고 큰 위험에 맞서지도 못하며 위대한 희생을 할 수도 없는 사람이다"라고 평가했다.

엘리자베스 여왕이 죽고 제임스 1세가 즉위하면서 베이컨은 관료로서 탄탄대로를 달렸다. 제임스 1세가 왕위에 오른 1603년에 기사 작위를 받았고, 왕과 의회의 갈등이 극심할 때 확실하게 왕의 편에 서서 신임을 얻었다. 법무차관과 법무장관을 거쳐 쉰여섯 살에는 국왕의 최측근인 국새상서, 그다음 해에는 대법관이 됐으며 자작의 작위까지 받았다.

그런데 왕과 의회의 대립이 점점 격렬해지면서 제임스 1세를 강력하

베이컨과 제임스 1세의 초상

이 초상화들은 당시 화가인 폴 반 소머
가 그린 것들이다. 제임스 1세의 뒤에
보이는 건물은 화이트홀 궁전의 부속
건물인 방케팅 하우스이다.

게 옹호하던 베이컨이 의회의 공격 목표가 됐다. 결국 베이컨은 재판 과
정에서 소송인들에게 뇌물을 받았다는 혐의로 기소되어 유죄판결을 받
았다. 그때 그는 "나는 지난 50년간 가장 공정한 재판을 해왔지만, 이 판
결은 최근 200년 동안 의회가 내린 가장 공정한 판결이었다"고 말하면서
순순히 수용한 뒤 불명예스럽게 공직을 떠나 런던탑에 갇혔다. 아무런
저항을 하지 않고 더 이상 정치에 뜻이 없음을 보이자 베이컨은 곧 풀려
났으며, 런던 외곽의 옛집으로 옮겨 가서 연구와 저술에만 전념하다가 5
년 뒤에 죽었다. 그가 죽었을 때도 재산보다 빚이 더 많았다고 한다.

베이컨이 학문에만 전념한 시간은 5년에 불과했지만 정치가로 관료
생활을 하는 내내 연구 활동을 계속해 왔다. 당시 영국 학자들은 직업적

인 철학자는 아니었다. 생활과 학문이 결합되어 있었는데, 만유인력을 발견한 아이작 뉴턴도 조폐국장을 지냈고 『실낙원』을 쓴 존 밀턴도 오랜기간 장관을 지냈다.

현실 정치가로서의 베이컨은 비겁한 기회주의자로 왕에게 잘 보여서 정부의 고위직을 얻으려는 뻔뻔스러운 인물이라는 평가를 받았다. 이런 평가가 크게 틀리지는 않지만 당시에는 누구든 선량한 인물로 살기도 어려운 시대였다. 하지만 베이컨의 죽음은 학자다웠다.

런던 병원에서 진료를 받은 후 집으로 돌아오던 중에 베이컨은 문득 눈이 얼마나 부패를 지연시키는지 실험해 보고 싶어졌다. 그는 즉시 인근 농가에서 닭을 구해 죽인 뒤 그 닭의 뱃속을 눈으로 채우고 사체도 눈으로 덮었다. 그는 추운 곳에서 장시간 '닭 실험'을 하고 다시 마차에 올랐지만 온몸이 떨리는 오한으로 집에는 돌아가지도 못한 채 근처 지인의 집에 머물다가 죽었다. 그는 병상에서 그 '닭 실험'에 대해 "결과는…… 성

우상을 뛰어넘어 **직접 확인하라**

프랜시스 베이컨은 "아는 것이 힘"이라고 말하면서 직접 자연에서 관찰과 실험으로 사실과 진리를 확인하라고 했다. 그는 스콜라철학에서 자연을 단순히 이데아의 그림자로 바라보는 것은 편견과 선입관 때문이라고 비판하면서 네 가지 정신적인 우상에 사로잡혀 있다고 주장했다. 베이컨이 비판한 네 가지 우상은 '종족의 우상, 동굴의 우상, 시장의 우상, 극장의 우상'이다.

종족의 우상은 모든 것을 인간 중심으로 해석하는 편견이다. 번개가 치면 벼락 맞을 짓을 했다고 여기는 오류가 여기에 해당한다. 동굴의 우상은 자신의 특수한 입장에 따라 자연을 이해하는 오류로 '우물 안 개구리' 격이다. 시장의 우상은 인간이 쓰는 말 때문에 현실을 착각하는 잘못을 지적한 것이다. 극장의 우상은 이익에 따라 당파나 권위를 내세워 그럴듯하게 포장하는 오류이다. 신을 빌려 오거나 유명한 사람에게 기대어서 진리인 양 이야기하는 것을 말한다.

공적이었다"면서 만족했다고 한다.

베이컨은 로버트 훅, 로버트 보일 등 영국왕립학회 창시자들 사이에서 영웅이었다. 특히 장 르 롱 달랑베르는 『백과전서』에서 학문을 분류하면서 그에게 경의를 표했고, 이마누엘 칸트도 『순수이성비판』을 그에게 헌정했다.

베이컨은 학문적인 성취 욕구도 대단했으며, 1620년에 나온 저서 『신기관(Novum Organum, 노붐 오르가눔)』이 가장 유명하다. 특히 말년에 총 6부로 구성되는 방대한 저술인 '학문의 대혁신'을 기획했다. 그중에서 1부 『바람의 자연사Historia Ventorum』와 2부 『삶과 죽음의 자연사Historia Vitae et Morti』를 집필하여 출간했다. 베이컨에게 학문은 인간이 자연을 지배하는 길을 제시해 주는 것이었다. 그래서 그는 인간은 정신과 지성을 더욱 잘 이용하여 자연을 완벽하게 해석하고 탐구해야 한다고 주장했다. '대혁신'의 부제도 '인간의 지배에 관하여'였다. 그는 모든 선입관을 버리고 관찰과 실험을 통해 일반적인 진리를 도출해야 한다고 말하면서 인식론에서의 경험론과 논리학에서의 귀납법을 제안하여 과학적인 근대 학문 방법론을 제시했다.

베이컨의 저서 〈신 기관〉의 표지
하버드대학교 도서관이 소장한 것으로, 1645년에 네덜란드의 한 서점에서 구입한 판본이다.

수학적 귀납법과 도미노

베이컨이 제시한 귀납법은 연역법과 함께 추론과 증명을 하는 논리학에서 주요한 방법론이다. 귀납법은 구체적인 사례에서 일반적인 결론을 이끌어내는 논리이다. 즉 구체적인 사례가 많아지면 보편적인 진리가 될수 있다는 것인데, 그 사례가 잘못되면 결론도 타당성을 잃게 되고 그럴가능성은 다분하다. 그래서 베이컨은 실제 사례를 엄정하게 관찰해야 한다고 말했다.

다음은 1부터 자연수 n까지의 합을 구하는 방법인 $1+2+\cdots+n=\dfrac{n(n+1)}{2}$ 을 베이컨이 제시한 귀납적 추리로 증명한 경우이다.

모든 자연수 n에 대하여 다음이 성립한다.

$$1+2+\cdots+n=\frac{n(n+1)}{2}$$

이 식에 $n=1$을 대입하면 $1=\dfrac{1(1+1)}{2}$이므로 식은 참이고, $n=2$를 대입하면 $3=\dfrac{2(2+1)}{2}$이 되어 식은 참이다. $n=3, 4, 5$를 차례로 대입해도 역시 식은 참이다. 마찬가지 방법으로 $n=100$일 때까지 대입해도 식은 참이다. 따라서 모든 자연수 n에 대하여 1부터 n까지 자연수들의 합은 $(n+1)$을 n번 더해서 2로 나눈 수와 같다.

위 논법에서는 1부터 n까지 자연수의 합을 구하는 방법을, 유한한 사례를 통해 정당화하고 있다. 그러나 자연수의 집합은 무한집합이므로 유한한 사례에서 발견한 사실을 인과적인 검토 없이 무한집합의 모든 원소들에게 그대로 적용한다는 문제점이 있다.

구체적인 사례를 조사하는 것은 문제를 확인하는 방법일 뿐 주어진 명제가 참임을 증명하는 방법은 아니다. 즉 증명하고자 하는 것은 수학적 명제인데, 이를 증명하는 데 귀납적 추리를 이용했으므로 옳지 못한 것이다. 따라서 위 논법이 정당화되려면 수학적 귀납법을 써야 한다.

그렇다면 수학적 귀납법이란 무엇일까? 말 그대로 수학에서 쓰이는 귀납법이 '수학적 귀납법'이다. 이것은 일반 논리학의 귀납법과 달리 어떤 예외도 없이 참이어서 '완전 귀납법'이라고도 한다.

수학적 귀납법을 이해하기 위해 우선 도미노에 대해 간단히 알아보자.

기원전 300년 전 중국에서 시작됐다고 알려진 도미노 게임은 나무나 기타 재료로 만든 직사각형 모양의 작은 패牌를 이용하는 게임이다. 정사각형 2개를 붙여놓은 직사각형 패의 표면에는 아무 표시가 안 되어 있는 경우(0으로 표시)를 제외하면 한 쌍의 주사위처럼 각기 다른 여러 개의 점들이 표시되어 있다. 흔히 사용하는 도미노 세트는 6-6, 6-5, 6-4, 6-3, 6-2, 6-1, 6-0, 5-5, 5-4, 5-3, 5-2, 5-1, 5-0, 4-4, 4-3, 4-2, 4-1, 4-0, 3-3, 3-2, 3-1, 3-0, 2-2, 2-1, 2-0, 1-1, 1-0, 0-0의 점이 표시되어 있는 28개의 패가 각각 6개씩 있기 때문에 모두 168개의 패가 한 세트를 이룬다. 그래서 이 도미노 세트의 이름은 '더블-6Double-6'이다. 오늘날 사용되고 있는 도미노 세트에는 더블-6, 더블-9, 더블-12, 더블-15, 더블-18 다섯 종류가 있다.

도미노 세트에서 패의 개수들은 모두 삼각수를 따르는데 삼각수는 이미 21장에서 소개했다. $(n+1)$번째 삼각수 T_{n+1}은 $T_{n+1} = \dfrac{(n+1)(n+2)}{2}$

이고, 더블-n 도미노는 $\dfrac{(n+1)(n+2)}{2}$개의 서로 다른 패가 있다. 따라서 같은 패가 각각 n개씩 있으므로 더블-n 도미노 한 세트는 모두 $\dfrac{n(n+1)(n+2)}{2}$개의 패로 구성된다. 예를 들어 더블-6는 $\dfrac{(6+1)(6+2)}{2}=28$개의 서로 다른 패가 있으므로 모두 $\dfrac{6(6+1)(6+2)}{2}$ $=168$개의 패가 한 세트이다. 더블-9는 $\dfrac{(9+1)(9+2)}{2}=55$개의 서로 다른 패가 있으므로 모두 $\dfrac{9(9+1)(9+2)}{2}=495$개의 패가 한 세트를 이룬다.

도미노는 패 하나를 쓰러뜨리면 다른 도미노 패들이 차례로 쓰러지는데, 이런 현상을 빗대어 '도미노 현상'이라고 한다. 이 용어는 미국의 아이젠하워 대통령이 베트남에 이은 동남아시아 전역이 공산화될 위험성을 설명한 데에서 비롯됐다. 이 같은 도미노 이론은 수학에서 명제의 증명법 가운데 하나인 수학적 귀납법과도 유사하다.

도미노 패 100개를 차례로 배열했을 때 이 100개의 패가 모두 쓰러진다는 것을 알기 위해서는 첫번째 패가 쓰러지면서 반드시 두 번째 패를 쓰러뜨려야 한다는 것을 알아야 한다. 또 두 번째 패가 쓰러지면서 반드

도미노
세워 놓은 도미노 패 하나를 쓰러뜨리면 다른 도미노 패들이 잇따라 쓰러진다.

시 세 번째 패를 쓰러뜨려야 한다는 것을 알아야 한다. 계속해서 아흔아홉 번째 패가 쓰러지면서 반드시 백 번째 패를 쓰러뜨려야 한다는 아흔아홉 가지 사실을 알 수 있어야 한다. 마찬가지 이유로 1000개의 패가 배열되어 있을 때는 999가지 사실을 알아야 하나도 남김없이 쓰러진다는 것을 알 수 있다. 그리고 여기까지는 실험을 통해서도 확인이 가능하다. 그러나 도미노 패가 무한개라면 어떨까?

우리는 일정한 간격을 유지하여 일렬로 배열한 도미노에서 '어떤 패가 쓰러지면 반드시 다음 패가 쓰러진다'는 것을 알 수 있다. 이것을 수학적으로 나타내면 'k번째 패가 쓰러지면 반드시 $k+1$번째 패가 쓰러진다'이다.

우리는 이 사실로부터 도미노에서 첫번째 패만 쓰러뜨리면 일정하게 배열된 패들이 모두 쓰러진다는 것을 알 수 있다. 즉 첫번째 패가 쓰러지면 두 번째 패도 반드시 쓰러지고, 다시 세 번째 패도 쓰러진다. 이런 방법을 계속하면 무한개의 도미노 패가 모두 쓰러진다는 것을 알 수 있다. 이것이 바로 도미노의 원리와 수학적 귀납법의 원리가 같은 점이다.

일반적인 수학적 귀납법의 형태는 무한개의 명제를 함께 증명하기 위해 먼저 첫번째 명제가 참임을 증명하고, 그다음에는 명제들 중에서 어

수학적 귀납법의 간략한 역사

유클리드는 자기 책 『원론Elements』에서 최초로 수학적 귀납법을 사용하여 소수의 개수가 무한히 많다는 것을 증명했다. 이후 여러 수학자들이 수학적 귀납법을 사용했지만 완전한 형태는 아니었으며, 처음으로 수학적 귀납법에 대해 엄밀하게 서술한 사람은 프란치스치 마브로리치이다. 그는 1575년에 발표한 책 『산술의 두 책』에서 1부터 $(2n-1)$까지의 홀수를 모두 더하면 n^2이 됨을 수학적 귀납법을 사용하여 증명했다. 즉 $1+3+5+\cdots+(2n-1)=n^2$이다.

떤 하나가 참이면 언제나 다음 명제도 참임을 증명하는 방법으로 이루어 진다. 즉 자연수 n에 관한 명제 $p(n)$에 대하여 다음 두 조건이 성립하면 모든 자연수 n에 대하여 $p(n)$은 참이다.

① $p(1)$은 참이다.

② $p(n)$이 참이면 $p(n+1)$도 참이다.

이제 수학적 귀납법을 사용하여 앞에서 예로 들었던 명제인 모든 자연수 n에 대하여 $1+2+\cdots+n=\dfrac{n(n+1)}{2}$이 참임을 증명해 보자.

명제

모든 자연수 n에 대하여 다음이 성립한다.

$$1+2+\cdots+n=\frac{n(n+1)}{2}$$

증명

$n=1$이면 좌변과 우변이 모두 1이므로 이 식은 $n=1$일 때 성립한다.

이제 수학적 귀납법의 원리에 의해 '$n=k$일 때 이 공식이 성립한다면 $n=k+1$일 때도 이 공식이 성립한다'는 사실만 증명하면 된다.

이 사실을 증명하기 위해 $n=k$일 때 이 공식이 성립한다고 가정했으므로 $1+2+\cdots+k=\dfrac{k(k+1)}{2}$이라는 사실을 이용한다. 그런데

$$1+2+\cdots+k=\frac{k(k+1)}{2}$$

이므로 이 식의 양변에 $(k+1)$을 더하여 다음이 성립함을 보이면 된다.

$$1+2+\cdots+k+(k+1)=\frac{(k+1)\{(k+1)+1\}}{2}=\frac{(k+1)(k+2)}{2}$$

실제로 $1+2+\cdots+k=\dfrac{k(k+1)}{2}$의 양변에 $(k+1)$을 더하면

$$\begin{aligned}
1+2+\cdots+k+(k+1)&=\frac{k(k+1)}{2}+(k+1)\\
&=\frac{k(k+1)}{2}+\frac{2(k+1)}{2}\\
&=\frac{k(k+1)+2(k+1)}{2}\\
&=\frac{(k+1)(k+2)}{2}
\end{aligned}$$

따라서 $n=k+1$일 때도 위 명제가 참임을 알 수 있다.

그러므로 주어진 명제는 모든 자연수 n에 대하여 참이다.

이처럼 수학적 귀납법은 수학에서 어떤 주장이 모든 자연수에 대하여 성립함을 증명하기 위해 사용되는 방법이다. 수학적 귀납법은 이름과는 달리 귀납적 논증이 아니라 연역적 논증에 가까우며, 따라서 이는 명확하고 엄밀하다. 만일 수학적 귀납법이 없었다면 우리는 오늘날과 같이 자연수를 자유자재로 사용할 수 없었을지도 모른다.

23

서구주의자 표트르 대제

이발사의 역리

17세기 러시아

은둔의 나라 러시아,
서양으로 고개를 돌리다

러시아는 오랫동안 유럽 나라들과는 동떨어진 전통과 문화를 유지하고 있었는데 17세기에 표트르 대제가 강력하게 서구화를 추진하여 이후 유럽 역사에서 주요한 역할을 하게 된다.

한 겨울 모스크바 크렘린의 모습
러시아는 광활한 영토, 차가운 날씨, 수많은 민족, 그리고 유럽과 아시아가 혼존한 나라이다. 크렘린은 제정 러시아 때 황제가 있던 성이었고, 1918년 러시아혁명 이후는 소련 정부의 대명사가 되었다.

유럽과 아시아 사이에 세계에서 가장 넓은 영토를 가진 러시아가 있다. 러시아는 아주 오랫동안 세계사에서 주목받지 못한 '은둔의 나라'였고 유럽의 무시를 당했다. 러시아 땅에는 8세기경에 키예프 공국이 세워졌고 10세기 초에 블라디미르 1세가 동로마제국의 동방정교회와 비잔틴문화를 받아들였다. 13세기부터 몽골 왕조인 킵차크한국의 지배를 받던 중 모스크바 공국이 성장하여 15세기 말에 이반 3세가 몽골 치하를 벗어났다.

이반 3세의 손자인 이반 4세는 '차르'라는 황제의 칭호를 도입하고 귀족 세력을 누른 뒤에 농노제를 바탕으로 강력한 전제 국가를 만들었다. 이반 4세는 비밀경찰을 만들어 차르에게 반항하는 귀족들을 억압하는 한편 자신에게 충성을 다하는 신흥 귀족층을 키우는 방식으로 황권을 강화해 나갔다. 특히 그는 며느리인 황태자비와의 말다툼으로 화가 나자 아들인 황태자를 곤봉으로 때려죽이기도 했는데, 이런 극단적이고 무서운 기질 때문에 사람들은 그를 '잔혹한 이반(우리나라에서는 보통 이반 뇌제라고 한다)'이라고 불렀다.

이반 4세가 죽은 뒤 귀족들이 후계자 싸움으로 치열하게 다투는 와중에 스텐카 라진이 농민 반란을 주동하여 러시아는 한때 혼란에 빠졌다. 그러다가 1613년에 들어선 로마노프 왕조가 반란군의 내부 대립을 이용하여 간신히 반란을 진압하고 러시아의 질서를 어느 정도 회복시켰다.

하지만 17세기 러시아는 국민 대다수가 문맹인 농노였고 동방적인 성격이 강하여 근대화가 급속하게 진행되던 유럽 나라들과는 격차가 컸다. 이런 상황에서 1682년에 차르에 즉위한 표트르 1세는 강력한 황제의 권력을 동원하여 러시아 사회를 서구화시키고 영토를 확장하여 러시아를 유럽의 당당한 일원으로 키워냈다. 표트르 대제는 향후 세계사에서 러시아가 한몫을 담당하는 데 크게 기여했다.

수염까지 깎은 표트르 대제, 무조건 유럽처럼!

표트르는 로마노프 왕조의 2대 차르인 알렉세이의 아들로 태어났다. 큰형인 표도르 3세가 일찍 죽자 심신이 허약했던 둘째 형 이반과 함께 열 살에 공동 차르로 추대됐다. 하지만 섭정을 하던 이복누나인 소피아가 권력을 장악하여 궁전 밖으로 내쫓겼다. 표트르는 궁전 밖에서 자유롭게 쏘다니면서 전쟁놀이를 하거나 호기심과 총명함으로 새로운 것들을 배워 나갔다. 서유럽에서 온 기술자들과 접촉하여 새로운 문물을 접할 기회도 얻었다. 표트르는 열일곱 살이 되던 해에 자신을 따르던 군대를 이끌고 소피아를 몰아낸 뒤 실질적으로 러시아를 통치하기 시작했다.

표트르는 형식을 싫어하여 궁정과 교회의 의식에는 관심이 없었고 손재주가 뛰어나 자신이 사용하는 의자나 식기를 직접 만들기도 했다. 또한 외과와 치과에 대해 초보적인 지식을 지니고 있었는데, 전문가는 아니어서 일설에 따르면 궁정 사람들이나 귀족들은 차르가 수술 도구를 가지고 나타나면 자리를 피했다고 한다. 키가 2m도 넘는 거인이었던 표트르는 잔혹하고 냉철했으며 독한 보드카를 엄청 마셔대는 사람이었다. 하지만 러시아를 강력하게 만들어 프랑스, 영국, 독일과 같은 서구 유럽 열강의 반열에 올려놓겠다는 포부를 품은 황제였다.

1697년에 표트르는 반튀르크 동맹을 결성한다는 명목으로 250명이 넘는 사절단을 유럽에 파견하면서 그 무리 속에 유럽의 군사기술을 배우기 위한 훈련생도 35명이나 포함시켰다. 표트르도 자기 신분을 숨긴 채 하사관으로 훈련생의 일원이 되어 유럽 여행을 떠났다. 그가 신분을 감추고 직접 훈련생으로 사절단에 참가한 것은 러시아의 해군력을 키우기 위해서였다.

이 기간 동안 표트르는 네덜란드 암스테르담에 있는 동인도회사 조선소에서 직공으로 일하면서 조선 기술과 이론을 열심히 배웠다. 그는 가는 곳마다 질문을 퍼부었고, 특히 기계공학에 대한 관심은 대단했다. 손

서유럽과는 다른 러시아

러시아는 유럽 국가들과 다른 점이 많다. 슬라브인이 주축을 이루며 러시아정교를 믿는다. 러시아정교는 비잔티움 제국(동로마제국)의 국교였던 동방정교회에서 갈라져 나왔다.

비잔티움 황제였던 바실리우스 2세는 반란이 일어나자 키예프 공국의 황제 블라디미르 1세에게 도움을 요청하여 반란군을 물리쳤다. 그 대가로 블라디미르 1세는 비잔티움 황제의 여동생인 안나를 자기 신부로 맞게 해달라고 요청했다. 그런데 바실리우스 2세가 신앙이 없는 사람과는 혼인시킬 수 없다고 대답하자, 블라디미르 1세는 미리 비잔티움 제국의 종교를 조사했더니 러시아인의 기질에 잘 맞는다면서 자발적으로 동방정교회를 받아들여 국교로 삼았다.

그 뒤에도 러시아 군주들은 비잔티움 황제의 딸이나 여동생들을 황후로 많이 맞아들였다. 이반 3세는 비잔티움 제국 마지막 황제의 조카딸을 황후로 맞이하고 비잔티움 제국의 후계자를 자처하면서 '카이사르'에서 유래한 '차르'라는 칭호를 썼다.

유럽 중에서도 동방적인 성격이 강한 비잔틴문화에다 200여 년 동안 몽골의 지배로 인한 아시아적인 전통이 혼합되어 러시아 특유의 문화를 형성했으며 슬라브주의로 이어졌다. 표트르 대제가 강력하게 서구화를 추진했지만 러시아 고유의 전통문화가 짙게 살아남아 슬라브주의와 서구주의는 러시아 지성계의 커다란 두 흐름을 만들었고, 이는 문학작품 등에도 표현되고 있다.

재주가 좋았던 그는 직접 연장을 들고 실습하여 숙련공 못지않은 기술을 익히게 됐다. 다음 해에는 런던에서 제도법까지 배워 왔다.

그런데 러시아 사절단이 유럽으로 향할 때 사절단원들은 모두 러시아의 전통에 따라 수염을 길게 기르고 있었다. 당시 유럽 사람들은 수염을 길게 기르는 것은 야만인이나 하는 짓이라고 생각했기 때문에 러시아 사절단을 야만인으로 대했고 표트르도 그런 취급을 받았다.

유럽에서 새로운 사상과 문물을 배우던 중 러시아에 있는 자기 근위

이반 4세와 표트르 대제의 초상
이반 4세는 1500년대, 표트르 대제는 1700년대 러시아의 강력한 황제들이다.
이반 4세가 러시아 남자들의 전통인 긴 턱수염을 보이고 있는 반면에 표트르
대제는 턱수염을 깎고 서구식 복장을 하고 있다.

대에서 반란이 일어났다는 소식을 듣고 표트르는 급히 러시아로 돌아왔다. 반란을 진압한 표트르는 유럽에서 보고 듣고 익힌 것을 바탕으로 러시아를 서유럽처럼 근대화하기로 결심했다.

그가 맨 먼저 시행한 정책은 생활 풍습을 바꾸는 것이었다. 먼저 자신부터 긴 수염을 깎고 거추장스러운 동방식 옷을 서구식으로 갈아입었다. 그러고는 귀족들에게도 강제로 수염을 깎게 했다. 러시아 사람들은 길고 무성한 수염이 신과의 특별한 관계를 상징하는 것이라고 믿었기 때문에 황제의 명령을 받아들이지 않은 채 차라리 목숨을 내놓겠다고 결연한 의지를 표명하기도 했다. 하지만 성정이 불같은 표트르는 가위를 들고 다니면서 수염을 그대로 기르고 있는 귀족들이 보이면 직접 잘라버리다가 아예 '수염세'를 부과했다. 한편 남자들과 섞이지 않고 규방에서 살아가던 귀부인들에게는 서유럽 귀부인들처럼 가슴이 깊게 파인 드레스를 입고 무도회에 나와서 춤을 추고 술을 마시게 했다.

이제 표트르에게 필요한 것은 항구도시였다. 서유럽으로 진출할 교역로가 필요했고, 다른 나라들처럼 큰 범선으로 넓은 바다를 누비면서 무역을 하고 싶었다. 하지만 러시아의 광활한 땅은 대부분 얼어붙어 있었다. 딱 한군데 발트 해로 나가는 길이 있었지만 그곳은 스웨덴이 차지하고 있었다. 표트르는 스웨덴과 전쟁을 벌여 네바 강가에 있는 요새를 점령하고 자기 이름을 따서 이 도시를 '페테르부르크(지금의 상트페테르부르크)'라고 이름 지은 후 수도를 모스크바에서 이곳으로 옮겼다.

오랜 전쟁과 각종 개혁을 위해서는 많은 세금이 필요했다. 이에 표트르는 산업을 발전시키기 위해 제조업자들에게는 면세 조치를 하면서도 교회와 귀족들에게는 없던 세금까지 물렸다. 과중한 세금 부과와 급진적

진흙탕에서 세계문화유산으로 거듭난 상트페테르부르크

표트르 대제가 처음 페테르부르크를 건설할 때 그곳은 황량한 허허벌판에 갈대만 무성한 진흙탕이었다. 그런데도 그는 그곳의 이름을 '페테르부르크'라고 먼저 정한 뒤 도시 착공에 들어갔다. 늪지의 물을 빼고 말뚝을 박고 돌덩이를 부어 기반을 다졌는데, 인근의 농부 8만 명이 동원됐다. 대규모 공사에 동원된 사람들은 홍수, 열병, 사나운 이리 떼들에게 희생됐고, 막대한 돈을 쏟아부었다. 그래서 어떤 사람들은 페테르부르크를 "한쪽은 바다, 한쪽은 슬픔, 한쪽은 늪지, 한쪽은 한숨"이라고 이야기하기까지 했다.

수많은 사람들의 희생과 표트르의 집념에도 불구

강 하류 늪지였던 곳이 아름다운 도시로 바뀌었다. 위는 1744년에 그린 지도이고, 아래는 네바 강 옆의 현재 모습이다.

하고 공사를 시작한 지 12년 후 그곳에 들른 유럽의 한 대사는 "초라한 촌락 몇 개가 붙어 있다"고 비웃었다. 그런데 다시 10년 뒤 그곳에는 바로 그 대사가 "웅장한 궁전들이 즐비한, 세계의 놀라움"이라고 감탄할 만한 도시가 탄생했다. 페테르부르크를 건설하는 데 혼신을 다한 표트르는 이 도시를 순회하다가 배가 가라앉아 병사가 빠진 것을 보고 그를 구하기 위해 차가운 얼음물에 뛰어들었다가 열병에 걸려 죽었다.

페테르부르크는 1918년까지 러시아제국의 수도였고, 한때 러시아혁명의 주역인 니콜라이 레닌의 이름을 따서 레닌그라드로 불렸다. 지금은 다시 원래 이름을 되찾아 상트페테르부르크로 불리며, 도심지는 유네스코 세계문화유산으로 지정됐다.

인 서구화에 대해 교회와 귀족들이 반발하고 아들인 알렉세이 황태자도 이에 동조하자 아들을 고문 끝에 죽이면서까지 표트르는 서구화 개혁을 중단하지 않았다.

스웨덴과의 대전쟁을 승리로 이끈 1721년에 '황제'라는 칭호를 받은 표트르는 모스크바 공국을 러시아제국으로 선포했다. 대담한 적극성과 확고한 의지로 여러 사람들의 희생을 딛고서 표트르는 러시아를 대국으로 일으켜 세워 유럽의 일부로 자기 역할을 하게 했다.

러셀과 이발사의 역리

표트르 대제는 내부의 반발을 무릅쓰고 서구화를 추진하면서 자기 수염부터 깎았는데 황제의 수염은 누가 깎았을까? 과감하고 적극적이었다는 표트르 자신이 직접 깎았을까, 아니면 이발사가 깎아줬을까 하는 엉뚱한 상상을 해보게 된다.

이에 대한 정확한 기록을 찾을 수는 없지만 아마도 황제 전용 이발사가 깎아줬을 것이다. 그런데 표트르는 눈에 보이는 남자들의 수염은 다 깎아버렸다고 하는데 황제의 이발사 수염은 또 누가 깎았을까? 이발사 자신이 직접 깎았을까? 아니면 다른 이발사에게 부탁하여 수염을 깎았을까?

수학에는 이발사와 관련된 재미있는 이야기가 있다.

어느 마을에 한 이발사가 있었다. 이발사는 자기 이발소에 면도를 하는 원칙을 써 붙였다. 그 원칙은 '마을 사람들 중 스스로 면도하지 않는 사람만 면도를 해주겠다'는 것이다. 그러면 이발사는 자신이 스스로 면도를 해야 할까? 아니면 면도를 하지 말아야 할까? 이발사가 스스로 면도하려고 하면 이발소에 붙여놓은 원칙에 따라 그는 면도해서는 안 된다. 또 이발사가 면도하지 않고 있으면 스스로 면도를 하지 않는 것이므로 다시 이발소에 붙여놓은 원칙에 따라 그는 스스로 면도해야 한다. 결국 면도를 하려면 하지 말아야 하고 면도를 하지 않으려면 해야 하는, 이러지도 저러지도 못하는 이상한 상황에 놓이게 된다.

이 유명한 이야기는 수학뿐만 아니라 문학에도 대단한 소질을 보여서 노벨문학상을 받은 버트런드 러셀이 처음 소개한 '이발사의 역리'이다. 1902년, 러셀은 집합의 개념만 이용하여 표현된 한 역리^{paradox}를 발견했다. 그는 이 역리로 인해 수학에도 더욱 본질적인 철학적 사고가 필요하다고 여기고 수학보다는 논리와 철학에 관심을 더 가지게 됐다. 그리하여 기호논리와 수리철학을 발전시켰다. 그는 1918년에 출판된 『신비주

버트런드 러셀

버트런드 러셀은 1872년에 영국 웨일스의 트렐렉 근교에서 귀족 집안의 자손으로 태어났다. 케임브리지 대학교 트리니티 칼리지에서 장학금을 받은 그는 수학과 철학에서 명성을 떨쳤다. 러셀은 주로 미국 대학교에서 강의했고 수학, 논리, 철학, 사회학, 교육학에 관한 책을 40권 이상 저술했다. 또한 그는 1934년에 J. J. 실베스터, A. 드모르간과 영국학술원상을 공동 수상했고, 1940년에 메리트 훈장을, 1950년에 『서양철학사』 등으로 노벨문학상을 수상했다.
러셀은 제1차 세계대전 중에 평화주의자의 견해를 피력하고 징병제도에 반대하여 케임브리지 대학교에서 쫓겨났으며 4개월 동안 감옥살이를 했다. 1960년대 초에는 핵무기에 반대하는 평화주의 운동을 이끌어 잠깐 동안 다시 투옥됐다. 그는 1970년에 아흔여덟의 나이로 죽었다.

의와 논리』에서 수학에 대해 다음과 같이 말했는데, 이 말에서 그가 수학을 어떻게 생각하는지 잘 알 수 있다. "수학은 진실을 가지고 있을 뿐만 아니라 최상의 아름다움을 지니고 있다. 수학에는 조각품이 가지고 있는 것과 같은, 냉철하고 엄격한 아름다움이 있다."

여기에서 이발사의 역리를 좀더 수학적으로 자세하게 알아보자. 사실 역리는 상당히 헷갈리기 때문에 다소 복잡하더라도 잘 생각해 보길 바란다.

어떤 집합이든 집합은 자기 자신의 원소이든가 아니든가 두 가지 가운데 하나이다. 즉 $U \in U$ 또는 $U \notin U$ 둘 중 하나이다. 이제 어떤 집합 U는 자기 자신의 원소가 아닌 집합들 전체의 집합이라고 하자. 즉 $U = \{A \mid A \notin A\}$라고 할 때 U가 U의 원소가 되는지 알아보자.

$U = \{A \mid A \notin A\}$

- 만일 $U \in U$라고 하면 (원소) U는 (집합) U의 원소이므로 조건 $A \notin A$을 만족시킨다. 즉 $U \notin U$이다.
- 만일 $U \notin U$라고 하면 (원소) U는 (집합) U의 조건 $A \notin A$을 만족시켰으므로 $U \in U$이다.

이를 정리하면 다음과 같다.

$$U \in U \iff U = \{A \mid A \notin A\} \iff U \notin U$$

결국 $U \in U$이며 동시에 $U \notin U$이다. 그런데 이런 집합이 있을 수 있을까?

러셀보다 훨씬 이전인 기원전 6세기경 크레타 섬 출신의 시인이자 예언가인 에피메니데스는 이미 이발사의 역리와 같은 다음 역리를 주장했다.

"크레타인은 모두 거짓말쟁이다."

아마도 이 말이 수학에서 역리의 시초일 것이다. 왜냐하면 에피메니데스 자신이 크레타 섬사람이기 때문이다. 요컨대 위와 같은 에피메니데스의 주장은, 모두 거짓말쟁이라는 것을 당사자인 그 자신이 주장하고 있으므로 그도 거짓말쟁이이고, 그렇다면 그의 주장도 거짓이라는 것이다.

이 같은 역리가 교묘하게 이용됐던 기발한 법률에 대해 알아보자.

어느 나라에서 사형 제도를 폐지하자는 주장이 일어났다. 많은 논의 끝에 결국 사형 제도는 그대로 두는 대신, 사형 집행은 판결 이후 1년 이내에 해야 하고 형을 집행하는 날짜는 반드시 사형수가 예측할 수 없는 날이어야 한다는 법을 만들었다. 그런데 이것은 사실상 사형 제도를 폐

버트런드 러셀의 역리와 고틀로프 프레게의 오류

독일의 유명한 논리학자 고틀로프 프레게는 논리학과 수학의 철학에 대해 집중적으로 연구한 뒤 이를 『산술 기초 개념』에서 설명했다. 그의 이론은 '자신을 포함하지 않는 모든 집합의 집합'을 허용하는 것이었다.

그러다가 1902년 6월 16일에 그의 논문을 읽은 버트런드 러셀에게서 편지 한 통을 받았다. 편지 내용은 이발사의 역리를 설명한 것이었다. 러셀이 편지를 보냈을 때 프레게의 『산술 기초 개념』은 제2판 인쇄에 들어간 상태였다. 프레게는 '수십 년의 연구 끝에 진리를 발견했다는 확신이 들어서 책을 쓰고 인쇄에 들어간 순간, 그 확신을 송두리째 흔들어버리는 오류를 발견했을 때의 참담함'에 대해 책 끝머리에 다음과 같은 말을 남겼다.

1907년의 버트런드 러셀

"과학자는 어떤 연구를 막 이루었을 때 그가 공들여 이룬 연구의 기반을 무너뜨리는 매우 유감스러운 사실에 직면하는 수가 있다. 나 자신이 그런 처지에 놓여 있음을, 버트런드 러셀 씨의 편지를 받고서야 알게 됐다."

지한 것이다. 왜냐하면 사형을 집행하기 위해서는 1년 이내에 집행해야 하기 때문에 1년 365일 가운데 어떤 날에 사형 집행을 해야 한다. 그런데 사형수가 그 날짜를 예측하면 안 된다. 만일 1년 가운데 첫째 날에 사형이 집행될 것이라고 사형수가 예측했다면 그날은 사형을 집행할 수 없게 된다. 그래서 첫째 날을 무사히 넘긴 사형수가 둘째 날에 사형이 집행되리라고 예측했다면 또다시 사형을 집행할 수 없게 된다. 둘째 날도 무사히 넘겼기 때문에 사형수는 셋째 날도 넷째 날도 매일매일 사형이 집행된다고 예측한다. 결국 1년 가운데 마지막 날만 남게 되는데, 반드시 1년 이내에 사형이 집행돼야 하므로 사형수는 이날이 사형 집행일이라고 예측한다. 그러면 이날도 사형은 집행할 수 없게 된다. 결국 1년 가운데 아무 날에도 사형을 집행할 수 없다. 이렇게 1년이 모두 지나버리면 법에 따라 사형을 집행할 수 없으므로 결국 사형 제도는 있지만 사형은 집행할 수 없는 법이 되는 것이다.

증기기관차와 분업의 산업혁명

사이클로이드와 분할

18~19세기 서양

기계를 만든 산업혁명으로
사람이 기계처럼 되어버리다

도구 대신 기계를 이용하는 공장에서 대량생산을 하는 산업혁명은 18세기 영국에서 시작하여 전 세계로 퍼져 나갔고 이로 인해 교통 통신, 노동 방식, 사회 구조 등에서 엄청난 변화가 일어났다.

18세기 후반 프랑스는 혁명으로, 미국은 독립 전쟁으로 커다란 변혁을 겪는 동안 일찌감치 정치적인 안정을 꾀한 영국은 산업 분야에서 엄청난 변화를 맞이하고 있었다. 기술 혁신으로 도구 대신 기계가 도입되면서 공업 분야가 소규모 가내 수공업 생산 방식에서 대규모 공장제 생산 방식으로 바뀌어 나갔는데, 이를 산업혁명이라고 한다.

식민지 쟁탈전에서 승리한 영국은 많은 식민지에서 원료를 싸게 들여올 수 있었고, 또 그 원료로 물건을 만들면 많은 식민지에 비싸게 되팔 수도 있었다. 영국은 자국의 모직 산업을 보호하기 위해 인도의 값싼 면직물 수입을 금지하다가 직접 면직을 생산하기 시작했는데 인기를 끌면서 잘 팔려 나갔다. 그러자 더 많은 실을 잣고 더 많은 직물을 짤 수 있는 기계가 필요해졌고, 그 필요에 따라 새로운 기계들이 만들어졌다. 1733년, 존 케이가 기계식 자동 베틀을 최초로 만들어 면포 생산량을 크게 늘렸다. 면포를 짤 실이 달리자 1764년에 제임스 하그리브스가 추 8개를 한꺼번에 움직여 단번에 더 많은 실을 뽑을 수 있는 제니 방적기를 발명했다. 리처드 아크라이트는 물을 이용하여 제니 방적기를 움직일 수 있도록 하는 수력방적기를 만들었는데, 이는 면직물 공업을 크게 발전시켜 수백 명이 모여 일하는 공장도 생겨났다.

그런데 수력으로 움직이는 기계를 쓰는 공장은 강가에 세워야 했으므로 도심과의 교통이 불편했을뿐더러 물의 양에 따라 생산량이 달라졌다. 새롭고 정교하고 커다란 기계들을 움직일 동력의 문제에 봉착한 것이다. 그때 제임스 와트가 증기기관을 개량했다. 장소의 제한 없이 모든 기계에 쓰일 수 있는 증기기관은 공장, 광산, 배, 기차 등 모든 분야의 동력으로 쓰이면서 기계로 움직이는 새로운 것들이 끝없이 생겨났다.

초기 산업혁명은 대체로 영국 안에 머물렀다. 영국은 기계와 숙련 노동자, 제조 기술이 유출되는 것을 금지했다. 하지만 다른 나라의 사업가들이 영국 기술자들을 유혹하여 기계를 갖춘 공장들을 세웠다. 벨기에, 프랑스 등이 영국의 뒤를 이었고, 바다 건너 미국은 19세기 말부터 20세기 초까지 유럽의 성과를 훨씬 능가하는 고도의 산업 성장을 했다. 20세기가 되면 서구 대부분의 나라들과 동양의 일본이 산업혁명의 대열에 동참한다.

산업혁명은 인류 사회에 엄청난 변화를 가져와 자본주의와 현대사회를 만들어냈다. 공장제 기계공업으로 각종 물품들이 다량으로 쏟아져 풍족한 물질생활이 가능해졌고, 물품 생산뿐만 아니라 새로운 형태의 교통과 통신, 그리고 응용과학의 발달로 이어졌다. 한편 대규모 공장을 가진 자본가와 그 공장에서 일하는 노동자가 생겨났다. 생산의 모든 과정을 혼자서 도맡았던 과거와 달리 개별 노동자들은 전체 공정에서 일부분만 담당하는 분업화가 이뤄졌다. 장시간 노동과 저임금에 시달린 노동자들에게는 권리 의식이 싹텄고 노동문제를 인도적, 구조적인 차원에서 해결하기 위한 여러 방안들도 쏟아졌다.

증기로 움직이는 기관차

스코틀랜드 출신의 기술자이자 과학자인 제임스 와트는 글래스고 대학교 실험실에서 그때까지 주로 광산에서 쓰던 증기기관의 문제점을 개량하여 새로운 방식의 효율성 높은 증기기관을 만들어냈다. 장난감을 움직이게 하는 건전지처럼 석탄 등을 연료로 하는 이 증기기관은 큰 기계를 돌아가게 하여 방직 산업뿐만 아니라 제철, 석탄 공업 등에도 널리 사용됐다.

증기기관이 실용화되면서 대규모 공장들이 생겨나 많은 원료가 소비되고 많은 제품이 생산되자 이번에는 그것들을 운반할 교통수단의 문제가 생겨났다. 여기에서도 증기기관은 힘을 발휘했다.

1807년, 미국 공학자이자 발명가인 로버트 풀턴은 프랑스 파리의 센강에 최초로 증기기관을 단 증기선을 띄운 뒤 1819년에 대서양을 29일 만에 횡단했다. 증기기관의 나라 영국에서는 증기선이 별로 환영받지 못했다. 영국은 강폭이 좁았기 때문이다. 하지만 길고 넓은 강이 많은 미국에서는 매우 효과적인 교통수단이 됐다.

영국에서는 조지 스티븐슨이 1814년에 증기기관차를 만들어 시운전에 성공했고, 개량을 거듭하여 1829년에는 90t 이상의 열차를 끌고 리버

풀에서 맨체스터까지 시속 16~23km로 달리는 데 성공하면서 일대 교통 혁명이 일어났다. 이때 하루 7회 왕복(일요일에는 하루 4회)으로 1,100여 명을 실어 날랐다고 한다. 이 성공에 힘입어 영국 곳곳에 철로가 놓여져 1845년에 3,277km이던 철로의 총길이가 1855년에는 1만 3,411km가 됐다. 그렇다고 모든 사람들이 철도를 환영한 것은 아니었다. 농부들은 증기기관차의 굉음에 가축들이 놀라고 작물들이 시들어버릴까 봐 염려하여 철로가 놓이는 것을 반대했지만 거대한 흐름을 막을 수는 없었다. 처음에 증기기관차는 광산 지역에서 캐낸 석탄들을 기계가 있는 공장 지역으로 운반하는 구실만 했지만 점차 사람을 태우는 객차를 연결하기 시작했다. 증기기관차는 말이나 말이 끄는 마차와는 비교할 수 없을 만큼 많은 사람들을 태우고 철로가 있는 곳이면 어디든 실어 날랐다.

클로드 모네의 「생라자르 역의 도착」
증기기관차가 처음 등장했을 때 굉음을 내며 시커먼 연기를 내뿜고 달려오는 괴물과 같은 모습을 보고 사람들은 깜짝 놀랐다.

철도를 최초로 이용한 곳은 1550년의 독일 광산으로 알려져 있으며 처음에는 목재를 사용하여 궤도를 놓았다. 이후 광산마다 달랐던 궤도와 바퀴의 규격이 점차 일정한 형태로 통일됐고, 목재 궤도도 철재를 사용하여 튼튼하게 교체했다. 철도가 빈번하게 이용되면서 장대한 철도 네트워크를 구성하게 됐는데, 증기기관차의 등장으로 철도는 전 세계 각지에 들어섰다. 우리나라는 1899년에 제물포와 노량진을 잇는 경인선 철도가 처음 개통됐다. 시속 20km 정도로 시작된 열차는 오늘날 시속 300km를 넘는 고속 열차로 발전하면서 환경과 에너지 문제를 해결할 수 있는 미래의 교통수단으로 재평가받고 있다.

기차 바퀴와 사이클로이드

철로 위를 달리는 열차의 바퀴를 보면 아래 사진과 같이 바퀴가 철로의 궤도를 이탈하지 않도록 바퀴 안쪽이 바깥쪽보다 큰 원을 하고 있다. 그리고 여기에는 흥미로운 수학이 숨어 있다.

기차의 바깥쪽 원에 점을 하나씩 찍은 후 기차가 달릴 때 이 점의 자취를 그림으로 나타내면 다음과 같다. 이때 점의 자취인 곡선을 '사이클로이드 cycloid'라고 한다. 즉 사이클로이

드는 적당한 반지름을 가지는 원 위에 한 점을 찍고, 그 원을 한 직선 위에서 굴렸을 때 점이 그리며 나아가는 곡선을 말한다. 이 곡선은 수학과 물리학에서 매우 중요하며 초기 미분적분학의 개발에 커다란 도움을 줬다.

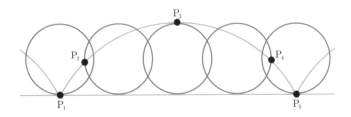

사이클로이드는 수식으로 나타낼 수 있지만 일반 독자들이 이 식과 여러 가지 수학적인 성질을 이해하기에는 어렵다. 그래서 그런 어려움은 뒤로하고 그림으로도 알 수 있는 흥미로운 성질만 알아보자.

위 그림에서 두 번째 원은 첫번째 원이 $\frac{1}{4}$(90°) 회전, 세 번째 원은 $\frac{1}{2}$(180°) 회전, 네 번째 원은 $\frac{3}{4}$(270°) 회전, 다섯 번째 원은 정확하게 한 바퀴(360°) 회전한 것이다. 그리고 P_1은 출발 전, P_2는 P_1에서 $\frac{1}{4}$ 회전한 후 사이클로이드와 만나는 점, P_3는 P_2에서 $\frac{1}{4}$ 회전한 후 사이클로이드와 만나는 점, P_4는 P_3에서 $\frac{1}{4}$ 회전한 후 사이클로이드와 만나는 점, P_5는 P_4에서 $\frac{1}{4}$ 회전한 후 사이클로이드와 만나는 점으로 원이 완전히 한 바퀴 돌고 난 후의 점이다.

위 그림에서 알 수 있듯이 원이 0°에서 90° 회전하는 것이나 90°에서 180° 회전하는 것은 모두 90° 회전하는 것이므로 P_1에서 P_2, P_2에서 P_3, P_3에서 P_4, P_4에서 P_5까지 가는 시간은 모두 같다. 하지만 P_1에서 P_2까지의 거리는 P_2에서 P_3까지의 거리보다 짧기 때문에 점이 P_1에서 P_2까지 이동할 때보다 P_2에서 P_3으로 이동할 때 더 빨라야 한다.

이 성질을 다음 그림과 같이 사이클로이드를 거꾸로 한 모양의 그릇에 적용할 수 있다. 앞에서 알아본 것과 같은 이유에 의해 P_1에서 P_3으로 내려가는 시간은 P_2에서 P_3으로 내려가는 시간과 같으며, P_4나 P_5 어디에서 출발해도 P_3에 도착하는 시간은 모두 같다. 즉 그릇의 안쪽 부분에 구슬을 놓으면 위치와는 상관없이 바닥에 닿기까지 걸리는 시간은 같다는 것을 알 수 있다.

이 곡선을 연구할 당시는 수학의 새로운 결과들이 폭발적으로 발표되던 때였고, 종종 새롭게 발표되는 내용들을 서로 자신이 먼저 발견했다고 주장하는 경우가 많았다. 그런데 이 곡선은 수학적으로 매우 흥미롭고 아름다운 성질을 많이 가지고 있기 때문에 수학자들 사이에 자신이 먼저라는 우선권을 놓고 언쟁과 싸움은 물론 고소와 고발이 이어졌다. 그래서 이 곡선에는 '불화의 사과'라는 별명이 붙게 됐다.

사이클로이드는 신화 속 '불화의 사과'처럼 싸움의 대상이 됐지만, 이 문제에 관해 훌륭한 성과를 가장 많이 내놓은 사람은 블레즈 파스칼이었다. 1658년, 파스칼은 치통으로 고생하던 중에 기하학적인 착상이 떠오르면서 치통이 사라지자 이를 신의 계시라고 여기고 8일 동안의 연구로 사이클로이드에 관한 완벽한 결과를 발표했다.

사이클로이드에는 기차와 관련된 일명 '기차의 패러독스'라는 다음과 같은 흥미로운 이야기가 있다.

기차가 달릴 때 이 기차의 모든 부분이 기차가 달리는 방향과 같은 방향으로 움직이고 있는 것은 아니다. 기차의 일부분은 매 순간 기차가 달리는 방향과는 반대 방향으로 움직이고 있다.

얼핏 생각해서는 납득이 가지 않을 수도 있다. 기차가 앞으로 달린다면 기차에 탄 사람뿐만 아니라 기차의 모든 부분이 함께 앞으로 달려야

불화의 사과

페테르 파울 루벤스의 「파리스의 심판」

'불화의 사과'는 원래 그리스 신화에 나오는 이야기이다. 바다의 여신 테티스와 인간 펠레우스의 결혼식에 올림포스의 모든 신들이 초대됐다. 그런데 그중에서 딱 한 신만이 초대받지 못했다. 바로 불화의 여신 에리스였다. 신성하고 즐거워야 할 결혼식에 불화의 여신을 초대하지 않은 것은 당연하겠지만, 이 일로 화난 에리스는 결혼식에 나타나 작은 선물을 슬그머니 남겨놓고 사라졌다. 그 선물은 아름답게 빛나는 황금 사과였는데, 그 사과에는 이런 문구가 쓰여 있다. "가장 아름다운 여신에게!"

올림포스 여신들 가운데 자타가 공인하는 아름다움을 지닌 세 여신인 헤라, 아테나, 아프로디테는 각자 황금 사과가 자신을 위한 것이라고 주장했다. 그래서 누가 가장 아름다운 여신인가에 대한 결정을 트로이 왕자인 파리스가 맡게 됐다. 헤라는 그에게 최고의 권력을, 아테나는 뛰어난 지략과 강한 군사력을, 마지막으로 아프로디테는 지상에서 가장 아름다운 여인을 약속했다. 세 가지 약속 사이에서 고민하던 파리스는 지상에서 가장 아름다운 여인을 아내로 얻기 위해 아프로디테에게 황금 사과를 바쳤다.

아프로디테는 지상에서 가장 아름다운 여인이지만 이미 다른 사람의 아내인 헬레네를 파리스의 아내로 결정했고, 이 일로 트로이전쟁이 벌어졌다. 이로써 불화의 여신이 남긴 황금 사과의 위력이 발휘된 것이다.

하기 때문이다. 그러나 이 패러독스는 엄연한 사실이며, 이것은 사이클로이드를 이용하여 설명할 수 있다. 구체적인 설명 이전에 먼저 앞에서 봤던 기차 바퀴의 그림을 다시 한 번 상기하자.

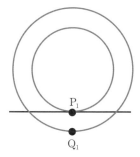

왼쪽 그림은 기차 바퀴를 그린 것으로 선로에 닿는 원과, 선로와 닿지 않은 채 선로 안쪽에 놓여 있는 원을 그린 것이다. 이 원에 각각 점 P_1과 Q_1을 찍고, 바퀴가 선로를 따라 회전할 때 두 점의 자취를 생각해 보자.

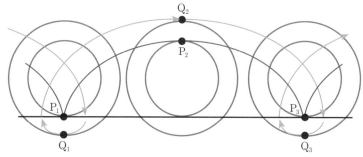

위 그림에서 선로 위를 회전하는 기차 바퀴의 안쪽에 놓인 점 P_1이 그리는 곡선은 P_2를 지나 P_3으로 이어지는 사이클로이드이다. 반면 바깥쪽에 놓인 한 점 Q_1은 Q_2를 지나 Q_3으로 이어지며 P_1이 그리는 사이클로이드보다 긴 곡선이 된다. 그래서 이 곡선을 '긴 사이클로이드(붉은 곡선으로 된 부분)'라고 부른다. 이 그림을 보면 기차 바퀴의 일부분은 기차가 앞으로 진행할 때 밑부분에서 기차의 진행 방향과는 반대인 뒤로 움직이고 있다는 것을 알 수 있다.

사이클로이드와 비슷한 방법으로 만들 수 있는 두 가지 곡선이 있다.

먼저 '에피사이클로이드epicycloid'라는 곡선은 반지름의 길이가 a인 원을 하나 고정하고 그 원 위에서 반지름의 길이가 b인 또 다른 원을 움직일 때, 움직이는 원 위에 찍은 점 P의 자취이다. 에피사이클로이드는 움직이는 원의 반지름 크기에 따라 여러 모양들이 나올 수 있다. 다음 그림은 차례대로 (a, b)가 각각 $(1, 1)$, $(2, 1)$, $(3, 1)$, $(4, 1)$일 때의 에피사이클로이드이다.

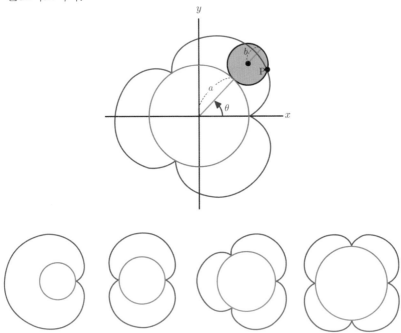

에피사이클로이드와는 반대로 고정된 원의 내부에서 또 다른 원을 움직일 때 점의 자취를 구하여 얻는 곡선을 '하이포사이클로이드hypocycloid'라고 한다. 하이포사이클로이드의 경우도 두 원의 반지름 길이에 따라 다음과 같은 곡선이 된다. 특히 작은 원의 반지름 길이가 큰 원의 반일 때 하이포사이클로이드는 큰 원의 지름과 같다.

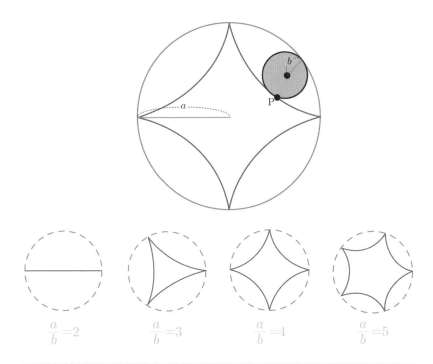

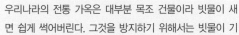

$$\frac{a}{b}=2 \qquad \frac{a}{b}=3 \qquad \frac{a}{b}=4 \qquad \frac{a}{b}=5$$

우리나라의 전통 기와에 나타난 사이클로이드

우리나라 전통 가옥의 기와를 살펴보면 우묵한 곡선 모양으로 되어 있다. 기와는 지붕을 아름답게 장식하기도 하지만 주요한 기능은 눈과 비바람을 막아내는 것이다.
우리나라의 전통 가옥은 대부분 목조 건물이라 빗물이 새면 쉽게 썩어버린다. 그것을 방지하기 위해서는 빗물이 기

전통 기와의 곡선은 사이클로이드이다.

와에 머무는 시간을 가능한 한 줄여서 빨리 흘러내리게 해야 한다. 그래서 우리 조상들이 이용한 방법이 사이클로이드이다.
같은 높이에서 공을 굴리면 사이클로이드의 공이 제일 먼저 바닥에 도착한다. 거리는 직선이 가장 짧지만, 시간은 사이클로이드가 가장 적게 걸린다. 공 대신 빗물을 놓아보자. 바로이 곡선이 빗물이 가장 빨리 흘러내리는 곡선이다. 사이클로이드는 경사면에서 가장 빠른속도를 내는 특별한 성질을 가지고 있기 때문에 '최단강하선'이라고도 한다.
동물들도 이 같은 성질을 이용하는 것으로 알려져 있다. 하늘을 높이 나는 독수리나 매가 땅위에 있는 들쥐나 토끼를 잡을 때 직선으로 내려오는 것이 아니라 사이클로이드에 가깝게목표물을 향해 곡선 비행을 한다. 동물들도 수학적 사실을 잘 활용하고 있다.

분업, 생산량을 최대로 늘리는 방법

산업혁명으로 생긴 큰 변화 중 하나가 생산과정의 분업인데, 이는 일을 하는 사람이 전체 공정 중에서 일정한 작업만 하는 것이다. 산업혁명으로 생산공정 전체가 하나의 과정으로 기계화되어 그 과정의 한 부분을 한 사람 또는 몇 사람이 맡아서 작업하면 됐다. 이런 방식은 산업혁명 이전의 노동 방식과는 아주 달랐다. 이전에는 직업별로 하는 일은 달랐지만, 한 사람이 그 일의 모든 과정을 혼자서 수행했다. 예를 들면 그릇을 빚더라도 진흙을 모아 형태를 만들고 가마에서 구워내기까지 모든 과정을 한 사람이 물레와 가마 같은 도구를 이용하여 만들었던 것이다.

산업혁명 당시 유명한 경제학자 애덤 스미스는 이미 분업에 대해 이야기했다. 그는 『국부론』에서 한 나라의 부를 어떻게 축적해야 하는지 설명했다. 그는 국부의 원천은 토지도 아니고 금과 은도 아니고 장사도 아니라고 말하면서 노동자들이 더 많은 물품(재화)을 만들어내는 것이라고 주장했다. 그러면서 세 가지를 들었는데 바로 '보이지 않는 손, 분업, 이기심'이다.

스미스는 서로 경쟁적으로 생산 활동을 하더라도 궁극적으로 자연스레 조화가 이뤄지도록 통일해 내는 어떤 힘이 있다고 말하면서 그것을 '보이지 않는 손'으로 표현했다. 또한 '이기심'이 국가의 부를 발전시킨다면서 우리가 저녁 식사를 할 수 있는 것은 푸줏간 주인이나 제빵사들의 박애심이 아니라 그들의 돈벌이 욕심 때문이라고 했다. 즉 각 개인이 자기 이익을 위해 생산 활동을 하면 사회 전체적으로 공공의 이익이 만들어진다는 논리이다.

나사만 돌리는 주인공, **찰리 채플린의'모던 타임스'**

무성영화「모던 타임스」에서 주인공이 공장에서 나사를 돌리는 장면

찰리 채플린은 영국의 뛰어난 영화감독이자 배우이다. 그는 산업혁명 시절의 영국에서 태어났는데, 당시 영국은 산업혁명과 해외의 막대한 식민지로 세계 최고의 부자 나라였지만 빈부 격차가 엄청났다. 가난한 배우의 아들로 빈민 구호소에서 살기도 했던 채플린은 재능뿐만 아니라 세상의 약자에 대한 따스한 마음을 지니고 있었다.

희극배우가 된 채플린은 미국으로 건너가 돈을 벌어 자신이 직접 영화를 제작하고 감독했다. 그가 1936년에 만들고 주연한「모던 타임스」는 지금도 세계 영화사의 걸작으로 손꼽힌다. 이 영화에서 채플린은 산업혁명이 가져온 노동자의 소외와 인간성을 말살하는 자본주의에 대해 우스꽝스러운 주인공을 등장시켜 신랄하게 풍자했다.

떠돌이인 주인공이 공장에서 일을 하는데 사장은 무조건 빨리 하라고 재촉한다. 나사 돌리는 일을 전담하는 주인공은 나중에는 기계 앞을 떠나서도 나사처럼 생긴 것은 무조건 돌리려고 하다가 정신병원에 가게 된다. 병은 나았지만 공장에서 해고되어 거리를 떠돌던 주인공은 무심코 바닥에 떨어져 있는 빨간 깃발을 줍다가 공산주의자로 몰려서 경찰서에 끌려가기도 한다. 우여곡절 끝에 빵을 훔친 고아 소녀를 만난 주인공은 소녀를 뒤쫓는 경찰을 따돌리고 새벽에 두 사람이 희망을 안고 걸어가는 것으로 영화는 끝난다.

제2차 세계대전 이후 세계가 냉전 체제에 돌입하면서 미국에는 반공주의가 휩쓸었는데, 채플린은「모던 타임스」같은 영화 때문에 공산주의자로 몰려서 미국에서 추방당했고 이 일로 충격을 받은 채플린은 스위스로 건너갔다. 미국은 수십 년이 지난 뒤 채플린에게 화해를 신청했고 영국 국왕은 기사 작위를 하사했다.

그리고 공업 생산량을 늘려야 국가의 부가 쌓이는데, 어떻게 생산량을 늘릴 수 있는가에 대해서는 '분업'을 제시했다. 그러면서 옷핀 만드는 예를 들었다. 노동자 1명이 전체 제조 공정을 모두 도맡으면 하루에 핀 20개 정도를 겨우 만들 수 있지만, 노동자 10명이 전체 제조 공정을 18단계로 나누어 작업하면 하루에 핀 48,000개, 1인당 4,800개를 만들 수 있다는 것이다. 그러나 스미스는 분업이 가져오는 부정적인 결과에 대해서도 예측했다.

"분업이 진전되면서 노동으로 생활하는 사람들은 대부분 한두 가지 단순 작업에 한정적으로 고용된다. 작업 결과라고 해봐야 거의 똑같은 것이나 다름없는 한두 가지 단순 작업을 하면서 생애를 보내야 하는 사람들이 대다수가 되는 것이다. 그런 사람들은 자신의 이해력을 마음껏 발휘하지도, 독창성을 시험할 수도 없다. 결국 이해력과 독창성을 상실하여 인간이 도달할 수 있는 가장 우둔하고 무지한 상태에 이르고 만다."

아담 스미스

그때까지 유럽은 무역을 통해 돈을 버는 중상주의가 부의 원천이라고 여겼는데, 이런 애덤 스미스의 주장은 새로 등장한 자본가들에게 열렬한 환영을 받았다. 즉 장사가 아니라 공장을 짓고 물품을 만들어 돈을 벌어야 나라가 잘산다고 했으니 정부를 상대로 이를 위한 뒷받침을 하라고 주장할 수 있게 된 것이다.

스미스는 산업혁명이라는 새로운

기운이 번져 나가던 시기에 활약하면서 산업 자본가들의 자유로운 경제 활동을 뒷받침하는 이론을 제시했다. 그의 주장에 따르면 경쟁과 이기심이 면죄부를 받는 것처럼 보이지만, 그는 무한한 경제활동이 필연적으로 안고 있는 문제점도 예측했다고 할 수 있다.

산업혁명으로 시작된 분업은 지금 우리가 살고 있는 현대사회의 가장 큰 특징이다. 예술 같은 특정 분야를 제외하고는 공장 같은 생산 현장뿐만 아니라 서비스산업까지 대다수 사람들은 세밀하게 분화된 직업에 종사하고 있다. 각 사람들의 분업은 다시 협업을 통해 하나로 결합된다.

분업과 분할

산업혁명 이후에 사회가 더욱 복잡해지고 세분화되면서 분업은 필연적으로 따라왔다. 그래서 어떤 일에 몇 사람이 필요한지를 알아야 하는 일이 빈번하게 발생했다. 즉 각 공정마다 필요한 사람들을 적절하게 나누는 일은 물건을 좀더 빠르고 많이 만들기 위해 반드시 필요해진 것이다. 이것은 수학에서 집합을 분할하는 방법이나 경우의 수를 구하는 것과 같다.

예를 들어 a, b, c, d 4명을 여러 팀으로 나누어 일을 시키는 경우를 생각해 보자. 이 경우에는 4명을 한 팀으로 만드는 방법, 두 팀으로 나누는 방법, 세 팀으로 나누는 방법, 네 팀으로 나누는 방법 모두 네 가지가 있다. 4명을 한 팀으로 만드는 경우는 $\{a, b, c, d\}$, 네 팀으로 나누는 경우는

{a}, {b}, {c}, {d} 한 가지뿐이다. 그런데 두 팀이나 세 팀으로 나누는 경우의 수는 좀 많다.

먼저 두 팀으로 나누는 경우는 1명과 3명으로 나누는 경우와 2명과 2명으로 나누는 경우로 두 가지가 있다. 그 두 가지 경우는 각각 다음과 같다.

1명과 3명으로 나누는 경우	2명과 2명으로 나누는 경우
{a}{b, c, d}	{a, b}{c, d}
{b}{a, c, d}	{a, c}{b, d}
{c}{a, b, d}	{a, d}{b, c}
{d}{a, b, c}	

즉 두 팀으로 나누는 방법은 모두 일곱 가지이다. 마지막으로 세 팀으로 나누는 방법은 {a}{b}{c, d}, {c}{d}{a, b}, {a}{c}{b, d}, {b}{d}{a, c}, {b}{c}{a, d}, {a}{d}{b, c}로 모두 여섯 가지이다. 따라서 a, b, c, d 4명을 여러 팀으로 나누어 일을 시킬 수 있는 경우는 모두 1+7+6+1=15가지이다.

이제 a, b, c, d 4명에 e 1명을 추가하여 5명이 되면 모두 몇 가지 경우가 될까? 이 경우는 너무 많기 때문에 5명을 세 팀으로 나누는 경우가 몇 가지인지만 구하자. 그런데 앞에서 4명이었을 때 구한 경우의 수를 이용할 수 있으므로 5명을 세 팀으로 나누는 경우는 다음의 두 경우로 나누어 생각할 수 있다. 즉 4명을 세 팀으로 나누고, 나머지 1명을 각 팀에 끼워 넣는 경우와 4명을 두 팀으로 나누고 나머지 1명을 따로 한 팀으로 나누는 경우이다. 그런데 4명을 세 팀으로 나누는 경우에는 각 팀마다 나머지 1명을 끼워 넣을 수 있기 때문에 한 가지 경우에 각각 세 가지 경우가 나오므로 4명을 세 팀으로 나누는 경우의 수에 3배를 해야 한다.

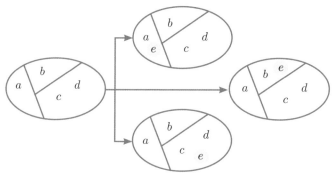

{a}{b}{c, d}에 e를 넣는 방법은 모두 세 가지이다.

따라서 (5명을 세 팀으로 나누는 경우의 수)=3×(4명을 세 팀으로 나누는 경우의 수)+(4명을 두 팀으로 나누는 경우의 수)=3×6+7 =25(가지)가 된다.

우리는 실생활에서 비슷한 조건을 만족하는 사물을 몇 개의 그룹으로 나누는 경우를 자주 접하게 된다. 이럴 때 몇 가지 경우가 있는지 알아내는 것은 그 사물의 수만큼을 원소로 가지는 집합을 공집합 없이 분할하는 방법과 같다. 그래서 이런 문제를 '집합의 분할'이라고 한다.

한편 어떤 작업을 할 때 일정한 인원이 몇 단계 공정으로 나누어 분업해야 하는 일도 자주 생긴다. 정해진 인원을 각 공정에 일일이 배치해 보는 것은 매우 번거로운 일이지만, 모두 몇 가지 경우가 가능한지를 미리 알고서 그 가운데 가장 적당한 경우를 선택하면 한결 효율적으로 작업을 완수할 수 있다.

예를 들어 일의 숙련도가 똑같은 7명을 세 단계 공정으로 나누어 분업시키는 모든 경우의 수를 구하자. 그런데 세 단계 공정 각각에는 반드시 적어도 1명 이상은 필요하다. 이것은 자연수 7을 7보다 작은 3개의 자연수의 합으로 나타내는 것과 같으므로 다음과 같이 모두 열다섯 가지이다.

7=5+1+1=1+5+1=1+1+5=4+2+1=4+1+2=2+4+1=2+1+4

　=1+4+2=1+2+4=3+3+1=3+1+3=1+3+3=3+2+2=2+3+2=2+2+3

이것은 크기가 같은 정사각형 7개를 3줄로 나열하는 것과 같으므로 다음과 같이 그림으로도 나타낼 수 있다.

5+1+1=

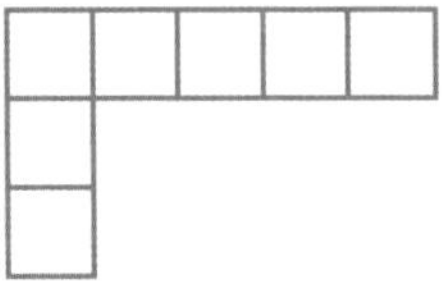

1+5+1=

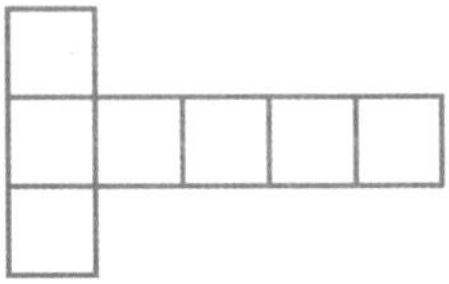

1+1+5=

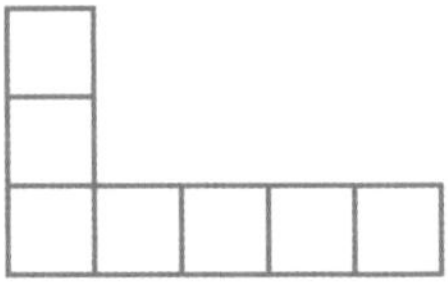

4+2+1=

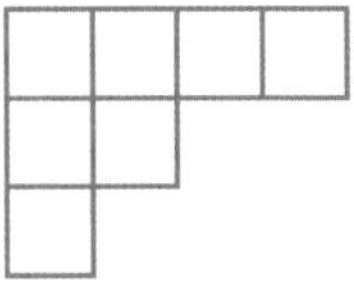

4+1+2=

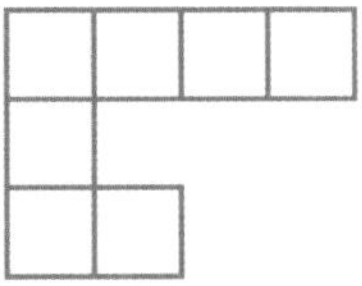

2+4+1=

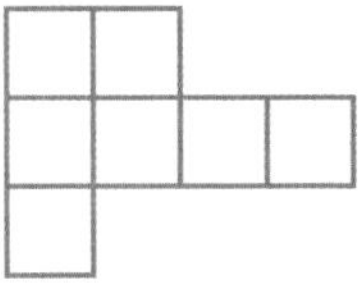

2+1+4=

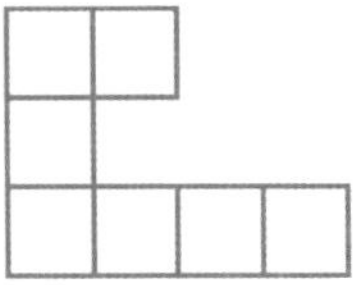

1+4+2=

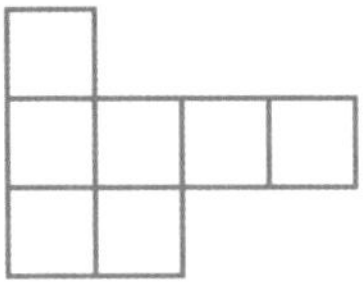

1+2+4=

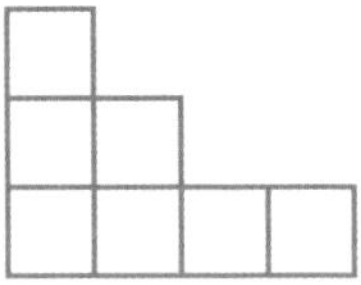

3+3+1=

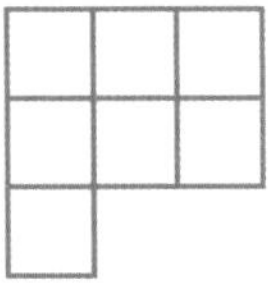

3+1+3=

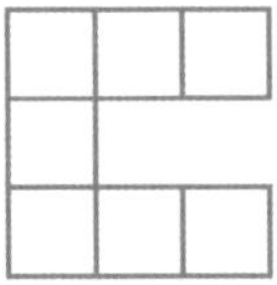

1+3+3=

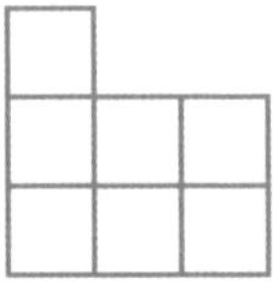

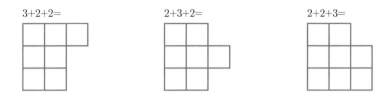

3+2+2=

2+3+2=

2+2+3=

그렇다면 같은 숙련도를 가지고 있는 사람들을 똑같은 공정 세 곳에 배치하는 경우는 몇 가지나 될까? 이때 주의해야 할 것은 공정이 모두 같기 때문에 4+2+1이나 4+1+2나 1+4+2는 모두 같은 경우가 된다. 바꿔 말하면 같은 종류의 사탕 7개를 같은 모양의 봉지 3개에 빈 봉지가 없도록 나누어 담는 방법이 된다. 따라서 다음과 같이 네 가지뿐이다.

$$7=5+1+1=4+2+1=3+3+1=3+2+2$$

일반적으로 자연수 n을 다음과 같이 나타내는 것을 '수의 분할'이라고 한다.

$$n=n_1+n_2+\cdots+n_k \,(단 \, n_1 \geq n_2 \geq \cdots \geq n_k > 0)$$

위와 같이 자연수 n을 n보다 작은 k개의 자연수로 분할하는 경우의 수를 $P(n, k)$로 나타낸다. 따라서 앞의 예시에서 7의 분할의 서로 다른 형태는 네 가지였으므로 $P(7, 3)=4$이다.

여기서 잠깐 $P(10, 3)$은 어떻게 구할지 생각해 보자. $P(10, 3)$은 10을 3개의 자연수의 합으로 나타내는 분할의 수이므로 다음 그림과 같이 3개의 네모에 우선 1을 하나씩 배열하고 남은 7을 적절하게 배열하는 것과 같다.

$$\boxed{10} = \boxed{1} + \boxed{1} + \boxed{1}$$

이때 첫번째 네모에는 7을 한 가지로 분할하는 $P(7, 1)$, 두 번째 네모에는 7을 두 가지로 분할하는 $P(7, 2)$, 세 번째 네모에는 7을 세 가지로 분할하는 $P(7, 3)$을 각각 넣으면 된다. 따라서 $P(10, 3)=P(7, 1)+P(7, 2)+P(7, 3)$이 성립한다. 그런데 $P(7, 1)=1$이고, $7=1+6=2+5=3+4$이므로 $P(7, 2)=3$이며, $P(7, 3)=4$이므로 $P(10, 3)=1+3+4=8$이다. 실제로 10을 3개의 자연수로 나누는 서로 다른 분할은 다음과 같이 모두 여덟 가지뿐이다.

$$10=8+1+1=7+2+1=6+3+1=6+2+2$$
$$=5+4+1=5+3+2=4+4+2=4+3+3$$

위의 사실을 좀더 일반적으로 생각하여 $n+k$를 k개의 자연수의 합으로 나타내는 경우를 구하면 다음과 같다.

$$P(n+k, k)=P(n, 1)+P(n, 2)+\cdots+P(n, k)$$

산업혁명 당시 분업에 집합의 분할과 수의 분할을 직접 이용하지는 않았을 테지만, 모든 분업의 방법은 결국 수학적 방법을 써야 해결할 수 있다.

25

혁명가 나폴레옹만 지지한 베토벤

피보나치수열

19세기 유럽

프랑스혁명의 계승자를 자처한 나폴레옹,
유럽을 흔들기 시작하다

프랑스혁명의 정신과 이념을 계승한 나폴레옹은 유럽 각국의 반혁명 전쟁에서 승리한 뒤 그 여세를 몰아 황제에 즉위하여 유럽 전역을 정복했지만 결국 실각하고 만다.

프랑스혁명부터 나폴레옹이 권력을 장악하기까지

바스티유 감옥 습격으로 시작된 프랑스혁명은 혁명과 반혁명, 시민의 권리 획득과 공포정치, 내부의 갈등과 외국과의 반*프랑스 혁명전쟁 등으로 극심한 혼란을 겪다가 총재정부가 수립되면서 일단락됐다. 하지만 프랑스 국내에는 급진파와 왕당파의 대립이 치열했으며, 프랑스혁명을 반대하고 두려워한 유럽 왕국들은 여전히 동맹을 맺고 프랑스를 적대시하며 공세를 멈추지 않았다. 반프랑스 동맹의 핵심국은 처형당한 마리 앙투아네트 왕비의 친정인 오스트리아였다.

1796년, 총재정부는 오스트리아를 공격하기로 결정하고 사단장인 나폴레옹 보나파르트에게 당시 오스트리아 영토였던 이탈리아 북부 지역의 원정군 사령관을 맡겼다. 그해 나폴레옹은 스물일곱 살이었고 귀족의 미망인인 연상의 조세핀 드 보아르네와 결혼했다. 나폴레옹은 지중해의 프랑스 식민지 코르시카 섬에서 이탈리아계 지주의 아들로 태어나 육군사관학교를 졸업한 뒤 장교로 임관된 후 프랑스혁명을 지지하는 쪽에서 군인 생활을 해오고 있었다.

정부의 명령으로 원정에 나선 나폴레옹은 이탈리아를 평정하고 오스트리아의 수도 빈까지 진격하며 위협하여 오스트리아를 굴복시키고 프랑스와 화의하게 했다. 이 원정의 성공이 앞으로 20여 년간의 유럽 역사를 뒤흔든 나폴레옹 시대의 시작이었다.

1789년	바스티유 감옥 습격	프랑스혁명 발발	
1791년	루이 16세 체포	입헌군주제	
1792년	유럽 왕국과의 혁명전쟁 개시 국민공회 소집	공화정 수립 혁명정부	자코뱅파의 공포정치 제1차 대(對)프랑스 동맹에 승리 루이 16세 처형, 민주헌법 제정
1794년	테르미도르의 반란		공포정치 종식
1795년	신헌법 제정	총재정부	5인의 총재, 제2차 대프랑스 동맹
1799년	나폴레옹의 쿠데타	통령정부	나폴레옹 제1통령
1804년	나폴레옹에 대한 국민투표	제정	나폴레옹 황제 취임

자유를 전파하는 해방자인가, 세계의 황제를 꿈꾼 정복자인가?

이탈리아 북부와 오스트리아 공격에 성공하여 뛰어난 장군으로 인정받은 나폴레옹 보나파르트의 인기가 높아지자 총재정부는 그를 견제하기 위해 이집트를 정벌하라는 명령을 내렸다. 영국과 인도를 잇는 길을 차단한다는 명목이었다. 이에 5만여 명의 군대와 200명의 학자를 이끌고 정벌에 나선 나폴레옹은 이집트를 점령했다.

그런데 나폴레옹이 이집트 원정을 하는 동안 영국과 오스트리아는 다시 동맹을 맺고 프랑스를 위협하여 총재정부는 우왕좌왕했다. 그 정황을 파악한 나폴레옹은 다음 원정지인 인도로 떠나지 않고 프랑스로 돌아와 쿠데타를 일으켜 권력을 장악하고 신헌법을 만든 뒤 제1통령이 됐는데, 이때 그의 나이 서른이었다.

나폴레옹은 권력을 장악한 뒤 프랑스를 위협하는 유럽 동맹국들에게 화의하자고 제안했지만 거절당했다. 그러자 그는 다시 이탈리아를 정복하기 위해 이번에는 직접 알프스를 넘기로 했다. 한니발 이후 대규모 군대가 험준한 알프스 산맥을 넘은 적이 없었기 때문에 부관들은 이 작전을 말렸다. 그때 그는 "내 사전에 불가능이라는 단어는 없다"는 유명한 말을 하고, 알프스를 넘어 이탈리아 땅으로 쳐들어가는 데 성공했을 뿐만 아니라 오스트리아와의 전투에 승리하여 북이탈리아를 프랑스 보호국으로 삼는 조약을 체결했다. 영국과도 강화하여 프랑스에 반대하는 동맹을 해체시켜 프랑스는 모처럼 외부의 위협에서 벗어나 안전해졌다.

이제 나폴레옹은 프랑스를 내부적으로 안정시키고자 대대적인 개혁에 착수했다. 모든 국민의 평등을 담고 있는 『나폴레옹 법전』을 편찬했으며, 능력에 따른 출세 기회를 제공하기 위해 국민교육 제도를 정비했다. 산업을 육성하고 물가를 안정시키는 데도 힘썼다. 강력한 권력을 기반으로 외부의 적을 잠재우고 내부의 개혁을 단행해 나가자 프랑스에서 나폴레옹의 인기는 하늘 높은 줄 모르고 치솟았으며, 그것은 프랑스 바깥에서도 마찬가지였다.

당시 유럽은 대부분 전제군주와 귀족들의 나라여서 신흥 상공인과 시민들에게는 권리와 자유가 제한되거나 거의 없었다. 그래서 프랑스에서 일어난 시민혁명에 대해 그들은 열렬한 환호를 보내는 반면 왕과 귀족들은 공포에 가까운 두려움을 지녔다. 모든 계층이 프랑스의 일거수일투족에 관심을 보였던 것이다.

자유와 평등을 지향하는 유럽 지식인들에게 나폴레옹은 영웅이자 해방자로 여겨졌다. 독일의 유명한 작곡가 루트비히 판 베토벤에게도 그러했다. 베토벤은 민주주의를 신봉하는 사람이었다. 그가 태어나서 자란 본은 프랑스에 가까운 라인 지방이었기 때문에 계몽사상과 프랑스혁명에 많은 영향을 받았다. 이런 분위기에서 성장한 베토벤은 철이 들면서부터 프랑스혁명의 이념인 자유, 평등, 우애를 자기 신념으로 가지게 됐다.

베토벤이 민주주의에 대한 자기 이념을 표현한 것이 세 번째 교향곡 「영웅」이다. 첫번째 악장은 피와 눈물로 가득 찬 민중의 고난과 투쟁을

나폴레옹의 대관식

화가 자크 루이 다비드가 나폴레옹에게 주문받아 3년 만에 완성한 「황제 나폴레옹 1세의 대관식」 중 일부이다. 나폴레옹은 이전 왕들이 대관식을 치렀던 랭스 대성당은 부패한 왕조의 장소였다면서 거부하고, 노트르담 대성당에 위대한 로마제국을 잇는다고 천하에 공포했다. 그리고 황후 조세핀의 왕관을 교황이 아니라 자신이 직접 씌워주는데, 이는 가톨릭의 권위를 인정하지 않는다는 의미이다. 프랑스혁명은 가톨릭에 대해서도 강한 거부감을 드러냈다. 교황 비오 7세는 축복기도만 하는 들러리로 서 있다.

표현했으며, 두 번째 악장은 혁명으로 죽어간 영웅들을 슬픈 선율로 그렸다. 세 번째 악장은 혁명으로 떨치고 일어난 사람들의 투쟁을 격앙되게 표현했으며, 마지막 악장은 자유를 얻은 민중의 기쁨을 그렸다. 베토벤은 프랑스혁명의 정신을 계승하여 실현하고 있는 유럽 민중의 영웅인 나폴레옹을 기리기 위해 '보나파르트'라는 제목으로 이 교향곡을 작곡하고 있었고, 속표지에는 "나폴레옹 보나파르트에게 드림"이라고 미리 써뒀다.

그런데 그때가 1804년이었다. 나폴레옹이 황제에 즉위했다는 청천벽력 같은 소식이 들려왔다. 이미 종신 통령이었던 나폴레옹은 황제가 되라는 측근들의 권유로 자신의 황제 취임을 국민투표에 붙였고 99%의 압도적인 찬성을 얻자 황제의 자리에 올라 프랑스 제정을 열었다. 프랑스혁명으로 왕정이 폐지된 지 10년 만에 제정이 부활한 것이다.

나폴레옹의 황제 즉위는 베토벤에게는 배신행위였다. 프랑스혁명이 지향하는 만인의 자유와 평등으로 나아가는 줄 알았는데 결국 당시 유럽의 전제군주들처럼 한 개인과 일족의 권력으로 귀결된 것이다. 화나고 실망한 베토벤은 원래 속표지 글귀를 지워버린 후 '영웅, 한 위인을 기념하여'라고 다시 썼다. 그래서 베토벤의 3번 교향곡은 '보나파르트 교향곡'에서 '영웅 교향곡'으로 바뀌게 됐다.

베토벤에게 헌정 교향곡을 받을 뻔했던 나폴레옹은 황제가 되고 나서 프랑스의 수도 파리를 세계 제일의 수도로 만들기 위해 도시 근대화 정책을 추진했고, 기념비적인 건축물들을 정비했다. 외국과의 전쟁에서 승승장구한 나폴레옹에게 영국만은 우수한 해군력을 바탕으로 버티며 프랑스에 전쟁을 선포하자 나폴레옹은 영국의 대륙 동맹국인 오스트리아, 프로이센, 러시아와 싸워 이겼고, 영국과의 무역을 막기 위해 에스파냐마저 공격하여 프랑스 국경선을 카탈루냐, 발트 해, 로마까지 넓혔다. 영국을 제외한 유럽 전역이 나폴레옹 치하에 들어왔고 나폴레옹은 명실공히 유럽의 지배자로 군림했다. 자신이 정복한 유럽 각국에는 친인척을 왕으로 앉혔으며, 사랑하던 조세핀과의 사이에 아이가 태어나지 않자 이혼하고 신

나폴레옹에 대한 지지와 비판

나폴레옹 보나파르트는 당시에도 찬사와 비판을 한꺼번에 받았다. 당시 독일 철학자 게오르크 헤겔은 나폴레옹에게 심취하여 나폴레옹이 프로이센을 이기고 예나에 입성했을 때 그 모습을 보고 "말에 올라 세계를 넘나 보면서 이를 송두리째 지배하고자 오직 한 가지 일에만 몰두하는 위대한 개인을 여기에서 바라본다는 것은 실로 다 말할 수 없는 감흥이었네"라고 친구에게 편지를 보냈다. 독일 대문호 요한 볼프강 폰 괴테도 나폴레옹을 찬양했다. 독일 시민들이 처음으로 자유를 도모하며 나폴레옹에게 맞서자 "그대들을 묶고 있는 쇠사슬만 흔드시오. 그 사람은 그대들이 맞서기에는 너무 위대하오"라고 말했다고 한다.

베토벤도 처음에는 나폴레옹에게 깊은 감명을 받았지만 그가 프랑스혁명의 정신을 배반하고 황제에 즉위하자 등을 돌렸다. 나폴레옹보다 조금 어린 스탕달은 열여섯 살 때 나폴레옹 군대에 입대했지만 나폴레옹이 추방되자 군대를 제대하고 나폴레옹을 모델로 유명한 소설 『적과 흑』을 썼다.

성로마제국 황제 프란츠 2세의 딸인 마리 루이즈와 결혼했다.

유럽에서 막강한 힘을 과시하던 나폴레옹은 영국과의 교역을 계속하는 러시아를 대대적으로 정벌하기로 결정하고, 50만 대군을 이끌고 쳐들어갔지만 대패하여 20분의 1 정도의 병사들만 겨우 살아남았다. 러시아에서 퇴각하면서 나폴레옹은 "위대함과 우스꽝스러움은 종이 한 장 차이이다"라고 말했다고 한다. 나폴레옹의 패배를 틈타 유럽 각국들은 반反나폴레옹의 기치를 들고 일어나 파리를 함락하고 1814년에 나폴레옹을 엘바 섬으로 추방했다.

하지만 이듬해 나폴레옹은 엘바 섬을 탈출하여 파리로 돌아와 다시 황제가 됐다. 당시 나폴레옹의 동향을 보도한 신문 제목의 변화가 재미있다. 처음 제목은 "괴물, 유형지에서 탈출"이었고 마지막 제목은 "황제 폐하, 환궁하셨다"이다. 중간에는 "코르시카의 늑대, 칸에 상륙", "사나운 호랑이, 기프에 출현, 토벌군이 파견되다", "비참한 모험가, 산에서 최후를 맞이하다", "독재 황제, 리옹에 들어오다", "참주, 파리 50마일 지점까지 육박하다", "보나파르트, 파리 입성은 불가능할 듯", "나폴레옹, 내일 아침쯤 파리에"로 시시각각 미묘하게 변해갔다.

나폴레옹은 다시 반反프랑스 동맹국들과 전쟁을 치르게 됐는데, 초반

■ 나폴레옹 당시의 프랑스
■ 나폴레옹에게 정복된 국가
■ 나폴레옹의 동맹 국가

프로이센
라인 동맹   바르샤바
프랑스   오스트리아
에스파냐
이탈리아

나폴레옹이 유럽을 제패하던 시기의 지도이다. 영국과 러시아를 제외한 유럽 전역이 프랑스 영토가 되거나 위성국으로 전락했다. 나폴레옹이 실각한 뒤 유럽 각국들은 오스트리아 빈에 모여 회의를 한다. 유럽을 나폴레옹 이전의 상태로 돌리기 위해 각국들은 프랑스혁명 이전의 왕정으로 복귀하고 나폴레옹이 흐트러뜨린 영토의 경계를 다시 지어 이 지도의 형태는 사라졌다.

에는 승세를 잡았지만 워털루전투에서 영국과 프로이센의 연합 공격으로 완패하여 그의 백일천하는 끝났다. 나폴레옹은 다시 남대서양의 한 가운데 있는 영국령 세인트헬레나 섬에 유배되어 자기 회고록을 쓰면서 무력하고 외로운 날들을 보내다가 그곳에서 죽었다. 나폴레옹의 유해는 1840년에 영국의 동의를 얻어 프랑스에 반환됐으며 현재 파리의 시파리 앵발리드에 안치되어 있다.

황제로서 혁명을 계승하고 정복으로 민족의식을 고양한 나폴레옹의 모순

나폴레옹 보나파르트는 모순적인 인물이었다. 프랑스혁명의 정신과 이념에 누구보다 충실한 듯했고 그것을 바탕으로 하는 제도와 정책을 시행했지만, 황제가 된 뒤에는 자신이 정복한 나라에 의붓아들, 형, 남동생, 처남, 여동생들을 왕으로 앉혀 역사상 어떤 황제보다도 일족 지배를 강화했다. 또한 군대를 이끄는 정복자였던 나폴레옹은 한 개인의 죽음에 대해 어떤 연민도 보이지 않았다. 유럽 어느 나라의 재상이 "이번에 폐하가 소집한 이 어린 병사들이 모두 죽으면 어떻게 하실 겁니까?"라고 묻자 그는 "당신은 군인이 아니라 군인의 영혼에 무엇이 흐르는지 모르오. 나는 전쟁터에서 성장한 사람이오. 나 같은 사람에게는 100만 명의 목숨쯤은 아무것도 아니오"라고 말하면서 화를 냈다.

한편 나폴레옹의 정복은 유럽 각국들의 국가 의식을 부추겨 프랑스의 지배에 반발하게 만들었다. 당시 유럽 여러 나라들의 국경선은 지금과 달랐고 국토라는 개념보다 전통적인 왕가가 다스리는 영지에 가까웠다. 각 왕가들은 결혼이나 세습으로 자신이 지배하는 왕국이나 공국을 합치고, 쪼개고, 물려주고, 싸우고 했지만 그 땅에 살고 있는 대다수 백성들에게는 지배 군주가 바뀌는 일일 뿐 삶에는 큰 변화가 없었다. 그런데 나폴레옹이 유럽 전역을 정복하면서 프랑스가 지배하게 되자 군주와는 상관없이 자신들이 독일인, 에스파냐인, 이탈리아인이라는 공동체 의식이 생겨났다. 이는 프랑스혁명의 자유와 평등이 개인을 넘어 국가까지 확장된 것이다. 그래서 유럽 각국에서는 일반 민중들까지 반 프랑스 전쟁에 자발적으로 참여했다. 나폴레옹은 자신이 정복한 나라들에서 프랑스혁명의 정신과 이념을 기반으로 하는 제도와 정책을 시행했지만, 그의 정복은 역설적으로 근대적인 국가 의식을 형성하는 데 기여한 것이다.

베토벤 교향곡과 피보나치수열

베토벤은 많은 작품들을 작곡했는데 가장 잘 알려진 교향곡으로는 「영웅(교향곡 3번)」, 「운명(교향곡 5번)」, 「전원(교향곡 6번)」, 「합창(교향곡 9번)」 등이 있으며 피아노곡으로는 「엘리제를 위하여」, 「비창 소나타」, 「월광 소나타」 등이 있다. 그중에서 특히 「운명」은 피보나치수열을 이용하여 황금비로 아름다움을 구현한 교향곡이다. 베토벤이 어떤 방법으로 피보나치수열을 이용했는지 알아보기 위해 먼저 피보나치수열에 대해 간단히 살펴보자.

베토벤 초상

피보나치수열은 13세기 이탈리아의 피사에 살았던 레오나르도 피보나치가 지은 『산반서』에 처음 등장했다. 그 책에는 다음과 같은 문제가 있다.

어떤 사람이 토끼 1쌍을 우리에 넣었다. 이 토끼 1쌍은 한 달에 새로운 토끼 1쌍을 낳고, 낳은 토끼들도 한 달이 지나면 다시 토끼 1쌍을 낳는다. 그렇다면 1년이 지나면 모두 몇 쌍의 토끼가 있을까?

단, 토끼는 죽지 않는다는 가정하에 이 문제를 그림으로 그려가며 알아보자. 첫 달에는 원래 우리에 넣은 토끼 1쌍만이 있다.

1월

첫 달 토끼의 쌍수는 1쌍이다.

두 달째 그들은 새끼 토끼 1쌍을 낳을 것이다. 그래서 모두 2쌍의 토끼가 우리에 있다.

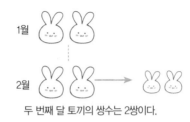

두 번째 달 토끼의 쌍수는 2쌍이다.

다음 달, 원래 토끼 1쌍은 또 다른 새끼 토끼 1쌍을 낳고, 처음 태어난 새끼 토끼 1쌍이 자랄 것이다. 이제 3쌍의 토끼가 우리에 있다.

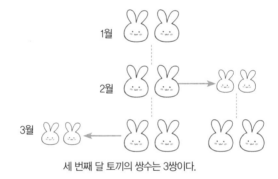

세 번째 달 토끼의 쌍수는 3쌍이다.

다시 한 달 후, 처음 토끼 1쌍은 또 다른 새끼 토끼 1쌍을 낳고, 첫번째 태어나서 다 자란 토끼 1쌍은 다른 새끼 토끼 1쌍을 낳는다. 그리고 두 번째 태어난 1쌍은 자랄 것이다. 그러면 우리에는 모두 5쌍의 토끼가 있게 된다.

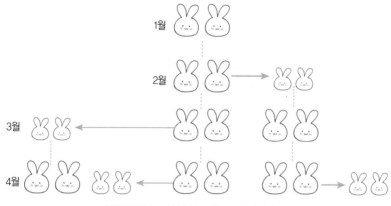

네 번째 달 토끼의 쌍수는 5쌍으로 늘어난다.

　다섯 번째 달에는 8쌍의 토끼가, 여섯 번째 달에는 13쌍의 토끼가 우리에 있게 된다.

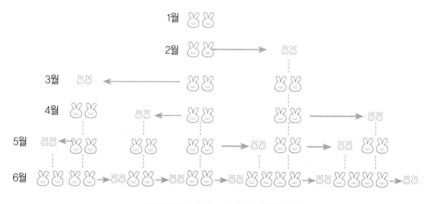

반년이 지난 후 토끼는 모두 13쌍이 된다.

　이런 방법으로 계속 그려가면서 매달 토끼의 쌍수를 조사하면 문제를 풀 수 있는 패턴이 아래와 같이 나타난다. 이 패턴에서 처음 수로 1을 첨가하면 다음과 같은 규칙과 수열을 구할 수 있다.

$$0+1 \quad 1+1 \quad 1+2 \quad 2+3 \quad 3+5 \quad 5+8$$

| 1 | 1 | 2 | 3 | 5 | 8 | 13 |

즉 앞선 두 달의 토끼 쌍수를 합하면 다음 달의 토끼 쌍수를 구할 수 있다. 이렇게 나오는 수열을 '피보나치수열'이라 하고, 이 수열의 각 항에 있는 수들을 '피보나치 수'라고 하며, n번째 피보나치 수를 F_n으로 나타낸다. 일반적으로 피보나치수열은 $F_{n+2}=F_{n+1}+F_n$이 성립한다.

그런데 연속된 2개의 피보나치 수 F_n, F_{n+1}에 대하여 n이 점점 커질수록 $\dfrac{F_{n+1}}{F_n} \approx 1.618$이며, 여기에서 얻어지는 수 1.618은 이미 15장에서 황금비라는 것을 이야기했다.

처음에는 피보나치수열을 수학적으로 흥미로운 수열로만 여겼는데, 1900년대에 옥스퍼드 대학교의 식물학자인 A. H. 처치가 놀라운 발견을 했다. 해바라기 꽃씨의 형태에서 나선을 이루는 것을 세었더니 그것이 바로 피보나치 수였던 것이다. 처치의 발견 이후로 식물학자들은 자연의

자연에서 나타나는 피보나치 수
해바라기 꽃씨, 선인장 꽃잎 등 식물을
비롯한 자연 곳곳에서 피보나치 수를
찾을 수 있다.

이곳저곳에서 피보나치 수를 찾았다. 예를 들면 줄기에서 잎이 나오는 배열, 솔방울 비늘의 배열, 데이지 작은 꽃잎의 배열 등이다.

피보나치 수에 따른 성장 패턴은 식물뿐만 아니라 동물에게도 찾아볼 수 있다. 가장 좋은 예는 벌의 섭생攝生이다. 섭생은 여왕벌이 거느리고 있는 벌 사회의 개체 수와 규모에 따라 선택적으로 암수를 구별하여 알을 낳는 것을 말한다. 실제로 여왕벌은 수벌에게 받은 정자를 수개월, 심지어는 수년간 체내에 가지고 있을 수 있다고 한다. 여왕벌이 낳는 수많은 알들 중 수정된 것에서는 암벌(여왕벌)이 나오고 수정이 되지 않은 것은 수벌로 부화한다. 아래 그림은 벌의 번식을 나타낸 것인데, 벌의 마릿수가 피보나치 수가 된다는 것을 알 수 있다.

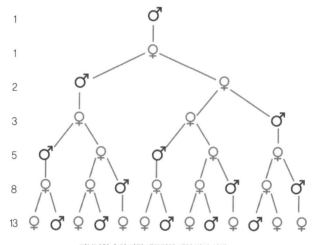

피보나치 수의 가장 대표적인 예인 벌의 섭생

피보나치 수와 황금비는 음악에서도 찾을 수 있다. 먼저 피아노의 건반을 살펴보자. 8개의 흰건반 사이에 2개와 3개로 그룹을 지은 5개의 검은건반이 있고, 8음이 한 옥타브를 이루는데 그 안에 모두 13개의 건반이

있다. 잘 알다시피 이것들은 모두 피
보나치 수들이다.

13개의 음은 서양음악에서 반음계
로 알려져 있는 가장 완벽한 음계이
다. 반음계는 피타고라스가 만들었다
고 알려져 있는데, 도레미파솔라시도
의 8음계 사이사이에 약간씩 높은 5음

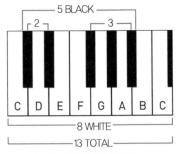

2, 3, 5, 8, 13의 피보나치 수로 이루어진
피아노 건반

계가 합쳐져 13음계가 된 것으로 5음계는 검은건반을 쳤을 때 소리 나는
음이다. 피아노에서 보듯이 검은건반 5음계(5)와 흰건반 온음계(8), 그리
고 이들을 합한 반음계(13)가 서양음악의 기본이다.

이번에는 피보나치 수로 이루어진 피아노를 연주할 때 들을 수 있는
음정을 살펴보자. 많은 사람들에게 가장 듣기 좋은 음정은 장음정의 6도와
단음정의 6도이다. 장음정의 6도는 매초 약 264번 진동하는 C음과 매초
약 440번 진동하는 A음으로 이루어진다. C음과 A음의 비 C : A=264 : 440
은 피보나치 비로 비의 값이 $\frac{3}{5}$이다. 단음정의 6도는 매초 약 330번 진동
하는 E음과 매초 약 528번 진동하는 높은 C음인데, 이것도 피보나치 비이고
비의 값은 $\frac{5}{8}$이다. 모든 6도의 진동 차이가 피보나치 비를 가지는 것으로

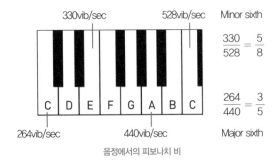

음정에서의 피보나치 비

미뤄보면 피보나치 수는 눈으로 보기에도 아름답지만 귀로 듣기에도 아름답다는 것을 알 수 있다.

음악가들은 자기 작품에 의식적으로 황금비를 사용하고 있다. 특히 피보나치 수는 작곡에서 다양한 방법으로 적용됐는데, 작곡가들이 가장 중요하게 여긴 것은 악절을 피보나치 비로 나누는 것이었다. 즉 작곡가들은 테마, 무드, 짜임 등의 시작과 끝을 정할 때 악절을 황금비로 나눈다. 이 기법은 조반니 팔레스트리나, 요한 제바스티안 바흐, 루트비히 판 베토벤, 벨라 바르토크의 작품을 포함하여 초기 교회음악에서 현대의 작곡법에까지 나타나고 있다.

바르토크는 「현악기, 타악기, 첼레스타를 위한 음악」에서 피보나치수열을 사용했다. 그는 이 곡의 첫 악장을 모두 89소절로 구성했으며, 55번째 소절에서 클라이맥스를 이루도록 했다. 더욱이 55소절 앞부분은 34소절과 21소절 두 부분으로 나누고 34소절은 다시 13소절과 21소절로 나누어 피보나치수열을 치밀하게 사용했다. 여기에 등장하는 13, 21, 34, 55, 89는 연속되는 피보나치 수이다.

34소절	21소절	13소절	21소절

— 55소절 — 34소절 —

— 전체 89소절 —

베토벤도 오른쪽 악보에서 보는 것과 같이 「운명」에 피

보나치 수를 사용했다. 「운명」의 처음을 여는 '빠바바밤~' 부분을 4개의 음표로 구성된 악구를 사용하여 주제구로 썼는데, 이 주제구와 소절의

수를 합하여 피보나치 수가 되도록 했다. 첫 악장에는 세 번의 주제구가 나오는데, 첫번째 주제구를 포함하여 모두 377소절이 되면 다시 주제구를 넣었다. 즉 가운데 주제구를 중심으로 앞부분은 377개의 소절로 되어 있고 뒷부분은 233개의 소절로 되어 있는데, 233은 열세 번째 피보나치 수이고 377은 열네 번째 피보나치 수이다. 그리고 두 수의 비의 값은 $\frac{377}{233} \approx 1.618$로 황금비를 이룬다. 결국 전체 악장을 황금비로 분할되도록 해서 곡의 아름다움을 더하고자 했던 것이다.

주제구	372소절	주제구	228소절	주제구

└── 377소절 ──┘ └── 233소절 ──┘

주식시장의 중요한 분석 도구, 피보나치수열

피보나치수열은 자연, 미술, 음악뿐만 아니라 주식시장에서도 중요한 분석 도구로 쓰인다. 1930년에 미국인 R. N. 엘리엇은 과거 75년 동안 주가의 움직임에 대한 연간, 월간, 주간, 일간, 시간, 30분 단위 데이터까지 미국 주식시장의 변화를 주의 깊게 살폈다. 당시 미국의 다우존스는 중요 기업 30개의 주식 가격을 이용하여 평가를 내렸는데, 이때 그는 주식시장에도 자연계에서 나타나는 것과 같이 조화로운 변화가 있다는 것을 알아냈다.

1939년, 엘리엇은 자기 이론을 체계화하여 '엘리엇 파동 원리Elliot Wave Principle'를 발표했다. 이 원리에 따르면 주식시장은 항상 같은 주기를 반복하며, 각 주기는 정확하게 8개의 파동으로 구성된 두 단계로 이루어져 있으며, 상승하는 주식 가격과 하락하는 주식 가격의 시점이 피보나치수열과 관련 있다는 것이다.

엘리엇 파동 원리는 1987년 미국 주식시장의 폭락 사태를 예견하여 최상의 주식 예측 도구로 각광받았으나, 이 이론은 원래 다우지수와 같은 전체 주가지수의 움직임을 바탕으로 연구했기 때문에 개별 종목에 적용하기에는 무리가 있다. 그래서 증권가에서는 이 이론을 바탕으로 다양한 소프트웨어를 개발하여 사용하고 있다.

26

모든 사람의 선거권을 요구한 차티스트운동
선거의 정당성

19세기 유럽

우리에게도 선거권을 달라, 차티스트운동

시민의 성장으로 정치 주체가 귀족과 지주에서 벗어나 확대됐는데도 일반 시민의 선거권이 제한되자 영국에서는 차티스트운동이, 프랑스에서는 7월 혁명과 2월 혁명이 일어났다.

영국은 일찌감치 의회 민주주의를 도입하고 산업혁명을 바탕으로 경제적인 번영을 누렸지만 정치 참여의 수단인 선거권 문제가 등장했다.

도시에 공장들이 들어서자 농촌에서 일자리를 잃은 사람들이 도시로 대거 이동했지만, 선거구는 예전 그대로여서 농촌의 지주들에게는 유리하고 도시의 산업자본가들에게는 불리했다. 심지어 맨체스터 같은 주요 산업도시가 의석을 가지지 못하는 현상도 나타났다. 그러자 1832년에 그레이 수상이 이끄는 휘그당이 선거법을 개정하여 공업 도시에 의석이 많이 할당되도록 조정하고, 경제적인 여유가 있는 중산층도 선거권을 가지도록 자격을 완화하여 산업자본가 유권자가 늘어났다. 이 선거법 개정은 영국 사회의 주도 세력이 귀족과 지주에서 산업자본가로 바뀌어갔다는 것을 의미한다.

일반 노동자들도 선거법 개정에 많은 힘을 보탰지만 아무런 혜택을 받지 못한 채 선거권도 얻지 못했다. 그래서 1838년에 노동자들은 보통선거와 비밀투표 등의 내용을 담은 '인민헌장People's Charter'을 내걸고 차티스트운동을 전개했다. 런던과 버밍엄을 중심으로 전국적인 운동이 벌어졌고, 북부 공업지역에서는 선전전을 펼치는 방법으로 수백만 명의 서명을 얻어 의회에 청원하고 파업과 봉기까지 일으켰다.

한편 프랑스에서도 선거권을 쟁점으로 1830년 7월 혁명, 1848년 2월 혁명이 일어났다. 7월 혁명은 나폴레옹이 실각한 후 다시 들어선 부르봉 왕가의 샤를 10세가 전제정치를 펴면서 자신을 반대하는 부유한 시민계급의 선거권을 박탈하자 자유주의자와 노동자들이 함께 들고 일어나 왕을 추방하고 입헌군주제를 세웠다. 7월 혁명으로 '국민의 왕'으로 추대된 루이 필리프는 점차 왕정주의와 보수주의로 변해갔고, 납세액에 따라 선거권을 제한적으로 부여하여 은행가와 대자본가가 의회를 독점했다. 이에 따라 중소 자본가, 노동자, 사회주의자들이 2월 혁명을 일으켜 왕정을 타도하고 공화정을 세웠지만, 이번에는 의회에서 다수를 차지한 자유주의자들이 노동자들에게는 선거권을 주지 않았다.

영국의 차티스트운동도 보통선거를 획득하지 못한 채 퇴조해 갔다. 그러다가 1867년과 1884년에 선거법을 개정하여 일정 재산이 되는 사람에게도 선거권을 확대하자 일부 노동자와 농민이 선거권을 얻었다.

보통선거는 모든 국민이 정치의 주체가 되는 참정권의 핵심이다. 시민혁명 이후 영국, 프랑스 등 유럽 각지에서는 모든 시민의 선거권을 획득하기 위한 투쟁을 오래도록 벌인 것도 그 때문이다. 재산, 계층, 성별 제한 없이 자국민이라면 누구나 선거권을 가지는 보통선거는 영국에서는 1928년에, 프랑스에서는 1944년에 이르러서야 실현됐는데, 특히 '혁명의 나라' 프랑스가 터키(1930년에 여성에게도 선거권을 부여했다)보다 더 늦었다는 것은 아이러니하다.

부자가 되어라, 그러면 선거권을 얻을 수 있다

1832년 1차 선거법 개정에서 영국은 의원 자격을 완화하여 신분 제한을 철폐함으로써 귀족이 아닌 사람에게도 정치의 길을 열어줬다. 하지만 일정 액수 이상의 세금을 납부한 사람만이 의원에 출마할 수 있는 자격을 부여받아 '돈'이 많은 자본가들에게만 의회의 문이 열린 셈이었다.

이같이 차별적인 선거법에 반발하여 '인민헌장'을 만든 사람은 윌리엄 러벳이다. 인민헌장은 남성의 보통선거권부터 균등한 선거구 설정, 비밀투표, 매년 선거, 의원의 보수 지급, 의원 출마자의 재산 자격 제한 폐지까지 여섯 가지 요구 조항을 담고 있다. 이 여섯 조항을 차트^{chart}로 정리해서 '차티스트운동^{Chartist Movement}'이라는 이름이 붙었다. 이 운동은 당시 비참했던 노동자들의 요구를 반영하고 드러낸 것이다.

에드워드 오코너가 인민헌장을 지지하면서 전국을 돌아다니며 연설회를 개최하여 차티스트운동은 전국적으로 확산됐다. 그래도 의회가 청원을 거부하자 파업을 하고 무장봉기까지 일으켰지만 주동자들은 추방되거나 체포되어 감옥에 갇혔다. 1848년에 프랑스에서 2월 혁명이 일어나는 등 유럽 대륙이 혁명의 열기로 가득 찼을 때 영국 노동자들은 다시 의회에 청원서를 제출했지만 이번에도 의회는 간단히 묵살했다. 그 뒤 차티스트운동은 전국적인 운동으로서는 호소력을 잃고 명맥만 간신히 유지하면서 퇴조했다.

영국이 여러 차례에 걸쳐 선거법을 개정하고도 의원 자격이나 선거권 자격을 돈으로 제한했던 것처럼 프랑스도 그러했다. 프랑스혁명이 일어난 후 선거를 치렀을 때도 사람들을 '능동적인 시민'과 '수동적인 시민'으로 나누어 능동적인 시민에게만 선거권을 줬다. 이때 능동과 수동의 차이는 성격이 아니라 당연히 돈이었다.

프랑스는 1830년의 7월 혁명으로 입헌군주제를 실시하는 등 자유주의 정책을 펼쳤지만 그다지 나아진 점이 크게 없었고, 특히 선거권 제한은 많은 사람들의 불만을 살 수밖에 없었다. 선거권이 확대되긴 했지만 당시 프랑스 인구 3천만 명 중 선거권을 행사할 수 있는 사람은 고작 16만 명 정도였고, 그마저도 연간 200프랑 이상의 세금을 납부하는 부자들로

차티스트 폭동 현장
1886년에 출간된 '빅토리아 여왕 시대의 진실한 이야기들'
이라는 책에 실린 삽화이다.

CHARTISTS' RIOTS.

제한됐다. 자유주의자들과 함께 목숨을 걸고 혁명을 일으켰던 일반 민중들로서는 허탈할 따름이었다. 프랑스 정치철학자 알렉시스 토크빌은 "모든 일이 주주의 이익을 위해 이루어지는 일종의 주식회사"라며 당시 정치를 비판했다. 시민들이 친親부자 보수 정책을 비판하며 반발해도 그들이 추대한 루이 필리프 왕은 물론 당시 프랑스 수상 프랑수아 기조도 끄떡하지 않았다.

기조는 시민들이 계속 선거권을 요구하자 "일해서 부자가 돼라. 그러면 선거권을 얻을 수 있다"고 응수했다. 프랑스혁명과 7월 혁명을 치러낸 시민들이 기조의 사임을 요구했을 때는 "선거 개혁을 하느니 차라리 내가 사임하는 게 백 번 낫다"고 응수했다. 개혁주의자들이 모임을 가지고 이런 정책을 성토하자 기조는 그것마저 금지했고, 이런 갈등들이 쌓이다 못해서 2월 혁명이 일어난 것이다.

이상한 선거구 '포켓 선거구'와 '부패 선거구'

1832년 영국의 제1차 선거법 개정에서는 대대적인 선거구 조정이 있었는데, 그때 '포켓 선거구'와 '부패 선거구'가 폐지됐다.

포켓 선거구Pocket Borough는 단어 그대로 한 개인이 자기 주머니처럼 차고 있는 선거구이다. 자기 선거구의 유권자들을 지대나 소작료 등으로 지배하고 있었기 때문에 출마만 하면 당연히 당선됐다. 그래서 일종의 투기 대상이 되어 이런 포켓 선거구를 돈으로 사려는 정치 지망생들이 많았다.

부패 선거구Rotten Borough는 인구가 많이 줄었는데도 할당된 의원의 자릿수는 그대로인 선거구를 말한다. 어떤 농촌 지역은 의원이 2명인데 유권자가 50명밖에 안 되기도 했다. 농촌에서 도시로 사람들이 떠나갔는데도 선거구는 예전과 똑같은 데에서 비롯된 현상이었다. 그러다 보니 남부 농촌 지역은 인구 300만 명에 236석이나 차지하고, 북부 공업지역은 인구 400만 명에 68석밖에 차지하지 못했다.

포켓 선거구와 부패 선거구를 폐지하면서 귀족과 지주 출신의 의원 수는 줄어들고 도시 자본가와 은행가들의 의원 수는 늘어났다.

그런데 원래 기조는 7월 혁명 당시에 중요한 역할을 담당한 자유주의 역사가로 소르본 대학교에서 교수로 재직할 때는 샤를 10세의 왕정을 비판하다가 해직되기도 했던 사람이다. 7월 혁명으로 수립한 7월 왕정에 수상으로 입각하자마자 기조는 지금까지와는 완전히 다른 태도로 돌변하여 현실을 절대 바꾸지 않으려는 완고한 보수주의자가 되어버렸다. 혁명을 주도하여 새 왕정을 세우고 수상이 된 뒤 하원에서 "무질서는 운동이 아니다. 혼란은 진보가 아니다. 혁명적인 상태는 사회가 진정으로 진보하는 상태가 아니다"라고까지 말한 것이다.

기조는 자유와 질서를 파괴하는 제도로 보통선거를 규정하고, 선거권 확대를 주장하는 사람들을 자유와 민주주의에 대해 아무것도 모르는 사람으로 몰아세웠다. 정치적인 자유의 확대를 사회에 대한 위협으로 간주했던 것이다. 그는 일정한 돈을 가진 사람만이 정치적인 자유와 선거권을 가질 수 있다고 여겼다.

선거 방법과 투표 권한으로 이루어지는 선거의 정당성

선거는 각 개인들의 의사를 반영하여 집단 안에서 하나의 통합된 결과를 이끌어내는 과정이다. 대통령이나 국회의원부터 노동조합의 위원이나 위원장까지 집단의 대표자를 선출할 때는 물론 올림픽이나 월드컵 개최지의 선정과 같은 중요한 의사 결정을 내릴 때도 선거를 이용한다.

선거에는 여러 종류가 있다. 먼저 선거권의 부여에 따라 보통선거와

1911년 영국 상원의원의 의회 투표 모습

제한선거로 나뉘는데, 보통선거는 일정 연령 이상의 모든 주민에게 선거권을 부여하는 제도이고 제한선거는 재산·납세액·지식·성별 등의 조건을 만족시키는 사람에게만 선거권을 부여하는 제도이다. 또한 투표의 가치에 따라 평등선거와 차등선거로 나뉘는데, 평등선거에서는 모든 투표자가 행사한 투표의 가치가 동등하지만 차등선거에서는 투표자의 일정한 조건에 따라 투표의 가치가 달라진다.

투표 내용의 공개 여부에 따라서는 비밀선거와 공개선거로 나뉘는데, 비밀선거에서는 투표자 이외에는 아무도 본인의 투표 내용을 알 수 없는 반면 공개선거에서는 투표자 본인의 투표 내용을 제3자에게 공개한다. 공개선거의 가장 대표적인 예가 바로 흑백투표이다. 마지막으로 투표자가 누구냐에 따라 직접선거와 간접선거로 나뉘는데, 직접선거는 선거권을 가진 사람이 직접 후보자를 선택하는 제도이고 간접선거는 선거권을 가진 사람이 선거인단을 선출한 후 그 선거인단의 투표를 통해 당선자를 결정하는 제도이다.

선거의 종류가 다양하기 때문에 각각의 선거 방법에 따라 여러 문제점들이 발생할 수 있다. 수학적으로도 이런 문제점들을 해결할 수 있는데, 선거 방법에 따라 당선자를 정하는 방법과 투표 권한이 다른 경우에 당선자를 정하는 방법 두 가지로 크게 나누어 생각해 보자. 수학에서 선거의 방법과 투표의 권한을 비교하고 연구하는 것을 '선거의 정당성'이라고 한다.

먼저 앞에서 소개한 선거 방법 중에서 당선자를 정하는 방식에 따라 분류하면 다음과 같이 다섯 가지로 나눌 수 있다.

① 1위를 가장 많이 차지한 후보를 당선자로 정한다.

② 1위를 차지한 표의 수가 과반수를 넘는 후보를 당선자로 정한다.

③ 각각의 투표용지에서 각 순위에 해당하는 점수를 주고, 모든 투표용지의 점수를 합한 뒤 가장 높은 점수를 받은 후보를 당선자로 정한다.

④ 1위를 가장 적게 차지한 후보를 차례로 제외하여 마지막에 남은 후보를 당선자로 정한다.

⑤ 두 후보 사이에 선호도를 비교하여 우세한 후보에게는 1점, 열세한 후보에게는 0점, 비겼을 때는 두 후보에게 0.5점을 주고 각 후보가 얻은 점수의 합을 구하여 그 합이 가장 높은 후보를 당선자로 정한다.

예를 들어 학생이 37명인 어느 반에서 학급 회장을 선출하는 선거를 했다. 학생들 모두에게 투표용지를 한 장씩 나눠주고 자신이 좋아하는 4명의 후보 A, B, C, D를 순서대로 적게 했다. 그리고 학생들의 투표용지를 모아서 개표하니 다음과 같은 결과를 얻었다. 이 결과를 바탕으로 앞에서 말한 다섯 가지 방법에 따라 당선자를 정해보자.

투표 용지	투표 용지	투표 용지	투표 용지	투표 용지
1위 : A	1위 : C	1위 : D	1위 : B	1위 : C
2위 : B	2위 : B	2위 : C	2위 : D	2위 : D
3위 : C	3위 : D	3위 : B	3위 : C	3위 : B
4위 : D	4위 : A	4위 : A	4위 : A	4위 : A
총 14표	총 10표	총 8표	총 4표	총 1표

방법 ①에 따라 1위를 가장 많이 차지한 학생을 회장으로 선출한다면 당선자는 총 14표를 받은 A가 된다. 그렇지만 방법 ②에 따라 1위를 차지한 표의 수가 과반수를 넘는 학생을 회장으로 선출한다면 A의 득표수가 과반수(18명)를 넘지 못하므로 당선자가 아니다.

방법 ③에 따라 각 투표용지에서 1위를 차지한 학생에게는 4점, 2위를 차지한 학생에게는 3점, 3위를 차지한 학생에게는 2점, 4위를 차지한 학생에게는 1점을 주고 모든 투표용지의 점수를 합하여 회장을 선출하는 경우를 생각해 보자. 그러면 다음과 같은 결과로 당선자는 B가 된다.

A $4 \times 14 + 1 \times 10 + 1 \times 8 + 1 \times 4 + 1 \times 1 = 79$

B $3 \times 14 + 3 \times 10 + 2 \times 8 + 4 \times 4 + 2 \times 1 = 106$

C $2 \times 14 + 4 \times 10 + 3 \times 8 + 2 \times 4 + 4 \times 1 = 104$

D $1 \times 14 + 2 \times 10 + 4 \times 8 + 3 \times 4 + 3 \times 1 = 81$

한편 학생들의 선거 결과를 화살표로 나타내면 다음과 같아진다.

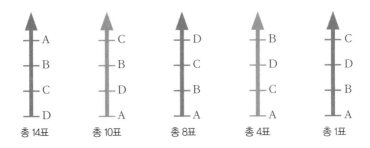

이 그림에서 1위를 가장 적게 차지한 학생 B를 지운 후 다시 그리면 다음과 같다.

계속해서 다시 1위를 가장 적게 차지한 학생 C를 삭제한 후 다시 그리면 다음과 같다.

이와 같이 방법 ④에 따라 1위를 가장 적게 차지한 학생을 차례로 제외하여 마지막에 남은 학생을 회장으로 선출한다면 D가 당선된다.

마지막으로 방법 ⑤에 따라 두 학생의 선호도를 비교하여 우세한 학생에게는 1점, 열세한 학생에게는 0점, 비겼을 때는 두 학생에게 모두 0.5점을 주기로 했다고 가정하자. 예를 들어 A와 B를 비교하면 A가 우세한 것은 14표, B가 우세한 것은 23표로 A : B=14 : 23이므로 A는 0점, B는 1점을 얻는 것이다. 이와 같이 두 학생끼리 비교하면 다음 표를 얻는다.

후보 사이의 비교	득표수	점수
A : B	14 : 23	A : 0점, B : 1점
A : C	14 : 23	A : 0점, C : 1점
A : D	14 : 23	A : 0점, D : 1점
B : C	18 : 19	B : 0점, C : 1점
B : D	28 : 9	B : 1점, D : 0점
C : D	25 : 12	C : 1점, D : 0점

따라서 A가 얻은 점수는 0점, B가 얻은 점수는 2점, C가 얻은 점수는 3점, D가 얻은 점수는 1점이므로 C가 당선자로 선출된다.

결국 어떤 선거 방법을 따르느냐에 따라 학생 A, B, C, D가 각각의 경우에 회장으로 당선될 수 있다. 그래서 누구나 합리적이라고 인정할 수 있는 선거 방법을 결정하는 일은 매우 어렵다.

이번에는 투표 권한에 관해 알아보자. 이 방법은 주식회사의 주주총회에서 이용되고 있으며, 영국의 옥스퍼드 대학교와 케임브리지 대학교 선거구에서는 재산이나 교육 정도에 따라 2~3표를 더 주고 있다. 특히 국제수학자연맹IMU에서는 회원국의 수학 수준을 평가하여 1~5등급을 부여하고 각 나라들은 IMU의 중요한 의사 결정 과정에서 등급만큼의 투표권을 행사한다. 우리나라는 1993년에 1등급에서 2등급으로 승격된 이후 2005년에 IMU의 초청 강연자 3명을 배출하는 등 그 성과를 인정받아 2007년에 이례적으로 4등급으로 두 단계나 승격됐다. 가장 높은 5등급에는 독일, 러시아, 미국, 영국, 이탈리아, 일본, 프랑스, 캐나다, 이스라엘이 속해 있고 우리나라와 같은 4등급에는 네덜란드, 브라질, 스위스, 스웨덴, 인도 등이 속해 있다. 현재 중국은 3등급, 대만은 2등급에 속한다. 따라서 IMU에서 우리나라의 투표 권한은 4표이다.

IMU에서뿐만 아니라 국제사회에서도 우리나라의 위상은 날로 높아지고 있다. 여기에서 투표 권한이 다른 선거에 관한 예를 국제회의로 알아보자.

어떤 국제회의에서 우리나라, 미국, 중국, 일본이 안건의 결정권을 갖는데, 각 나라의 투표 권한은 각각 8표, 4표, 2표, 1표라고 가정하자. 이 회의에서 제안된 안건이 통과하려면 6표 이상의 찬성이 필요하다. 이때 네 나라가 투표에 미치는 영향력에 대해 살펴보자.

우리나라, 미국, 중국, 일본의 투표 권한이 각각 8표, 4표, 2표, 1표이고 찬성이 6표 이상인 경우에 안건이 통과되므로 투표 결과로 나올 수 있는 모든 경우와, 각 경우의 통과 또는 부결을 표로 나타내면 다음과 같다.

찬성	찬성표수	통과 또는 부결
없음	0	부결
① 한국	8	통과
미국	4	부결
중국	2	부결

찬성	찬성표수	통과 또는 부결
일본	1	부결
② 한국, 미국	12	통과
③ 한국, 중국	10	통과
④ 한국, 일본	9	통과
⑤ 미국, 중국	6	통과
미국, 일본	5	부결
중국, 일본	3	부결
⑥ 한국, 미국, 중국	14	통과
⑦ 한국, 미국, 일본	13	통과
⑧ 한국, 중국, 일본	11	통과
⑨ 미국, 중국, 일본	7	통과
⑩ 한국, 미국, 중국, 일본	15	통과

위의 표에서 어느 한 나라가 찬성에서 반대로 바꾸어 안건이 통과에서 부결로 바뀌는 경우의 수와 각 나라의 영향력을 구하면 다음과 같다.

국가	통과에서 부결로 바뀌는 경우의 수	비율 = $\dfrac{각\ 경우의\ 수}{합계}$
한국	6(①, ②, ③, ④, ⑦, ⑧)	$\dfrac{6}{10} = \dfrac{3}{5}$
미국	2(⑤, ⑨)	$\dfrac{2}{10} = \dfrac{1}{5}$
중국	2(⑤, ⑨)	$\dfrac{2}{10} = \dfrac{1}{5}$
일본	0	0
합계	10	1

따라서 한국, 미국, 중국, 일본이 투표에 미치는 영향력은 각각 $\dfrac{3}{5}$, $\dfrac{1}{5}$, $\dfrac{1}{5}$, 0이다.

생물진화론을 기계적으로 수용한 사회진화론

집합

19세기 서양

다윈의 『종의 기원』,
일파만파로 영향을 미치다

찰스 다윈은 종種은 자연선택에 의해 스스로 진화해 왔다는 진화론을 발표했는
데, 이것은 당시 종교관과 세계관뿐만 아니라 여러 분야에 엄청난 영향을 미쳐
사회진화론으로까지 이어졌다.

19세기는 과학의 세기라고 해도 과언이 아닐 정도로 물리학, 화학, 생물학 등 자연과학의 각 분야에서 획기
적인 발견들이 잇달았다. 그중에서도 당대에 가장 커다란 반향을 불러일으킨 것은 찰스 다윈의 진화론이다.
영국에서 부유한 의사의 아들로 태어난 다윈은 처음에는 에든버러 대학교에 들어가서 의학을 공부했지만
적응하지 못했고, 다음에는 케임브리지 대학교로 옮겨서 신학을 공부했지만 생물학과 지질학에 더 많은
관심을 가졌다. 졸업 후 스물두 살 때인 1831년에 탐사선 비글호에 승선한 다윈은 5년 동안 남아메리카의
갈라파고스 섬과 남태평양의 여러 섬들, 오스트레일리아 일대를 탐사하며 항해했다. 이때 다윈은 생물학자
가 아니라 무보수 탐험 대원으로서 선장의 지적인 욕심에 따라 승선하게 된 것이었다.

탐사 항해를 마치고 돌아온 다윈은 1839년에 『비글호 항해기』를 썼고, 자연계의 생태를 연구한 결과를 정
리하여 20년 뒤인 1859년에 '자연도태에 의한 종의 기원에 관하여'를 발표했는데, 이것이 바로 『종의 기원』
이다.

다윈은 생물은 하등 생물에서 고등 생물로 점차 진화했고, 지금의 다양한 생물에 이르기까지는 하나의 조
상이 세대를 거듭하면서 변이를 일으키고 이것이 유전되어 갈라졌으며 환경에 적합하지 않은 변종은 자연
도태됐다고 주장했다. 다윈 이전 수천 년 동안 서양 사람들은 자연에 있는 모든 종種은 본질적인 불변의
특질들을 가지고 있고, 같은 종 사이의 차이는 우연적인 차이에 지나지 않기 때문에 종은 절대 변하지 않
는다고 생각했다. 게다가 그리스도교가 전파되면서 그 본질이 어디에서 왔으며 무엇인가에 대해 '위대한
설계자', 즉 신이 각각의 종을 독자적으로 설계하여 창조했다고 굳게 믿었다.

그런데 다윈의 『종의 기원』은 그런 설계도, 설계자도 존재하지 않으며 종들은 자연스럽게 발생했고 어떤
외부의 도움 없이 스스로 변이 과정을 통해 진화했다고 주장했다. 다윈의 주장은 지구상의 모든 생물체는
신의 뜻으로 창조되고 지배된다는 창조설을 완전히 뒤집는 것이었다. 다윈은 진화론으로 니콜라우스 코페
르니쿠스가 지동설을 발표했을 때만큼이나 세상을 놀라게 했고 당시 사람들의 세계관을 바꿔버렸다. 그리
하여 당대뿐만 아니라 후대에도 과학을 넘어 철학, 신학, 인간관, 사회관 등 거의 모든 분야에 막대한 영향
력을 끼쳤다.

그중에서 다윈의 이론을 인간 사회에까지 확대하여 적용시킨 것이 사회진화론이다. 영국의 허버트 스펜서
가 처음 이 개념을 사용했는데, 인간 사회도 생태계처럼 단순하고 동질적인 것에서 복잡하고 이질적인 것
으로 진화해 가며, 이 과정에도 자연도태와 적자생존의 법칙이 적용된다고 주장한 것이다. 사회진화론은
제국주의 세력들이 열렬히 환영하여 식민지 지배, 인종차별주의, 나치즘을 옹호하는 이론적인 근거가 되기
도 했다.

동식물이 생물진화론이면 인간 사회는 사회진화론?

찰스 다윈은 『종의 기원』에서 인간에 대해서는 자세히 언급하지 않았다. 인간이 신의 거룩한 창조물이 아니라 원숭이에서 진화한 동물이라는 주장이 불러일으킬 충격을 염려했기 때문이다. 그로부터 10년 뒤에야 다윈은 『인간의 유래』를 발표하여 인간의 진화에 대해 설명했다. 하지만 1859년 11월 24일, 영국 런던의 존 머레이 출판사에서 처음 『종의 기원』을 출간했을 때 판매용으로 인쇄한 초판 1,170권이 서점에 진열되자마자 하루 만에 다 팔린 것만 보더라도 다윈의 진화론은 시작부터 엄청난 사회적인 파장을 몰고 왔다.

다윈이 주장한 대로 모든 생물체가 하나의 조상이 세대를 거듭하여 내려온 결과라면 '인간은?'이라는 질문을 당연히 떠올렸을 테고, 그렇다면 인간의 조상은 원숭이라는 도저히 상상할 수 없는 단순한 답 앞에서 상류 계층의 여염집부터 종교계와 지성계에 이르기까지 연일 시끄러웠다.

신이 만물을 창조했고 인간은 신의 특별한 창조물이라는 기독교의 기저를 뒤흔드는 것이어서 교회는 진화론을 강력하게 배척하고 다윈의 책을 읽거나 가르치는 행위를 금지했다. 1880년대 영국 버밍엄 주교의 부인은 다윈의 이론을 듣고 남편에게 이렇게 말했다고 한다. "여보, 이 이론이 사실이 아니길 기도해요. 만약 사실이라면 사람들에게 알려지지 않길 기도해요." 다윈의 이론 역시 하나의 가설이기 때문에 여전히 진화론을 받아들이지 않는 사람들도 많아서 150년이 지난 지금까지 미국에서는 학교 교육과정에서 진화론을 가르치는 것에 대해 논쟁이 계속되고 있다.

다윈의 진화론은 인간관에도 많은 영향을 미쳤다. 정신과 자유의지를 가진 특별한 존재인 인간이 여느 동물과 다름없이 진화 과정에서 생겨났다면 인간은 과연 어떤 존재인가라는 근본 질문들을 낳게 된 것이다. 이처럼 진화론은 모든 분야에 파장을 불러일으켰는데 사회진화론도 그중 하나이다. 사회진화론자들은 다윈이 생물계에서 발견한 자연선택을 개인, 집단, 인종에게 적용했다.

그들은 개인적인 약자는 줄어들면서 영향력을 상실하고 강자는 강력해지면서 영향력이 커진다고 주장했다. 그리고 그런 인간들이 모여 사는

찰스 다윈의 초상화와 당시 다윈을 원숭이로 풍자한 그림

인간 사회의 생활을 적자생존이 지배하는 경쟁과 투쟁으로 바라봤다. 개인과 마찬가지로 사회 역시 그런 방식으로 진화하는 유기체라고 바라봤기 때문에 자본주의적 자유주의와 정치적 보수주의의 논리가 됐다. 재산이 많은 사람은 자연적으로 우월한 속성을 가지고 있고, 생존경쟁에서 이겨서 부자가 됐으므로 사회적 불평등은 지극히 자연스러우니, 국가가 이를 조정하는 것은 자연적인 법칙을 거스르는 것과 같다는 논리이다. 사회진화론의 관점에서는 가난한 사람이 도태되는 것이 마땅했다.

사회진화론은 다른 민족이나 인종과의 관계에서 제국주의, 식민주의,

인간과 인간 사이의 생존경쟁

찰스 다윈의 『종의 기원』에서 가장 중요한 부분은 3장과 4장이다. 3장의 제목은 '생존경쟁 Struggle of Existence'이고 4장의 제목은 '자연도태, 혹은 적자생존Natural Selection or Survival of the Fittest'이다. 살아남기 위한 치열한 싸움을 가리켜 '생존경쟁'이니 '적자생존'이니 표현하는 것은 여기에서 유래한다.

'약육강식'이라는 말도 많이 쓰는데, 이 말은 중국 고서에서 유래한다. 당의 한유가 쓴 「승문창을 보내는 글」에 '약지육 강지식弱之肉 强之食'이라는 구절이 있는데, '새가 아래를 바라보며 먹이를 쪼고 있을 때도 주위를 두리번거린다. 짐승이 굴속에 숨어 있을 때도 때때로 머리를 내밀고 살핀다. 무엇이 자신을 해치지 않을까 두려워한다. 그런데도 당하는 것은 당하게 마련이다. 약한 것의 고기는 강한 것의 먹이이다'라는 것이다. 한마디로 약한 자는 강한 자의 먹이라는 뜻이다.

진화론과 직접적인 관련은 없지만 인간과 인간 사이의 갈등을 표현하는 말들 중에는 "인간 관계는 늑대이다(Homo Homini Lupus, 인간은 다른 인간에게 늑대이다"라는 표현도 있다. 이 말은 고대 로마의 희극작가인 티투스 마치우스 플라우투스의 작품에 나온다. 이 표현은 훗날 프랜시스 베이컨과 토머스 홉스가 이용했다. 그런데 실제로 늑대는 집단 동물이라 무리에 싸움이 일어나는 일은 없다고 한다.

인간끼리, 사회끼리 갈등과 투쟁이 많기 때문에 그 같은 표현들이 적절하다고 생각하는 사람들도 있지만, 인간의 사회와 역사를 생존경쟁 하나의 법칙으로 회귀시키는 데는 많은 무리가 따른다.

인종주의를 합리화하는 데 이용됐다. 강대국이 약소국을 지배하고 말살하는 것은 자연스러운 법칙에 따른 행위이고, 이런 과정이 진보라고 생각했다. 사회진화론은 제국주의 국가들뿐만 아니라 식민지의 지식인들에게도 영향을 줘서 자기 나라가 식민지로 전락한 것이 당연하다고 여기며 체념하고 받아들이는 사람들도 나타났다.

인종주의는 유전되는 신체적인 특징, 성격, 지능, 문화 사이에 인과관계가 있다는 것으로, 어떤 인종은 자연적으로 다른 인종보다 우수하다는 생각이 깔려 있다. 앵글로색슨계의 영국인, 미국인, 독일인이 아시아인, 아프리카인, 슬라브인에 대해 가진 인종적인 우월 의식은 여기에서 비롯됐

비판받는 사회진화론

많은 사람들이 사회진화론을 비판하면서 우리가 극복해야 할 사회 이론이라고 자성한다. 사회진화론은 찰스 다윈의 진화론을 인간 사회에 적용했지만, 그것은 진화의 개념을 제대로 이해하지 못하고서 잘못 적용했다는 것이다. 다윈 자신은 '진화evolution'라는 개념 대신 주로 '세대 간 돌연변이transmutation', 또는 '수정된 상속descent with modification'이라는 표현을 써서 하등 생물과 고등 생물로 나누어 바라보는 시각을 경계했다. 그러나 시간이 갈수록 진화라는 단어로 고착됐다.

한편 진화가 종種의 진보인가, 다양화인가에 대해 생물학계가 여전히 논쟁 중인데도 사회진화론자들은 진화를 진보로 규정하고 약자는 도태되고 강자는 살아남는 것이 인류 역사의 진보라고 비약했다. 인류의 사회만 보더라도 사회는 진보하기만 하는 것이 아니라 전쟁, 질병, 재난 등으로 멸망하거나 퇴보하기도 한다.

또한 사회진화론은 주로 인간과 인간, 사회와 사회의 불평등이나 지배를 합리화할 때 적자생존과 약육강식을 이용했지만, 다윈의 진화론에서 자연도태는 환경에 대한 종의 적응이 핵심이지 같은 종끼리의 갈등이나 투쟁에 적용되지는 않았다.

아돌프 히틀러가 적극적으로 이용한 인종주의에 대해서도 나치스가 열등 인종이라고 학살한 유대인과 독일인을 신체적인 특징만으로는 구별하기 어렵다는 점, 전혀 인종적으로 다른 일본과 함께 동맹국을 이루었다는 점 등을 들어 비판의 목소리가 높다. 이처럼 사회진화론은 강자의 횡포나 지배를 정당화하는 도구로 쓰이는 데 불과했을 뿐이다.

다. 한 예로 사회진화론의 동조자 앨프리드 러셀 월리스는 다음과 같이 말했다. "유럽인은 신체적인 자질에서와 마찬가지로 지적, 도덕적인 자질에서도 다른 인종보다 우월하다. 유럽인을 오늘의 문화와 진보로 이끈 그 힘으로 유럽인은 야만인을 정복하고 그 수를 늘려 나가는 것이다." 나치즘은 이런 인종주의를 적극적으로 받아들여 유대인과 집시를 비롯한 다른 인종을 대량 학살했다.

혈액형 연구와 집합

20세기에 이르러 백인종이 우월하다는 인종 우월주의를 입증하기 위해 사람의 혈액형을 이용하기도 했다. 혈액형에 관한 체계적인 연구는 19세기 말부터 시작됐다.

혈액형의 발견

ABO식 혈액형을 발견한 사람은 카를 란트슈타이너이다. 그는 서로 다른 사람들에게서 채취한 혈액을 혼합하던 중 혈구가 서로 엉켜서 작은 덩어리를 형성하는 것을 발견하고, 1901년에 혈액이 응집되는 성질을 이용하여 사람의 혈액형을 세 가지로 분류할 수 있다는 사실을 발표했다.

이듬해에 알프레트 폰 데카스텔로와 아드리아노 스툴리가 혈액형을 하나 더 제시하여 사람의 네 가지 혈액형이 확립됐다. 이것이 보통 우리가 알고 있는 A형, B형, AB형, O형 네 가지의 ABO식 혈액형이다.

Rh식 혈액형은 란트슈타이너가 1940년에 붉은털원숭이의 혈액과 응집 반응 여부를 통해 구분했으며, Rh^+는 Rh 항원을 가지고 있는 경우이고 Rh^-는 아무것도 가지고 있지 않은 경우이다. 특히 동양인은 Rh^-형이 아주 드물어 수혈할 때 문제가 되기도 한다.

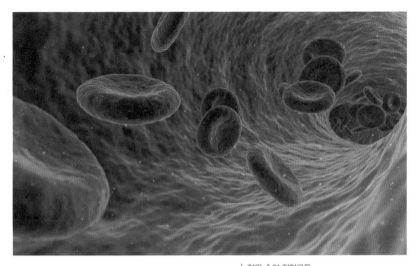

혈관 속의 적혈구들
혈액은 액체 성분인 혈장, 세포 성분인 혈구(백혈구, 적혈구, 혈소판)으로 이루어져 있다. 사진 속의 도넛 모양이 적혈구이고, 오른쪽 구석에 솜뭉치처럼 보이는 것이 백혈구이다.

혈액형은 적혈구의 세포막에 있는 항원인 여러 종류의 글리코프로틴(단백질에 다당류 곁가지가 붙은 것)에 의해 결정된다. 현재까지 알려진 적혈구 항원의 종류는 수백 종이고 혈액형도 수백 가지이지만 ,수혈할 때 문제가 되는 가장 중요한 것은 ABO식 혈액형과 Rh식 혈액형이다.

그렇다면 혈액형은 부모로부터 자식에게 어떻게 유전되는 것일까?

혈액형은 A, B, O 세 가지 유전자에 의해 결정된다. 이때 유전자 A와 B 사이에는 우성과 열성 관계가 없고, 유전자 A와 B는 유전자 O에 대하여 우성이다. 그래서 AO는 A와 O 형질을 모두 가지고 있지만 A가 우성이므로 A형이다. 마찬가지로 BO는 B형이다. 따라서 A형에는 AA와 AO, B형에는 BB와 BO가 있다. 반면 AB형은 A와 B가 동시에 있어야 하고, OO만이 O형이다. 이때 AA, AO, BB, BO, AB, OO는 유전자형이고, 이것들에서 혈액형으로 나타나는 A형, B형, AB형, O형은 표현형이라고 한다.

유전자의 우성과 열성은 좋고 나쁨을 뜻하는 것이 아니다. 예를 들어 사람에게 나타나는 유전형질 가운데 곧은 머리가 열성이고 곱슬머리가 우성이지만 곧은 머리는 나쁘고 곱슬머리는 좋다고 말하지 않는다. 또한 무조건 수가 많으면 우성이고 적으면 열성인 것도 아니다. 손가락이 정상보다 많은 다지증은 우성 형질이지만 다지증인 사람은 정상인에 비해 훨씬 적은 비율로 태어난다. 즉 우성은 좋은 형질도, 많이 나타나는 형질도 아니라는 것이다. 우성은 단지 대립 관계에 있는 순종 개체끼리 교배했을 때 잡종 제1세대에서 나타나는 형질일 뿐이다.

아래 왼쪽 그림은 유전형질이 AO인 아버지와 BO인 어머니에게 태어날 수 있는 자녀의 혈액형을 나타낸 수형도이다. 이 수형도에서도 드러나듯이 A형, B형, AB형, O형 모두 나올 수 있다. 아래 오른쪽 표는 부모와 자녀의 ABO식 혈액형 관계를 나타낸 것이다.

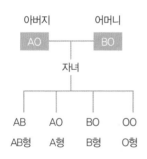

부모	자녀
A형×A형, A형×O형	A형, O형
B형×B형, B형×O형	B형, O형
A형×B형	A형, B형, AB형, O형
A형×AB형, B형×AB형, AB형×AB형	A형, B형, AB형
O형×O형	O형
AB형×O형	A형, B형

이제 ABO식과 Rh식을 모두 사용하여 혈액형의 종류를 분류해 보자. ABO식 혈액형에서는 A 항원이나 B 항원을 가지고 있거나 항원을 가지지 않은 것으로 분류한다. Rh식 혈액형에서는 Rh 항원을 가지고 있는 경

우 Rh⁺로, 가지지 않은 경우 Rh⁻로 분류한다. 이를 바탕으로 혈액형을 분류하면 다음 표와 같다.

ABO식 혈액형	가지고 있는 항원(Antigen)	Rh항원
A⁺	A 항원	Rh 항원을 가지고 있다.
A⁻	A 항원	Rh 항원을 가지고 있지 않다.
B⁺	B 항원	Rh 항원을 가지고 있다.
B⁻	B 항원	Rh 항원을 가지고 있지 않다.
AB⁺	A 항원과 B 항원	Rh 항원을 가지고 있다.
AB⁻	A 항원과 B 항원	Rh 항원을 가지고 있지 않다.
O⁺	항원을 가지고 있지 않다.	Rh 항원을 가지고 있다.
O⁻	항원을 가지고 있지 않다.	Rh 항원을 가지고 있지 않다.

위 표에서 분류된 혈액형은 벤다이어그램으로 나타내면 훨씬 편리하다. 그러나 부모와 자녀의 유전적인 것까지 고려하면 어렵고 복잡하기 때문에 여기서는 단순히 ABO식 혈액형과 Rh 항원이 있는지 없는지만 나타내자.

벤다이어그램은 19세기의 영국 논리학자 존 벤이 창안한 그림이다. 벤다이어그램은 1880년에 발표한 그의 논문『명제와 논리의 도식적, 역학적 표현에 관하여』에서 처음 소개되어 집합 사이의 관계를 도식화하는 도구로 사용되기 시작했다.

어떤 주어진 집합에 대하여 그것의 부분집합들을 생각할 때 처음에 주어진 집합을 '전체집합'이라고 하며 보통 U로 나타낸다. 전체집합 U의 원소 중에서 집합 A에 속하지 않는 원소로 이루어진 집합을 U에 대한 집합 A의 '여집합'이라고 하며 기호로는 A^C와 같이 나타낸다. 그리고 두 집합

A, B에 대하여 A와 B의 '교집합'은 $A \cap B$로 나타내고, A와 B의 '합집합'은 $A \cup B$로 나타낸다.

예를 들어 $A=\{1, 3, 5, 7\}$이고 $B=\{5, 7, 9\}$라면 $A \cap B=\{5, 7\}$, $A \cup B=\{1, 3, 5, 7, 9\}$이고 이를 벤다이어그램으로 나타내면 아래 그림과 같다.

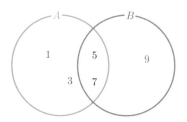

또한 두 집합 A, B에 대하여 A의 원소 중에서 B에 속하지 않는 원소로 이루어진 집합을 A에 대한 B의 차집합이라고 하며 기호로는 $A-B$와 같이 나타낸다. 즉 $A-B=\{x \mid x \in A$ 그리고 $x \notin B\}$이다. 앞의 두 집합 A, B에 대하여 $A-B=\{1, 3\}$이고 $B-A=\{9\}$이다. 그리고 벤다이어그램에서 확인할 수 있듯이 $A-B=A \cap B^C$임을 알 수 있다.

이제 벤다이어그램을 이용하여 앞에서 알아본 혈액형을 분류하자.

우선 전체집합 U를 우리나라 국민 모두라고 하고, 집합 A를 A 항원을 가지고 있는 사람, 집합 B를 B 항원을 가지고 있는 사람, 그리고 집합 Rh를 Rh 항원을 가지고 있는 사람이라고 하자. 그러면 혈액형은 집합 A, B, Rh를 사용하여 384쪽과 같이 나타낼 수 있고, 벤다이어그램은 그 옆에 있는 오른쪽 그림과 같다.

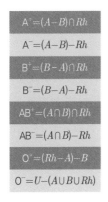

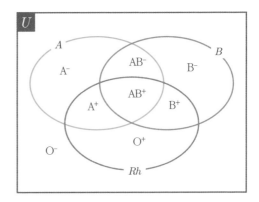

$$A^+=(A-B)\cap Rh$$
$$A^-=(A-B)-Rh$$
$$B^+=(B-A)\cap Rh$$
$$B^-=(B-A)-Rh$$
$$AB^+=(A\cap B)\cap Rh$$
$$AB^-=(A\cap B)-Rh$$
$$O^+=(Rh-A)-B$$
$$O^-=U-(A\cup B\cup Rh)$$

혈액형의 유전은 부모로부터 자녀에게 전해지는 것이다. 만일 부모 중 어느 한쪽이 없었다면 자녀는 태어나지 않았을 것이다. 그리고 한 사람이 태어나려면 반드시 부모 두 사람이 필요하다는 것에는 또 다른 흥미로운 수학이 숨어 있다.

예를 들어 내가 태어나려면 아버지와 어머니 두 분이 반드시 계셔야 한다. 또한 아버지가 태어나기 위해서도 할아버지와 할머니가 반드시 계셔야 하고, 어머니가 태어나기 위해서도 외할아버지와 외할머니가 반드시 계셔야 한다.

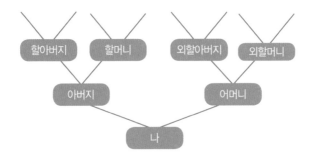

이렇게 계산하면 나의 1세대 전에는 2명, 2세대 전에는 $2 \times 2 = 2^2$명, 3세대 전에는 $2 \times 2 \times 2 = 2^3$명이 있어야 한다. 그와 마찬가지 이유로 4세대 전에는 2^4명이 있어야 하고, 좀더 생각을 넓히면 n세대 전에는 2^n명이 필요하다. 보통 30년을 1세대로 계산하므로 20세대 전인 600년 전에는 나의 직계 조상이 $2^{20} = 1048576$명이라는 계산이 나온다.

우리나라는 5천 년 역사를 자랑하는데, 이는 지금부터 약 165세대 전이다. 즉 우리 민족이 처음 한반도에 자리 잡았을 당시 나의 직계 조상은 2^{165}명이 있어야 한다. 그리고 그때부터 지금까지 직계 조상을 모두 더하면 $2^1 + 2^2 + 2^3 + 2^4 + \cdots + 2^{165} = 2^{166} - 2$명이다. 이처럼 내가 태어나기 위해서 어마어마한 사람들이 필요했던 것이다. 그들은 모두 역사의 한 장면을 만들면서 오늘에 이르렀다.

28

전투보다 더 치열한 첩보전

암호

20세기 세계대전

인류 역사상 최대의 전쟁을
두 번 치르다

20세기에 들어서면서 유럽 강국의 세력 다툼과 전체주의의 등장으로
인류 역사상 가장 큰 전쟁인 제1차 세계대전과 제2차 세계대전이 일어났다.

유사 이래 전쟁은 항상 벌어졌지만 세계의 많은 나라들이 한꺼번에 참여한 세계대전은 20세기에 두 번 일어났다. 1914년에 발발한 제1차 세계대전과 1939년에 발발한 제2차 세계대전이다. 제1차 세계대전은 1914년 7월 28일부터 1918년 11월 11일까지 4년 4개월 동안 계속됐는데 동맹국인 독일, 오스트리아, 오스만제국, 불가리아 네 나라와 협상국인 영국, 프랑스, 러시아, 일본, 이탈리아, 세르비아를 비롯한 스물일곱 나라가 맞붙어 싸웠다. 제1차 세계대전이 일어나기까지는 여러 요인들이 작용했다.

첫째, 유럽 강국들이 유럽 밖의 식민지를 서로 가지기 위해 세력 다툼을 벌였다. 일찍이 식민지를 개척한 영국, 프랑스, 네덜란드뿐만 아니라 뒤늦게 통일을 달성한 독일, 이탈리아와 미국, 러시아, 일본까지 자국의 식민지를 만들려고 세력을 넓히다 보니 자기들끼리 곳곳에서 부딪쳤다. 그래서 서로의 필요에 따라 영국이 주도하는 협상국과 독일이 주도하는 동맹국이 형성되어 팽팽하게 대립했다.

둘째, 슬라브 민족과 게르만 민족이 충돌했다. 발칸반도에서 세르비아를 중심으로 한 슬라브인들은 오스트리아를 적으로 삼았고, 오스트리아는 같은 게르만족인 독일과 함께 이를 저지했다. 그러다가 사라예보에서 오스트리아 황태자 부부가 슬라브인인 세르비아 대학생에게 암살당하면서 오스트리아가 세르비아에 선전포고를 했다. 그러자 같은 슬라브인인 러시아가 세르비아를 지원했으며, 독일은 오스트리아를 지원하여 러시아에 선전포고를 했고, 프랑스와 영국은 러시아를 지원하여 독일에 선전포고를 하는 식으로 서로 연쇄적으로 선전포고를 하면서 제1차 세계대전이 일어났다. 동맹국 2,500여만 명, 협상국 4,800여만 명의 병력이 동원됐고 양 진영 합쳐서 수천만 명이 전사했다.

제2차 세계대전은 추축국인 독일, 이탈리아, 일본 세 나라와 미국, 영국, 구소련을 비롯한 연합국 50여 나라가 싸웠다. 제1차 세계대전이 끝난 뒤 여러 나라들은 1920년대 말에 세계 경제공황이 닥치면서 시련을 겪게 됐다. 대공황을 겪으면서 독일, 이탈리아, 일본에서는 전체주의가 등장했다. 독일의 아돌프 히틀러, 이탈리아의 베니토 무솔리니, 일본의 군부는 상호 협정을 체결한 후 안으로는 강압 통치를 하고 밖으로는 노골적인 침략 전쟁에 나섰다. 1939년 9월 1일 독일이 폴란드를 침공하면서 영국과 프랑스가 선전포고를 했고, 중국을 침략하던 일본이 미국 하와이의 진주만을 기습하면서 전 세계가 전쟁의 불길에 휩싸였다. 이 전쟁은 인류가 벌인 전쟁 가운데 인명 희생과 재산 피해를 가장 많이 남겨서 군인이 2,500여만 명, 민간인도 3,000여만 명이나 죽었다. 무솔리니가 패배하고, 히틀러가 자살하고, 1945년 8월 15일 일본이 원자폭탄 공격에 항복하면서 세계대전은 끝났는데, 우리나라도 이때 일본으로부터 독립했다.

암호전도 치열했던 세계대전

인류 역사상 가장 넓은 지역에서 가장 많은 나라가 가장 많이 서로를 죽였던 두 차례의 세계대전은 과학기술의 발달이 낳은 모든 것을 전쟁터에 쏟아부었다. 그리고 전쟁에 이기기 위해 온갖 방법들이 동원되어 전쟁이 격렬한 만큼 첩보전과 암호전도 치열했다.

제1차 세계대전 초기에 독일의 뛰어난 암호 기술 때문에 연합군이 그 암호를 제대로 해독하지 못하여 적절한 공격과 방어가 이루어지지 못했다. 그러던 중 독일 순양함이 발트 해에서 조난당했는데 러시아가 한 독일 장교의 시체를 건져 올렸다. 그 시체에서 독일 해군의 암호 문서를 발견한 러시아는 이를 영국 해군에게 넘겼다. 영국은 귀중한 정보를 얻었지만 당장은 독일 암호를 풀어내지 못하고 일단 독일 해군 통신을 해독하며 훈련했다. 그 뒤에 또다시 우연히 바다에서 건진 독일 구축함에서 암호 문서들을 잔뜩 발견한 후에야 독일 암호를 거의 해독할 수 있게 됐다.

독일 암호의 해독과 관련된 일화도 있다. 당시 해군장관인 윈스턴 처칠에게 부관이 이렇게 보고했다. "각하, 지금 독일 함정들이 영국 해안을 향해 다가오고 있는 것 같습니다." "언제라고?" 부관은 "바로 오늘 밤입니다"라고 의기양양하게 대답했고, 영국은 독일 함대에 치명타를 가했다.

제1차 세계대전 말기에 미국이 참전하게 된 것도 독일 암호를 해독한 덕분이다. 전쟁이 일어난 지 3년이 지났지만 여전히 바다에서 독일은 잠수함 'U보트'로 활약했고 육지에서도 양 진영이 팽팽했기 때문에 영국과 프랑스는 어떻게든 미국을 같은 편으로 전쟁에 끌어들이려 했다. 하지만 미국의 토머스 우드로 윌슨 대통령은 중립주의를 내세워 요지부동했다.

그런데 영국이 독일 베를린에서 주미독일대사에게 보낸 암호를 입수하게 됐다. 그 암호를 해독한 결과 "독일은 미국을 계속 중립으로 묶어두도록 노력하되, 만약 미국이 연합군으로 참전하면 멕시코를 지원하여 미국 남부의 주州를 멕시코가 돌려받도록 적극 협력한다"는 내용이었다. 결

제1차 세계대전 당시의 독일 U보트
제1차, 제2차 세계대전에서 활동한 독일의 중형 잠수함이다. 소리를 내지 않았으며 빠른 속도로 잠항이 가능했다. 연합군 측은 U보트에 의해 많은 피해를 입었다.

국 영국이 해독한 전문을 건네받은 미국이 참전하면서 제1차 세계대전은 몇 달 뒤에 끝났다.

제2차 세계대전은 제1차 세계대전에 비할 바가 아닐 만큼 암호로 승패가 갈린다고 해도 과언이 아니었다. 제2차 세계대전도 초기에는 독일의 암호 실력이 앞섰다. 그러다가 일본의 습격을 받은 미국이 참전하면서 연합국에서는 미국이 암호 해독을 주도했다. 미국은 전쟁을 치르는 데 암호를 해독하는 일이 얼마나 중요한지 간파하고 암호 해독 요원을 제1차 세계대전 때보다 대폭 늘렸다. 그 인원수가 1만 6,000명이나 되어 장병 800명에 1명꼴이었다.

미국은 암호 해독 못지않게 기밀 유출에도 신경 써서 검열 기관을 만들었다. 검열관도 1만 5,000명에 가까웠다. 검열 기관에서는 외국에서 배달되는 편지를 일일이 열어봤을 뿐만 아니라 전화를 도청했으며 영화, 잡지, 라디오, 드라마까지 검열했다. 국민의 일상생활을 모두 검열하기에는 검열관이 부족했기 때문에 글자 퍼즐, 신문 기사를 오려서 편지에 동봉하는 것, 성적표를 봉투에 넣어 보내는 것, 체크무늬 편물의 통신 강좌 등 암호로 이용될 여지가 조금이라도 있는 것은 다 금지했다. 신문의 구인 광고도 관찰했고, 우표도 하나하나 떼내어 밑면을 조사한 뒤 새 우표를 붙였다. 통신 과정도 규제하여 누군가 통신으로 꽃 배달을 주문했는데 검열관이 판독하기 모호하면 꽃 이름과 발송 날짜를 전보문에서 아예 없애버리기도 했다. 이렇게 검열된 주문 전보를 수신한 꽃가게는 무슨 꽃을 언제 누구에게 배달해야 할지 모르는 경우도 왕왕 발생했다.

적군의 암호는 해독하고 아군의 정보는 유출되지 않도록 엄격하게 검열하는 이 방식은 성과를 거두었다. 한 뉴욕 검열관이 편지를 하나 발견했는데 그 편지에는 당시 미국 수영 챔피언의 기록이 적혀 있었다. 검열 관이 수영 관계자에게 그 기록을 보여줬더니 수영으로는 불가능한 속도 라는 대답이 돌아왔다. 그래서 다시 검토한 결과 그 기록은 새로 개발된 전투기 속도이며 그 전투기를 개발한 공장이 폭격 대상이라는 사실을 밝혀냈다.

미국의 암호 해독으로 일본의 태평양 함대 사령관 야마모토 이소로쿠를 제거하기도 했다. 야마모토가 병사들의 사기를 진작하기 위해 오세아니아 남태평양에 있는 솔로몬제도를 시찰한다는 암호를 입수하고 이 기회에 그를 제거할 것인지, 그대로 살려둘 것인지 고심했다. 더욱 유능한 사령관이 부임할 수도 있을 뿐만 아니라 암호가 해독됐다는 사실을 일본에 알려주는 꼴이 될 수도 있기 때문이었다. 결국 야마모토가 탄 비행기를 격추했고, 일본은 한 달 뒤에 야마모토의 죽음을 보도했다. 하지만 미국은 일본이 의심하지 않도록 역정보를 흘려서 일본은 한동안 야마모토가 암호 해독 때문에 죽었다는 것을 알지 못했다.

암호 장치와 해독에는 수학이 따라야 하므로 전쟁에서 수학자들이 많이 활용됐다. 제2차 세계대전 중에 독일군이 이니그마Enigma라는 암호 기계를 이용하여 연합군에게 막대한 피해를 입히자 연합군은 독일 암호를 해독하기 위해 많은 전문가들을 동원했다. 그들 가운데 수학자 앨런 튜링은 이니그마의 암호화 과정을 역추적할 수 있는 '폭탄Bomb'이라는 암호 해독기를 개발했다. 그 덕분에 연합군은 독일군의 지상 병력뿐만 아니라 대서양에서 활개 치던 U보트의 활동 상황까지 낱낱이 파악할 수 있게 됐다. 또한 연합군의 노르망디 상륙 작전을 성공적으로 이끄는 결정적인 역할을 해서 세계대전의 전세를 완전히 뒤집었다.

암호가 단순했던 스파이, 마타하리

무희 복장을 한 마타하리

제1차 세계대전 중에 프랑스는 독일 첩자라는 혐의로 네덜란드 출신의 무용수 마타하리를 처형했다. 춤과 미모로 유명했던 마타하리는 '이중 스파이, 미인 스파이'의 대명사로 불릴 만큼 아직도 그 이름이 오르내린다.

마타하리는 네덜란드에서 부유한 사업가의 딸로 태어났지만 아버지의 사업 실패로 인도네시아에 복무하는 네덜란드 장교와 결혼하여 한동안 인도네시아에서 살다가 이혼한 후 가난한 처지로 파리에 돌아왔다. 그녀는 먹고살기 위해 술집에서 댄서로 일하면서 자기 이름을 '마타하리'로 바꿨는데, 인도네시아어로 '여명의 눈동자'라는 뜻이다.

마타하리는 이름뿐만 아니라 춤도 신비하고 미묘한 이국적인 분위기를 연출하여 많은 남자들의 사랑을 받았다. 그들 중에는 독일과 프랑스의 정치가와 장교도 여럿 있었다. 파리에서 인기가 시들해지자 베를린으로 무대를 옮겨 활동하다가 다시 파리로 돌아왔다. 제1차 세계대전이 일어나자 프랑스는 독일에 포섭되어 스파이로 활동했다는 혐의를 두어 그녀를 체포했다.

마타하리는 악보를 암호로 이용했는데, 각각의 음표에 알파벳을 대응시킨 다음 알파벳에 맞는 음표로 문장을 작성하는 식이었다. 이 방식은 악보를 조금만 유심히 살펴보면 암호라는 것이 금방 드러난다. 왜냐하면 박자와 리듬이 너무 어색하여 음악이 전혀 될 수 없기 때문이다. 그녀는 법정에서 돈만 받았을 뿐 스파이로 활동하지는 않았고 오히려 연합군 진영에 포섭되어 독일 정보를 빼왔다면서 무죄를 주장했지만 전쟁 중인 1917년에 총살당했다. 그녀는 검은색 실크 스타킹과 모피 외투를 입고 처형장으로 가게 해달라고 부탁한 뒤 몸도 묶지 않고 눈도 가리지 않은 채 총을 겨눈 사형집행인들을 의연하게 바라보며 죽음을 맞았다고 한다.

1999년, 영국정보기관 M15는 정보를 공개하여 마타하리의 암호명이라는 'H21'이 연합군의 군사정보를 독일에 유출했다고 할 만한 증거를 찾지 못했다고 밝혔다.

우리끼리만 알아야 하는 문자, 암호

암호는 통신문의 뜻을 감추기 위해 그 통신문을 변형하는 모든 방법을 통틀어 일컫는 말이다. 모든 암호는 순서 바꾸기와 문자 교환, 또는 이 두 가지의 수학적인 조작을 결합한 방식을 이용한다. 순서 바꾸기와 문자 교환에는 여러 방법들이 있는데, 통신문을 변형하는 모든 조작이나 단계는 일정한 규칙에 따라 이루어진다. 이 규칙은 통신문을 보내는 사람과 받는 사람만이 그 방식을 알고 있는 비밀열쇠로 정해져 있는 것과 누구나 그 방식을 알고 있지만 해독이 어려운 공개열쇠로 정해져 있는 것 두 종류가 있다.

오래된 암호 가운데 가장 잘 알려진 방식은 카이사르 암호(Caesar Cipher, 시저 암호)로 간단한 치환 암호의 일종이다. 즉 암호화하고자 하는 내용을 알파벳별로 일정한 거리만큼 밀어서 다른 알파벳으로 치환하는 방식이다.

예를 들어 세 글자씩 밀어내는 카이사르 암호를 이용하여 'come back home'을 암호화해 보자. 우선 'come back home'의 알파벳을 순서대로 늘어놓은 후 세 글자씩 밀어내면 다음과 같이 'frphedfnkrpv'가 된다. 이 문장을 원래 문장으로 바꾸기 위해서는 다시 역으로 세 글자씩 밀어내면 된다.

c o m e b a c k h o m e

f r p h e d f n k r p v

그런데 이런 암호는 영어에서 알파벳의 사용 빈도를 고려하면 비교적 쉽게 해독할 수 있다. 실제로 영어에서는 E가 12.51%, T가 9.25%, A가 8.04%, O가 7.60%, I가 7.26%, N이 7.09%, S가 6.54%, R이 6.12%, H가 5.49% 등으로 사용되고 있다. 따라서 암호문 가운데 가장 많이 사용된 알파벳을 E로 대신하고 그다음으로 많이 사용된 알파벳을 T로 바꾸면 해독 작업은 한층 수월해진다. 또한 영어에서 가장 빈번하게 짝지어지는 철자는 TH이며 HE, AN, IN, ER 등이 그다음으로 많이 나타난다. 짧은 단어들 중 사용 빈도가 가장 높은 단어들은 THE, OF, AND, TO, A, IN, THAT, IS 순이다. 카이사르 암호는 이런 사실들을 바탕으로 해독할 수 있다.

사실 카이사르 암호는 단순한 함수이다. 예시에서 살펴봤듯이 세 글자씩 밀어내는 것은 $y=x+3$인 일차함수와 같다. 주어진 일차함수에 의하면 x에 어떤 값을 대입하면 y는 x보다 3만큼 밀려서 나오게 된다. 따라서 암호도 함수를 이용하여 만들어진다는 것을 알 수 있다.

카이사르 암호는 간단하게 문장을 암호화할 수 있다는 장점이 있지만, 문장이 길어질수록 알파벳의 사용 빈도에 따라 해독이 가능해진다는 단점도 동시에 지닌다. 카이사르 암호보다 해독하기 어려운 것이 스키테일 암호_{Scytale Cipher}이다.

그리스 역사학자 플루타르코스에 의하면, 2천 500여 년 전 그리스의 스파르타에서는 전쟁터에 나간 군대에 비밀 메시지를 전할 때 암호를 사용했다고 한다. 그들의 암호는 오늘날에는 매우 간단해 보이지만 당시로서는 아무나 쉽게 해독할 수 없는 아주 교묘하고도 획기적인 방법이었다. 스키테일 암호는 다음과 같은 방법으로 암호화한다.

① 전쟁터에 나가는 군대와 본국에 남아 있는 정부는 각자 스키테일이라 불리는 같은 굵기의 원통형 막대기를 나눠 가진다.

② 비밀리에 보내야 할 메시지가 생기면 암호 담당자는 스키테일에 가느다란 양피지 리본을 위에서 아래로 감은 다음 옆으로 눕혀 메시지를 적는다. 그러면 일정한 간격으로 글자가 써진다.

③ 스키테일에서 풀어낸 리본을 펼친 후 비어 있는 공간에 적당히 글자를 채워 넣는다. 그러면 메시지의 내용은 아무나 읽을 수 없게 된다.

④ 이 암호는 오직 같은 굵기의 원통형 막대기를 가진 사람만이 해독하여 메시지를 읽을 수 있다.

미천한 궁인이었지만 숙빈의 자리에 올라 아들을 훌륭한 임금으로 이끈 숙빈 최씨(영조의 어머니)의 일대기를 그린 드라마 「동이」에서 동이는 어떤 사건의 진실을 파헤치다가 뜻 모를 글이 적혀 있는 종이띠를 발견한다. 이어서 한참 고민하던 동이가 우연히 발견한 원통형 막대기에 종이띠를 말아 암호를 해독하는 장면도 나온다. 이것이 바로 스키테일 암호이다.

스키테일 암호는 문자는 그대로 사용하고 위치만 바꾸어 암호화하는 전치 암호이다. 일반적으로 많이 사용되는 암호들이 이 전치 암호를 바탕으로 하기 때문에 전치 암호는 현대적인 암호 체계에서도 중요한 역할을 한다.

오늘날 가장 널리 알려진 암호는 RSA 암호라는 공개열쇠 암호이다. 1978년에 매사추세츠 공과대학^{MIT}의 리베스트$^{R. Rivest}$, 샤미르$^{A. Shamir}$, 아델면$^{L. Adelman}$이 공동으로 개발한 이 암호는 그들의 이름에서 머리글자를 따서 RSA 암호라고 불리게 됐다. RSA 암호는 큰 수의 소인수분해에는 많은 시간이 소요되지만 소인수분해의 결과를 알면 원래의 수는 곱셈에 의해 간단히 구해진다는 사실에 기초한다. RSA 방식은 현재 공개열쇠 암호 체계에서 사실상 세계 표준이다.

예를 들어 다음 수들은 어떤 두 소수를 곱한 것이다. 잠시 책을 덮고서 과연 어떤 두 소수를 곱한 것인지 찾아보자.

① 221

② 2491

③ 12091

④ 82333

⑤ 4067351

아마도 처음 ①과 ②의 두 소수는 비교적 빠른 시간 안에 찾을 수 있었을 것이다. ①의 두 소수는 13과 17이고, ②의 두 소수는 47과 53이다. 하지만 ③의 두 소수 107과 113을 찾는 일은 쉽지 않을 것이다. 더욱이 ④의 두 소수 281과 293을 찾는 일은 더 어려웠을 것이고, 아마도 ⑤의 두 소수 1733과 2346은 찾기를 포기했을 것이다. 이처럼 어떤 수가 두 소수의 곱이라고 할 때 그 두 소수가 무엇인지를 찾는 것은 쉽지 않은 문제이다.

어떤 암호를 만드는 데 두 소수를 곱한 수 4067351을 이용했다는 사실을 공개했다고 가정하자. 암호문을 원래 문장으로 바꿔놓는 것을 복호라고 하는데, 암호를 복호하기 위해서는 이 수가 어떤 두 소수의 곱인지 알아야 한다. 그런데 두 소수 1733과 2347을 제시하고 그것들의 곱 4067351을 계산하라는 문제는 아주 쉽지만, 거꾸로 4067351이 어떤 두 소수의 곱으로 되어 있는지를 찾으라는 소인수분해 문제는 매우 어렵다. RSA 암호는 바로 이와 같은 원리를 이용한 것이다. 이런 원리는 마치 들어가기는 쉽지만 나오기는 어려운 덫에 설치된 문과 같기 때문에 '덫문'이라고도 한다.

RSA 암호가 처음 소개됐을 때 예로 들었던 두 소수의 곱은 다음과 같다.

$$m = 14381625757888867669235779976146612010218296721242362562561842935706935245733897830597123563958705058989075147599290026879543541$$

당시 알려진 정수의 인수분해 알고리즘을 이용하여 m을 두 소수의 곱으로 인수분해를 하는 데는 약 40,000,000,000,000,000년이 걸릴 것으로 예상했다. 그러다가 18여 년 후인 1994년에 인수분해 알고리즘이 개량되어 $m = pq$인 두 소수 p와 q가 다음과 같다는 것을 알아냈다.

$$p = 3490529510847650949147849619903898133417764638493387843990820577$$

$$q = 32769132993266709549961988190834461413177642967992942539798288533$$

공개열쇠 암호 체계는 오늘날 은행 저금통장의 비밀번호부터 인터넷에서 사용되는 아이디와 비밀번호 등에 다양하게 이용되고 있다. 그러나 인수분해 알고리즘이 계속 발전하고 있기 때문에 그에 대응하여 더 큰 소수가 필요하게 됐다. 그래서 소수를 연구하는 수학자들은 지금도 더 큰 소수를 찾기 위한 노력을 하고 있다.

제2차 세계대전에서 암호를 풀어내어 연합군에게 승리를 안겨줬던 앨런 튜링은 동성애자였으며 어눌하고 투박한 말투와 산만한 지적 호기심으로 사람들의 괄시를 받았다. 그래서 그는 사과에 청산가리를 주입하고 "사회는 나를 여자로 변하도록 강요했으므로 나는 순수한 여자가 할 만한 방식으로 죽음을 선택한다"라는 유언을 남긴 뒤 사과를 한 입 베물고 자살했다.

사실 우리가 현재 사용하는 컴퓨터와 컴퓨터의 운영 원리인 알고리즘도 앨런 튜링의 개발 덕분에 탄생했다. 애플사의 CEO 스티브 잡스는 '애플'이라는 최초의 개인용 컴퓨터를 만들었을 때 사과를 이 컴퓨터의 로고로 사용했고, 나아가 한 입 베문 사과를 자사의 로고로 사용하기 시작하여 오늘날 애플을 대표하게 됐다. 많은 사람들이 IT 혁명가인 스티브

애플의 첫 로고(1976년)

1976~1998년

애플의 현재 로고

잡스가 컴퓨터 선구자였던 앨런 튜링에 대한 경의를 로고로 표시한 것이라고 생각했지만 2011년 발간된 전기에서 잡스는 그런 사실까지 염두에 두었더라면 좋았을 테지만 그러지는 않았다고 밝혔다.

독일의 암호 제조기 이니그마

이니그마의 배전반

이니그마는 제2차 세계대전 당시에 사용된 암호 제조기이다. 이 기계는 1918년에 아르투르 셰르비우스가 처음 고안하여 여러 국가와 회사에 의해 사용됐다. 특히 제2차 세계대전 동안 나치 독일이 군대 관련 정보를 암호화하는 데 사용했다.

이니그마는 알파벳이 새겨진 원판 3개와 문자판으로 구성되어 있는데 문자 키를 두드리면 3개의 원판이 회전하면서 암호를 만든다. 교신을 주고받는 사람들은 작동 지침서에 따라 매번 다른 방식으로 기계를 조작했고, 작동 지침서는 제2차 세계대전이 벌어진 후에는 부정기적으로 변경됐기 때문에 그 지침서가 없는 한 이니그마에서 조합되는 경우의 수는 해독이 불가능했다. 독일 지휘부는 경우의 수가 너무 많아서 도저히 판독할 수 없다고 생각했던 것이다.

그러나 영국 수학자 앨런 튜닝은 독일군의 암호 체계인 이니그마를 분석하고 역이용하는 방법까지 완성하여 연합군에게는 커다란 힘이 되어줬다. 이후 독일의 움직임은 속속들이 노출됐고, 연합군은 전쟁에서 승리할 수 있었다.

참고문헌

김호동, 『아틀라스 중앙유라시아사』, 사계절, 2016

김희보, 『한 권으로 보는 세계사 101 장면』, 가람기획, 1997

딜런 에반스, 『하룻밤의 지식 여행 진화론』(안소연 옮김), 김영사, 2007

래리 고닉, 『세상에서 가장 재미있는 세계사 1~5』(이희재 옮김), 궁리, 2010

롬 인터내셔널, 『세계지도의 비밀』, 좋은생각, 2005

마이클 J. 브래들리, 『달콤한 수학사 1』, 일출봉, 2007

미셸 카플란, 『시공디스커버리총서 비잔틴 제국』, 시공사, 1998

미야자키 마사카츠, 『하룻밤에 읽는 세계사』(이영주 옮김), 중앙M&B, 1998

박영수, 『암호 이야기』, 북로드, 2006

박은봉, 『세계사 100 장면』, 실천문학사, 1997

박한제, 『제국으로 가는 긴 여정』, 사계절, 2006

세계사신문편찬위원회, 『세계사 신문 1, 2, 3』, 사계절, 1998

수잔 와이즈 바우어, 『교양 있는 우리 아이를 위한 세계 역사 이야기 1~5』
        (이계정, 최수민, 보라 옮김), 꼬마이실, 2005

시오노 나나미, 『로마인 이야기 9, 10』(김석희 옮김), 한길사, 2002

에드워드 피츠제럴드, 『루바이야트』(이상옥 옮김), 민음사, 1997

에른스트 H. 곰브리치, 『곰브리치 세계사』(박민수 옮김), 비룡소, 2010

요하네스 비케르트, 『뉴턴』(안미현 옮김), 한길사, 1998

우경윤, 『청소년을 위한 세계사 동양편』, 두리미디어, 2004

우광호, 『유대인 이야기』, 여백미디어, 2010

월터 아이작슨, 『스티브 잡스』(안진환 옮김), 민음사, 2011

이가은, 남경태, 『세계사 X파일』, 다림, 1999

이강무, 『청소년을 위한 세계사 서양편』, 두리미디어, 2002wス

이광연, 『수학으로 다시 보는 삼국지』, 살림Math, 2009

이광연, 『이광연의 수학 블로그』, 살림Friends, 2009

이광연, 『이광연의 수학 플러스』, 동아시아, 2010

이투스 사회팀, 『누드 교과서 SE 세계사』, 이투스그룹, 2007

전국역사교사모임, 『처음 읽는 터키사』, 휴머니스트, 2010

정수일, 『실크로드 사전』, 창비, 2013

제임스 E.매클렐란 3세, 해럴드 도른, 『과학과 기술로 본 세계사 강의』, 모티브북, 2006

제카리아 시친, 『수메르 혹은 신들의 고향』(이근영 옮김), AK, 2009

조지 G. 슈피로, 『케플러의 추측』(심재관 옮김), 영림카디널, 2004

주경철, 『문화로 읽는 세계사』, 사계절, 2008

주경철, 『대항해 시대』, 서울대학교출판부, 2008

지오프리 파커, 『아틀라스 세계사』(김성환 옮김), 사계절, 2004

칼 B. 보이어, 유타 C. 메르츠바흐, 『수학의 역사 상, 하』(양영오, 조윤동 옮김), 경문사, 2004

쿠르트 프리틀라인, 『서양철학사』(강영계 옮김), 서광사, 1985

필립 스톡스, 『100인의 철학자 사전』(이승희 옮김), 말글빛냄, 2010

하워드 이브스, 『수학사』(이우영, 신항균 옮김), 경문사, 2002

하워드 진, 『하워드 진, 역사의 힘』, 예담, 2009

헤로도토스, 『역사』(천병희 옮김), 도서출판 숲, 2009

현준만, 『이야기 세계사 여행 I, II』, 실천문학사, 1997

황석근, 이재돈, 김익표, 『이산수학』, 성안당, 2006

Georges Ifrah, 『The Universal History of Numbers』, John Wiley & Sons, 2000

Ian Stewart, 『How to Cut a Cake and Other Mathematical Conundrums』, Oxford, 2006

Ian Stewart, 『Cabinet of Mathematical Curiosities』, Basic Books, 2009

Ian Stewart, 『Hoard of Mathematical Treasures』, Basic books, 2009

John A. Adam, 『A Mathematical Nature Walk』, Princeton University Press, 2009

John Stillwell, 『Mathematics and Its History』, Springer, 2000

역사에 숨은 수학의 비밀

수학, 세계사를 만나다

지은이 이광연

발행일 2017년 1월 31일 초판 1쇄 발행, 2021년 1월 20일 4쇄 인쇄
발행인 신미희
발행처 투비북스
등록 2010년 7월 22일 제2013-000091
주소 성남시 분당구 수내로206
전화 02-501-4880 **팩스** 02-6499-0104 **이메일** tobebooks@naver.com
디자인 여백커뮤니케이션 **제작** 금강인쇄

ISBN 978-89-98286-05-7 03410
값 16,800원 ⓒ 이광연, 2017

국립중앙도서관 출판시도서목록(CIP)

수학, 세계사를 만나다 : 역사에 숨은 수학의 비밀 / 지은이
: 이광연. — 성남 : 투비북스, 2017
  p. ;   cm

ISBN 978-89-98286-05-7 03410 : ₩16800

수학(학문)[數學]
세계사[世界史]

410.9-KDC6
510.9-DDC23   CIP2017000921